高等职业教育校企深度融合系列教材
"互联网+"新形态教材

工业机器人视觉技术
（第2版）

总主编　谭立新
主　编　刘罗仁　杨金鹏
副主编　李安全　张宏立　彭梁栋
　　　　唐振宇　谭玮彬

北京理工大学出版社
BEIJING INSTITUTE OF TECHNOLOGY PRESS

内 容 简 介

本书以 NI 系列软件平台为主,主要讲解 LabVIEW 的编程语言、相机中常用的一些函数功能及模块,并练习相关相机的代码;而后延伸至自动锁螺丝应用项目中,解决图像色彩转换、找寻螺丝孔位等问题;再深入到工件分拣,解决识别工件几何图像问题、对几何图像的位置校正等;再然后学习行业应用的手机尺寸测量,解决找寻手机四边位置、计算手机尺寸等问题;最后学习视觉识别手机 LOGO、识别条形码的手机序列号及二维码信息等。

本书适合作为职业院校工业机器人、自动化技术等相关专业学生教材,也可供相关工程技术人员作为参考书使用。

版权专有　侵权必究

图书在版编目（CIP）数据

工业机器人视觉技术 / 刘罗仁, 杨金鹏主编. -- 2 版. -- 北京：北京理工大学出版社, 2021.9（2022.7 重印）
ISBN 978-7-5763-0344-5

Ⅰ. ①工… Ⅱ. ①刘… ②杨… Ⅲ. ①工业机器人-计算机视觉 Ⅳ. ①TP242.2

中国版本图书馆 CIP 数据核字（2021）第 185543 号

出版发行 / 北京理工大学出版社有限责任公司
社　　址 / 北京市海淀区中关村南大街 5 号
邮　　编 / 100081
电　　话 / (010) 68914775（总编室）
　　　　　 (010) 82562903（教材售后服务热线）
　　　　　 (010) 68944723（其他图书服务热线）
网　　址 / http://www.bitpress.com.cn
经　　销 / 全国各地新华书店
印　　刷 / 唐山富达印务有限公司
开　　本 / 787 毫米 × 1092 毫米　1/16
印　　张 / 18.25
字　　数 / 420 千字
版　　次 / 2021 年 9 月第 2 版　2022 年 7 月第 2 次印刷
定　　价 / 55.00 元

责任编辑 / 王艳丽
文案编辑 / 王艳丽
责任校对 / 周瑞红
责任印制 / 施胜娟

图书出现印装质量问题,请拨打售后服务热线,本社负责调换

总序

2017年3月，北京理工大学出版社首次出版了工业机器人技术系列教材，该系列教材是全国工业和信息化职业教育教学指导委员会研究课题《系统论视野下的工业机器人技术专业标准与课程体系开发》的核心成果，其针对工业机器人本身特点、产业发展与应用需求，以及高职高专工业机器人技术专业的教材在产业链定位不准、没有形成独立体系、与实践联系不紧密、教材体例不符合工程项目的实际特点等问题，提出运用系统论基本观点和控制论的基本方法，在系统全面调研分析工业机器人全产业链基础上，提出了工业机器人产业链、人才链、教育链及创新链"四链"融合的新理论，引导高职高专工业机器人技术建设专业标准及开发教材体系，在教材定位、体系构建、材料组织、教材体例、工程项目运用等方面形成了自己的特色与创新，并在信息技术应用与教学资源开发上做了一定的探索。主要体现在：

一是面向工业机器人系统集成商的教材体系定位。主体面向工业机器人系统集成商，主要面向工业机器人集成应用设计、工业机器人操作与编程、工业机器人集成系统装调与维护、工业机器人及集成系统销售与客服五类岗位，兼顾智能制造自动化生产线设计开发、装配调试、管理与维护等。

二是工业应用系统集成核心技术的教材体系构建。以工业机器人系统集成商的工作实践为主线构建，以工业机器人系统集成的工作流程（工序）为主线构建专业核心课程与教材体系，以学习专业核心课程所必需的知识和技能为依据构建专业支撑课程；以学生职业生涯发展为依据构建公共文化课程的教材体系。

三是基于"项目导向、任务驱动"的教学材料组织。以项目导向、任务驱动进行教学材料组织，整套教材体系是一个大的项目——工业机器人系统集成，每本教材是一个二级项目（大项目的一个核心环节），而每本教材中的项目又是二级项目中一个子项（三级项目），三级项目由一系列有逻辑关系的任务组成。

四是基于工程项目过程与结果需求的教材编写体例。以"项目描述、学习目标、知识准备、任务实现、考核评价、拓展提高"六个环节为全新的教材编写体例，全面系统体现工业机器人应用系统集成工程项目的过程与结果需求及学习规律。

该教材体系系统解决了现行工业机器人教材理论与实践脱节的问题，该教材体系以实践为主线展开，按照项目、产品或工作过程展开，打破或不拘泥于知识体系，将各科知识融入项目或产品制作过程中，实现了"知行合一""教学做合一"，让学生学会运用已知的知识和已经掌握的技能，去学习未知的专业知识和掌握未知的专业技能，解决未知的生产实际问题，符合教学规律、学生专业成长成才规律和企业生产实践规律，实现了人类认识自然的本原方式的回归。经过四年多的应用，目前全国使用该教材体系的学校已超过140所，用量超过十万多册，以高职院校为主体，包括应用本科、技师学院、技工院校、中职学校及企业岗前培训等机构，其中《工业机器人操作与编程（KUKA）》获"十三五"职业教育国家规划教材和湖南省职业院校优秀教材等荣誉。

随着工业机器人自身理论与技术的不断发展、其应用领域的不断拓展及细分领域的深化、智能制造对工业机器人技术要求的不断提高，工业机器人也在不断向环境智能化、控制精细化、应用协同化、操作友好化提升。随着"00"后日益成为工业机器人技术的学习使用与设计开发主体，对个性化的需求提出了更高的要求。因此，在保持原有优势与特色的基础上，如何与时俱进，对该教材体系进行修订完善与系统优化成为第2版的核心工作。本次修订完善与系统优化主要从以下四个方面进行：

一是基于工业机器人应用三个标准对接的内容优化。实现了工业机器人技术专业建设标准、产业行业生产标准及技能鉴定标准（含工业机器人技术"1+X"的技能标准）三个标准的对接，对工业机器人专业课程体系进行完善与升级，从而完成对工业机器人技术专业课程配套教材体系与教材及其教学资源的完善、升级、优化等；增设了《工业机器人电气控制与应用》教材，将原体系下《工业机器人典型应用》重新优化为《工业机器人系统集成》，突出应用性与针对性及与标准名称的一致性。

二是基于新兴应用与细分领域的项目优化。针对工业机器人应用系统集成在近五年工业机器人技术新兴应用领域与细分领域的新理论、新技术、新项目、新应用、新要求、新工艺等对原有项目进行了系统性、针对性的优化，对新的应用领域的工艺与技术进行了全面的完善，特别是在工业机器人应用智能化方面进一步针对应用领域加强了人工智能、工业互联网技术、实时监控与过程控制技术等智能技术内容的引入。

三是基于马克思主义哲学观与方法论的育人强化。新时代人才培养对教材及其体系建设提出了新要求，工业机器人技术专业的职业院校教材体系要全面突出"为党育人、为国育才"的总要求，强化课程思政元素的挖掘与应用，在第2版教材修订过程中充分体现与融合运用马克思主义基本观点与方法论及"专注、专心、专一、精益求精"的工匠精神。

四是基于因材施教与个性化学习的信息智能技术融合。针对新兴应用技术及细分领域及传统工业机器人持续应用领域，充分研究高职学生整体特点，在配套课程教学资源开发方面进行了优化与定制化开发，针对性开发了项目实操案例式MOOC等配套教学资源，教学案例丰富，可拓展性强，并可针对学生实践与学习的个性化情况，实现智能化推送学习建议。

因工业机器人是典型的光、机、电、软件等高度一体化产品，其制造与应用技术涉及机械设计与制造、电子技术、传感器技术、视觉技术、计算机技术、控制技术、通信技术、人工智能、工业互联网技术等诸多领域，其应用领域不断拓展与深化，技术不断发展与进步。本教材体系在修订完善与优化过程中肯定存在一些不足，特别是通用性与专用性的平衡、典型性与普遍性的取舍、先进性与传统性的综合、未来与当下、理论与实践等各方面的思考与运用不一定是全面的、系统的。希望各位同仁在应用过程中随时提出批评与指导意见，以便在第3版修订中进一步完善。

谭立新

2021 年 8 月 11 日于湘江之滨听雨轩

前言

视频在工业机器人应用中，主要起到颜色辨别、几何感知及隐藏信息识取的作用。本书主要以工业机器人中的视觉应用技术为主题，讲解视觉在工业机器人中的基本组建、视觉后台软件的环境搭建、相机程序的编写以及工业机器人中实践应用自动锁螺丝系统的视觉识别、工件分拣系统的视觉识别与定位、手机尺寸测量应用、自动检测手机参数等。

本书以项目任务式组织全书内容，在学习过程中注重减少学习压力，从第一个项目中的第一个任务开始逐步深入学习，直到工程实践的应用。书中以 NI 系列软件平台为主，主要讲解 LabVIEW 的编程语言、相机中常用的一些函数功能及模块，并练习相关相机的代码；而后延伸至自动锁螺丝应用项目中，解决图像色彩转换、找寻螺丝孔位等问题；再深入到工件分拣，解决识别工件几何图像问题、对几何图像的位置校正等；再然后学习行业应用的手机尺寸测量，解决找寻手机四边位置、计算手机尺寸等问题；最后学习视觉识别手机 LOGO、识别条形码的手机序列号及二维码信息等。

书中内容简明扼要、图文并茂、通俗易懂，并配有湖南科瑞迪教育发展公司提供的 MOOC 平台在线教学视频（www.moocdo.com），适合作为高等职业院校、中等职业院校工业机器人、自动化技术等相关专业学生的教材，也可供相关工程技术人员作为参考书使用。

本书由娄底职业技术学院刘罗仁、四川信息职业技术学院杨金鹏任主编，德宏职业学院李安全、湖南科瑞特科技股份有限公司张宏立、彭梁栋、唐振宇、谭玮彬任副主编。湖南信息职业技术学院谭立新教授作为整套工业机器人系列丛书的总主编，对整套图书的大纲进行了多次审定、修改，使其在符合实际工作需要的同时，便于教师授课使用。

在丛书的策划、编写过程中，湖南省电子学会提供了宝贵的意见和建议，在此表示诚挚的感谢。同时感谢为本书中实践操作及视频录制提供大力支持的湖南科瑞特科技股份有限公司。

尽管编者主观上想努力使读者满意，但在书中不可避免尚有不足之处，欢迎读者提出宝贵建议。

编　者

目 录

绪论　机器视觉 ………………………………………………………………… 1
　0.1　发展 ………………………………………………………………………… 1
　0.2　概述 ………………………………………………………………………… 2
　0.3　基本构造 …………………………………………………………………… 3
　0.4　工作原理 …………………………………………………………………… 4
　0.5　典型结构 …………………………………………………………………… 4
　0.6　应用领域 …………………………………………………………………… 5
　0.7　前景展望 …………………………………………………………………… 8
　0.8　机器视觉开发软件介绍 …………………………………………………… 8

项目一　NI 系列软件平台环境搭建与使用 ……………………………………… 14
　1.1　项目描述 …………………………………………………………………… 14
　1.2　学习目标 …………………………………………………………………… 14
　1.3　知识准备 …………………………………………………………………… 14
　　1.3.1　NI 系列软件的简介 ………………………………………………… 14
　　1.3.2　LabVIEW 简介 ……………………………………………………… 15
　　1.3.3　LabVIEW 的特点 …………………………………………………… 15
　　1.3.4　LabVIEW 的应用领域 ……………………………………………… 16
　　1.3.5　VDM 简介 …………………………………………………………… 17
　　1.3.6　VDM 的特点 ………………………………………………………… 18
　　1.3.7　VBAI 简介 …………………………………………………………… 18
　　1.3.8　VAS 简介 …………………………………………………………… 18
　　1.3.9　获取图像函数：Get Image ………………………………………… 18
　1.4　任务实现 …………………………………………………………………… 20
　　任务一　NI 视觉系列及编程软件的安装 ……………………………………… 20
　　任务二　创建一个 LabVIEW 项目并保存 …………………………………… 25
　　任务三　使用 NI Vision Assistant 创建一个简单的 VI 并导入 LabVIEW …… 28

1.5 考核评价 ·· 36
    任务一　使用 Vision Assistant 获取一张图片 ··· 36
    任务二　使用 LabVIEW 修改生成的 VI 并加入项目 ··· 37
1.6 拓展提高 ·· 37
    任务一　学习 LabVIEW 编程语言 ·· 37
    任务二　学习 Vision Assistant 的使用 ·· 37

项目二　搭建一个相机程序 ··· 38

2.1 项目描述 ·· 38
2.2 学习目标 ·· 38
2.3 知识准备 ·· 38
    2.3.1 VAS 开发包 ·· 38
    2.3.2 IMAQdx 模块的介绍 ··· 39
    2.3.3 枚举相机函数：IMAQdx Enumerate Cameras ·· 40
    2.3.4 打开相机函数：IMAQdx Open Camera ··· 42
    2.3.5 列举视频模式函数：IMAQdx Enumerate Video Modes ···························· 43
    2.3.6 配置采集函数：IMAQdx Configure Grab ··· 44
    2.3.7 创建图像函数：IMAQ Create ··· 45
    2.3.8 获取图片函数：IMAQdx Grab2 ·· 47
    2.3.9 拍照函数：IMAQdx Snap ··· 48
    2.3.10 开始采集与停止采集函数：IMAQdx Start Acquisition &
           Stop Acquisition ··· 49
    2.3.11 保存图像函数：IMAQ Write File 2 ·· 50
    2.3.12 关闭相机函数：IMAQdx Close Camera ··· 51
2.4 任务实现 ·· 52
    任务一　编写初始化状态代码 ·· 52
    任务二　编写打开相机状态的代码 ·· 53
    任务三　采集图像和获取相机模式状态的代码 ··· 54
    任务四　编写事件选择状态的代码 ·· 57
    任务五　获取图像状态的代码 ·· 60
    任务六　拍照保存状态的代码 ·· 62
    任务七　更改相机端口号状态的代码 ··· 62
    任务八　更改视频模式状态的代码 ·· 63
    任务九　退出程序状态的代码 ·· 64
    任务十　优化程序的前面板 ··· 65
2.5 考核评价 ·· 66
    任务一　在程序中加入连续拍照的功能 ·· 66
    任务二　在程序中加入暂停采集图片的功能 ·· 66
    任务三　使程序显示采集图片的 FPS ·· 66

2.6 拓展提高 ··· 66
　　任务一　使保存的图片的默认名称与默认保存路径已有的图片名称不相同 ········ 66
　　任务二　使程序拍照后显示拍摄的照片两秒后再重新实时采集 ······················ 66
　　任务三　在未找到相机时提示用户连接相机或退出 ····································· 67

项目三　机器人自动锁螺丝系统的视觉识别 ·· 68

3.1 项目描述 ··· 68
3.2 学习目标 ··· 68
3.3 知识准备 ··· 68
　　3.3.1　VDM 开发包 ··· 68
　　3.3.2　图像掩模函数：Image Mask ·· 69
　　3.3.3　颜色平面抽取函数：Color Plane Extraction ····································· 76
　　3.3.4　阈值（二值化）函数：Threshold ··· 86
　　3.3.5　基本形态学：Basic Morphology ··· 102
　　3.3.6　圆检测函数：Circle Detection ··· 112
3.4 任务实现 ··· 114
　　任务一　使用 Vision Assistant 进行视觉调试 ··· 114
　　任务二　过滤无用区域 ·· 115
　　任务三　将彩色图像转换为灰度图像 ·· 116
　　任务四　将图片二值化 ·· 116
　　任务五　腐蚀螺丝粒子和细小干扰粒子 ·· 118
　　任务六　过滤干扰粒子 ·· 118
　　任务七　找寻螺丝孔 ··· 119
3.5 考核评价 ··· 121
　　任务一　修改程序代码使程序显示没有螺丝的螺丝孔的孔位号 ···················· 121
　　任务二　修改视觉脚本的二值化方式 ·· 121
3.6 拓展提高 ··· 121
　　任务　防止螺丝孔粒子被过滤掉 ·· 121

项目四　机器人工件分拣系统的视觉识别与定位 ··· 122

4.1 项目描述 ··· 122
4.2 学习目标 ··· 122
4.3 知识准备 ··· 122
　　4.3.1　图像标定函数：Image Calibration ·· 122
　　4.3.2　查找表函数：Lookup Table ··· 133
　　4.3.3　滤波函数：Filters ·· 141
　　4.3.4　模式匹配函数：Pattern Matching ··· 152
　　4.3.5　几何匹配函数：Geometric Matching ·· 162
4.4 任务实现 ··· 179
　　任务一　添加标定信息 ·· 179

任务二　将图像转换为灰度图 ……………………………………………………… 183
　　　任务三　提高图像对比度 …………………………………………………………… 184
　　　任务四　图像滤波 …………………………………………………………………… 184
　　　任务五　识别和定位工件 …………………………………………………………… 184
　4.5　考核评价 …………………………………………………………………………… 188
　　　任务一　将视觉脚本中的大六边形工件替换为大三角形工件 …………………… 188
　　　任务二　将视觉脚本中的几何匹配替换为模式匹配 ……………………………… 188
　4.6　拓展提高 …………………………………………………………………………… 189
　　　任务　同时对多个工件进行识别与定位 …………………………………………… 189

项目五　手机尺寸测量应用 ……………………………………………………………… 190
　5.1　项目描述 …………………………………………………………………………… 190
　5.2　学习目标 …………………………………………………………………………… 190
　5.3　知识准备 …………………………………………………………………………… 190
　　　5.3.1　边缘检测函数：Edge Detector ……………………………………………… 190
　　　5.3.2　设定坐标系函数：Set Coordinate System ………………………………… 206
　　　5.3.3　查找直边函数：Find Straight Edge ………………………………………… 208
　　　5.3.4　卡尺函数：Caliper …………………………………………………………… 224
　5.4　任务实现 …………………………………………………………………………… 235
　　　任务一　过滤图像中无用的区域 …………………………………………………… 236
　　　任务二　将图像转换为灰度图 ……………………………………………………… 236
　　　任务三　添加标定信息 ……………………………………………………………… 236
　　　任务四　定位手机位置 ……………………………………………………………… 236
　　　任务五　根据定位的手机位置创建坐标系 ………………………………………… 236
　　　任务六　找寻手机上下左右四条边 ………………………………………………… 239
　　　任务七　计算手机的尺寸 …………………………………………………………… 240
　5.5　考核评价 …………………………………………………………………………… 242
　　　任务一　编写一个计算手机屏幕尺寸的视觉脚本 ………………………………… 242
　　　任务二　修改视觉脚本使脚本添加计算手机面积的功能 ………………………… 242
　5.6　拓展提高 …………………………………………………………………………… 242
　　　任务　通过最大卡尺来计算手机的长宽 …………………………………………… 242

项目六　自动检测手机参数应用 ………………………………………………………… 243
　6.1　项目描述 …………………………………………………………………………… 243
　6.2　学习目标 …………………………………………………………………………… 243
　6.3　知识准备 …………………………………………………………………………… 243
　　　6.3.1　OCR/OCV 字符识别验证函数 ……………………………………………… 243
　　　6.3.2　条码阅读器函数：Barcode Reader ………………………………………… 256
　　　6.3.3　二维码阅读器函数：2D Barcode Reader …………………………………… 258
　6.4　任务实现 …………………………………………………………………………… 264

任务一　过滤图像中无用的区域 ·· 264
　　任务二　将图像转换为灰度图 ·· 265
　　任务三　定位手机位置并创建坐标系 ·· 266
　　任务四　读取手机 LOGO 信息 ·· 267
　　任务五　读取条形码中的手机序列号信息 ·································· 267
　　任务六　读取二维码中的手机型号信息 ····································· 267
6.5　考核评价 ·· 269
　　任务一　编写一个简单的字符识别程序 ···································· 269
　　任务二　编写一个二维码识别软件 ·· 269
6.6　拓展提高 ·· 269
　　任务　同时进行字符、条码、二维码的识别 ····························· 269

附录　Vision Assistant 的菜单介绍 ·· 270

绪论

机器视觉

机器视觉是人工智能正在快速发展的一个分支。机器视觉是一项综合技术,包括图像处理、机械工程技术、控制、电光源照明、光学成像、传感器、模拟与数字视频技术、计算机软硬件技术(图像增强和分析算法、图像卡、I/O 卡等)。一个典型的机器视觉应用系统包括图像捕捉、光源系统、图像数字化模块、数字图像处理模块、智能判断决策模块和机械控制执行模块。各种工业相机模块示例如图 0-1 所示。

了解机器视觉

图 0-1 各种工业相机模块示例

机器视觉系统最基本的特点就是可以提高生产的灵活性和自动化程度。在一些不适于人工作业的危险工作环境或者人工视觉难以满足要求的场合,常用机器视觉来替代人工视觉。同时,在大批量重复性工业生产过程中,用机器视觉检测方法可以大大提高生产的效率和自动化程度。

0.1 发 展

国外机器视觉发展的起点难以准确考证,其大致的发展历程是:20 世纪 50 年代提出机器视觉概念,20 世纪 70 年代真正开始发展,20 世纪 80 年代进入发展正轨,20 世纪 90 年代发展趋于成熟,20 世纪 90 年代后高速发展。在机器视觉发展的历程中,有 3 个明显的标志点,一是机器视觉最先的应用来自"机器人"的研制,也就是说,机器视觉首先是在机器人的研究中发展起来的;二是 20 世纪 70 年代 CCD 图像传感器出现,CCD 摄像机替代硅靶摄像是机器视觉发展历程中的一个重要转折点;三是 20 世纪 80 年代 CPU、DSP 等图像处理硬件技术的飞速进步,为机器视觉飞速发展提供了基础条件。

国内机器视觉发展的大致历程：真正开始起步是20世纪80年代，20世纪90年代进入发展期，加速发展则是近几年的事情。中国正在成为世界机器视觉发展最活跃的国家之一，其中最主要的原因是中国已经成为全球的加工中心，许许多多先进生产线已经或正在迁移至中国，伴随这些先进生产线的迁移，许多具有国际先进水平的机器视觉系统也进入中国。对这些机器视觉系统的维护和提升而产生的市场需求也将国际机器视觉企业吸引至中国，国内的机器视觉企业在与国际机器视觉企业的学习与竞争中不断成长。我国机器视觉市场发展如图0-2所示。

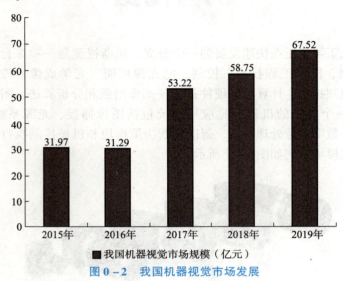

图0-2 我国机器视觉市场发展

0.2 概　　述

机器视觉就是用机器代替人眼来做测量和判断。机器视觉系统是指通过机器视觉产品（即图像摄取装置，根据感光传感器不同分 CMOS 和 CCD 两种）将被摄取目标转换成模拟图信号，传送给专用的图像处理系统，根据像素分布和亮度、颜色等信息，将其转变成数字化信号；图像系统对这些信号进行各种运算来抽取目标的特征，进而根据判别的结果来控制现场的设备动作。图像采集原理如图0-3所示。

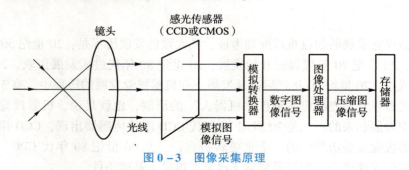

图0-3 图像采集原理

0.3　基本构造

机器视觉系统用计算机来分析一个图像,并根据分析得出结论,然后给出下一步工作指令。现今机器视觉系统有以下两种应用。

(1) 机器视觉系统可以探测目标(监视、检测与控制);

(2) 机器视觉也可以用来创造一个部件,即运用光学器件和软件相结合直接指导制造过程(虚拟制造)。

无论哪种应用,通常机器视觉系统都由如下的子系统或其中部分子系统构成:传感检测系统、光源系统、光学系统、采集系统(相机)、图像处理系统(或图像采集卡)、图像测控系统(图像与控制软件)、监视系统、通讯/输入输出系统、执行系统、警报系统等。

机器视觉系统具体可分解成产品群:

➢ 传感检测系统:传感器以及与其配套使用的传感控制器等;
➢ 光源系统:光源以及与其配套使用的光源控制器等;
➢ 光学系统:光圈、镜头及光学接口等;
➢ 采集系统:数码相机、CCD、CMOS、红外相机、超声探头等;
➢ 图像处理系统:图像采集卡、数据控制卡等;
➢ 图像测控系统:图像采集、图像处理、图像分析、自动控制等软件;
➢ 监视系统:监视器;
➢ 通讯/输入输出系统:通讯链路或输入输出设备;
➢ 执行机构:机械手及控制单元;
➢ 警报系统:警报设备及控制单元。

其示意图如图 0-4 所示。

这些产品群是根据具体行业需要所形成的具有某种特殊功能的机器视觉系统设备。这些产品群中具有机器视觉系统产品典型特征的是:光源系统、光学系统、相机、采集卡、测控板卡、嵌入系统、软件、芯片、机械手、根据具体行业应用而形成的机器视觉系统设备等。

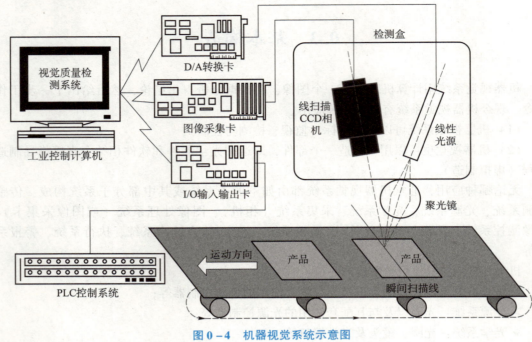

图 0-4 机器视觉系统示意图

0.4 工作原理

机器视觉检测系统采用 CCD 照相机将被检测的目标转换成图像信号,然后传送给专用的图像处理系统,根据像素分布和亮度、颜色等信息,转变成数字化信号,图像处理系统对这些信号进行各种运算来抽取目标的特征,如面积、数量、位置、长度,再根据预设的允许度和其他条件输出结果,包括尺寸、角度、个数、合格/不合格、有/无等,实现自动识别功能。

0.5 典型结构

一个完整的机器视觉系统的主要工作过程如下。

(1) 工件定位传感器探测到物体已经运动至接近摄像系统的视野中心,向图像采集单元发送触发脉冲;

(2) 图像采集单元按照事先设定的程序和延时,分别向摄像机和照明系统发出触发脉冲;

(3) 摄像机停止目前的扫描,重新开始新一帧的扫描,或者摄像机在触发脉冲来到之前处于等待状态,触发脉冲到来后启动一帧扫描;

(4) 摄像机开始新一帧扫描之前打开电子快门,曝光时间可以事先设定;

(5) 另一个触发脉冲打开灯光照明，灯光的开启时间应该与摄像机的曝光时间匹配；

(6) 摄像机曝光后，正式开始一帧图像的扫描和输出；

(7) 图像采集单元接受模拟视频信号，通过 A/D 将其数字化，或者是直接接受数字化后的数字视频数据；

(8) 图像采集单元将数字图像存放在处理器或计算机的内存中；

(9) 处理器对图像进行处理、分析、识别，获得测量结果或逻辑控制值；

(10) 处理结果控制生产流水线的动作、进行定位、纠正运动误差等。

机器视觉应用示例如图 0 - 5 所示。

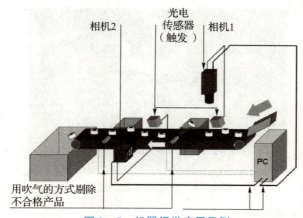

图 0 - 5　机器视觉应用示例

从上述的工作流程可以看出，机器视觉系统是一种相对复杂的系统。监控对象大多是运动物体，系统与运动物体的匹配和协调动作尤为重要，所以给系统各部分的动作时间和处理速度带来了严格的要求。在某些应用领域，例如机器人、飞行物体制导等，对整个系统或者系统的一部分的重量、体积和功耗都会有严格的要求。

0.6　应 用 领 域

在国外，机器视觉的应用普及主要体现在半导体及电子行业，其中40%～50%都集中在半导体行业。具体如 PCB 印刷电路：各类生产印刷电路板组装技术、设备；单、双面、多层线路板，覆铜板及所需的材料及辅料；辅助设施以及耗材、油墨、药水药剂、配件；电子封装技术与设备；丝网印刷设备及丝网周边材料等。SMT 表面贴装：SMT 工艺与设备、焊接设备、测试仪器、返修设备及各种辅助工具及配件；SMT 材料、贴片剂、胶黏剂、焊剂、焊料及防氧化油、焊膏、清洗剂等；再流焊机、波峰焊机及自动化生产线设备。电子生产加工设备：电子元件制造设备、半导体及集成电路制造设备、元器件成型设备、电子工模具。机器视觉系统还在质量检测的各个方面得到了广泛的应用，并且其产品在应用中占据着举足轻重的地位。

除此之外，机器视觉还用于其他各个领域。在行业应用方面，主要有制药、包装、电子、汽车制造、半导体、纺织、烟草、交通、物流等行业，用机器视觉技术取代人工，可以提供生产效率和产品质量。以下是几个典型应用领域。

1. 在工业检测中的应用

目前,机器视觉已成功地应用于工业检测领域,大幅提高了产品的质量和可靠性,保证了生产的速度。例如,产品包装、印刷质量的检测,饮料行业的容器质量检测,饮料填充检测,饮料瓶封口检测,木材厂木料检测,半导体集成块封装质量检测,卷钢质量检测,关键机械零件的工业 CT 等。在海关,应用 X 射线和机器视觉技术的不开箱货物通关检验,大大提高了通关速度,节约了大量的人力和物力。在制药生产线上,机器视觉技术可以对药品包装进行检测,以确定是否装入正确数量的药粒,如图 0-6 所示。

图 0-6 机器视觉检测胶囊

2. 在农产品分选中的应用

我国是一个农业大国,农产品十分丰富,对农产品进行自动分级,实行优质优价,以产生更好的经济效益,其意义十分重大。如水果,根据颜色、形状、大小等特征参数;禽蛋,根据色泽、重量、形状、大小等外部特征;烟叶,根据其颜色、形状、纹理、面积等,进行综合分级。此外,为了提高加工后农产品的品质,对水果的坏损部分、粮食中混杂的杂质、烟/茶叶中存在的异物等都可以用机器视觉系统进行检测并准确去除。机器视觉进行农业产品分类流程示意如图 0-7 所示,随着工厂化农业的快速发展,利用机器视觉技术对作物生长状况进行监测,实现科学浇灌和施肥,也是一种重要应用。

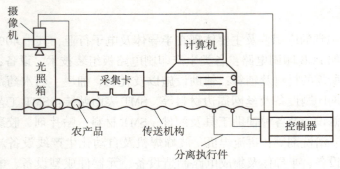

图 0-7 机器视觉进行农业产品分类流程示意

3. 在机器人导航和视觉伺服系统中的应用

赋予机器人视觉是机器人研究的重要课题之一,其目的是要通过图像定位、图像理解,向机器人运动控制系统反馈目标或自身的状态与位置信息,使其具有在复杂、变化的环境中自适应的能力。例如,机械手在一定范围内抓取和移动工件,摄像机利用动态图像识别与跟踪算法,跟踪被移动工件,始终保持其处于视野的正中位置。如图0-8所示。

图0-8 机器视觉在机器人系统中的应用

4. 在医学中的应用

在医学领域,机器视觉用于辅助医生进行医学影像的分析,主要利用数字图像处理技术、信息融合技术对X射线透视图、核磁共振图像、CT图像进行适当叠加,然后进行综合分析;还有对其他医学影像数据进行统计和分析,如利用数字图像的边缘提取对目标进行自动识别、理解和分类等;图像分割技术,自动完成细胞个数的计数或统计,这样不仅节省了人力,而且大大提高了准确率和效率。机器视觉在医学中的应用示例如图0-9所示。

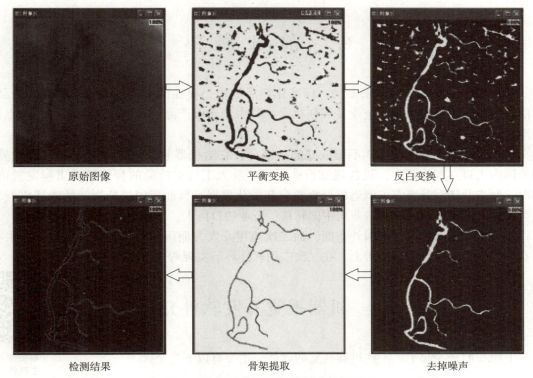

图0-9 机器视觉在医学中的应用示例

5. 其他方面

在闭路电视监控系统中，机器视觉技术被用于增强图像质量，捕捉突发事件，监控复杂场景，鉴别身份，跟踪可疑目标等，它能大幅提高监控效率，减少危险事件发生的概率。在交通管理系统中，机器视觉技术被用于车辆识别、调度，向交通管理与指挥系统提供相关信息（如图0-10所示）。在卫星遥感系统中，机器视觉技术被用于分析各种遥感图像，进行环境监测、地理测量，根据地形、地貌的图像和图形特征，对地面目标进行自动识别、理解和分类等。

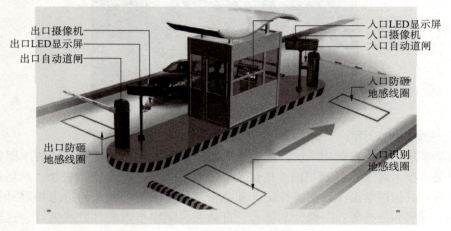

图0-10　机器视觉用于车牌检测

0.7　前景展望

近年来产业发展多为需求驱动，标准化产品需求仍存在巨大空间，而非标准化产品、前沿技术带来的需求给予了企业发展新机会，其中消费级产品与机器视觉的结合将点燃行业增长引擎。

机器视觉是实现工业4.0不可或缺的一部分，它给机器装上一双"慧眼"去看世界。随着国内人口红利的消失，机器视觉行业对于传统人工视觉检验的替代性需求越发紧迫。同时，制造业转型升级需求倒逼机器视觉向智能化发展。目前我国机器视觉的渗透率低于欧美市场，随着全球高端制造业向中国转移，行业缺口巨大，市场空间广阔。

目前核心零部件大多由国外垄断，而二次应用开发方面国内有较大成本优势。未来我国有望凭借工程师红利后来居上，在二次应用软件环节实现弯道超车。

0.8　机器视觉开发软件介绍

下面我们来一起了解一些机器视觉的软件，主要有以下几个。

了解视觉
开发软件

1. VisionPro 软件

VisionPro 提供多种开发工具——拖放式界面、简单指令码和编程方式等，全面支持所有模式的开发。用户利用 VisionPro QuickBuild 可以配置读取、选择并优化视觉工具，决定产品是否合格等，所有这些都无须编程即可实现。用户也可以利用 C ++ 、C#、VB 或 .NET 开发管理应用程序。VisionPro 提供的 .NET 程序接口允许用户采用面向对象的高级语言编程访问所有工具，以高效开发客户的专用视觉方案。QuickBuild 可以轻松实现任务的加载和执行，也可以选择手动配置代码工具。

但是这款软件更偏向于实际工业生产中的应用，取用其中的函数代码可能不太方便。

2. NI LabVIEW 软件

NI LabVIEW 是一种程序开发环境，类似于 C 和 BASIC 开发环境，但是 LabVIEW 与其他计算机语言的显著区别是：其他计算机语言都是采用基于文本的语言产生代码，而 LabVIEW 使用的是图形化编辑语言编写程序，产生的程序是框图的形式。LabVIEW 软件是 NI 设计平台的核心，也是开发测量或控制系统的理想选择。LabVIEW 开发环境集成了工程师和科学家快速构建各种应用所需的所有工具，旨在帮助工程师和科学家解决问题、提高生产力和不断创新。

NI 在机器视觉和图像处理方面一直处于领先地位。NI 视觉软件包含于两个软件：NI 视觉开发模块和用于自动检测的 NI 视觉生成器（NI Vision Builder for Automated Inspection，NI Vision Builder for AI）。视觉开发模块包含数以百计的视觉函数，NI LabVIEW、NI LabWindows/CVI、C/C ++、Visual Basic 可以使用这些函数来编程创建功能强大的视觉检测、定位、验证和测量应用程序。Vision Builder for AI 是一个交互式的软件环境，无须编程即可配置、基准对比和发布机器视觉应用程序。这两个软件包都可以与 NI 图像采集卡以及 NI 紧凑型视觉系统（NI Compact Vision System）协同工作。

下面介绍一下选择 NI 视觉软件开发的优点。

1) 工业相机的选择

选择视觉软件时首要考虑的是它能不能与最适合您应用程序的摄像头协同工作。低成本的模拟摄像头是很容易获得的，但是，有的应用需要的是分辨率高于 VGA、帧速率高于 30 帧/秒的摄像头，并且它的图像质量总体要优于标准模拟摄像头。常见工业相机如图 0 - 11 所示。

图 0 - 11 常见工业相机

NI 的视觉系统软硬件可与数以千计的摄像头兼容，从低成本的标准模拟摄像头到高速线扫描的摄像头。使用 NI 公司的工业摄像头配置指南可为应用程序找到最适合的摄像头并能帮助用户选择正确的采集硬件。NI 视觉采集设备如图 0 - 12 所示。

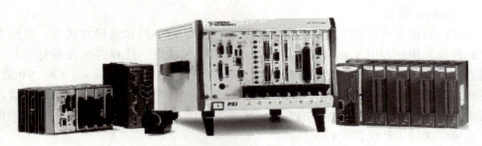

图 0-12　NI 视觉采集设备

选择正确的摄像头是任何应用中最为关键的一步，而摄像头的可扩展性是另一个需要考虑的重要方面。由于摄像头技术发展迅速，某一天用户可能希望升级其摄像头以提高图像质量或测量的其他特性。NI-IMAQ 驱动软件支持所有的 NI 图像采集卡，并且可以通过一个易于使用的接口来连接数以千计的摄像头。因此用户可以在不改变软件的情况下将模拟摄像头升级至 Camera Link 摄像头。针对 IEEE 1394 摄像头的 NI-IMAQ 软件也是如此，它无须帧采集器即可从 100 余种不同的 IEEE 1394（火线）摄像头采集图像。

NI 驱动软件不仅支持数以千计的摄像头，而且可以在所有的 NI 硬件平台上工作，从 PC 和 Compact PCI/PXI 到 NI Compact Vision System。因此，在实验室用户就可以在带有价廉的 IEEE 1394（火线）摄像头的 PC 上进行原型设计，然后无须改变采集或图像处理代码，即可把它部署至基于稳固紧凑型视觉系统之上的生产平台。

2）软件的易用性

当采集了一幅图像后，下一步就是处理图像。如今存在着多种算法，通过编程进行实验和勘误来寻找正确的工具将会是单调乏味而且低效的。因此，用户需要视觉软件工具来帮助其最大化地利用算法。

对于许多应用来说，用户并不需要通过编程来建立一个完整的机器视觉系统。虽然这不如在 C、Visual Basic 或 LabVIEW 中编程灵活，但是可配置的软件（如 NI Vision Builder for AI）提供了一个易于浏览、交互式的环境来配置，基准对比和发布机器视觉应用程序。Vision Builder for AI 包含了近 50 种常用的机器视觉工具，如模式匹配、OCR、DataMatrix 阅读器、色彩匹配，以及许多其他的工具。Vision Builder for AI 也可以从任何 NI 所支持的摄像头中采集图像，并使用常见的工业协议，通过以太网、串行总线或数字 I/O 来向其他设备传输检测结果。

虽然编写视觉应用程序比利用 Vision Builder for AI 配置应用程序更为复杂，但 NI 视觉助手可以使得在 LabVIEW、C 和 Visual Basic 中开发应用程序更为轻松和直接。视觉助手包含于 NI 视觉开发模块中，它是一个原型设计环境，在此用户可以交互式地试验不同的视觉函数来了解哪一个函数适合其应用程序以及每一个函数运行所需的时间。

当用户决定如何最好地解决其应用程序挑战，只需点击按钮，然后视觉助手就能生成可立即运行的 LabVIEW、LabWindows/CVI、C/C++，或 Visual Basic 代码。用户无须编写任何代码就完成了大部分视觉应用程序。用户可以独立运行由视觉助手生成的代码或者将它添置到更大的工业控制、数据采集，或者运动控制系统中。NI 视觉编程软件界面如图 0-13 所示。

绪论　机器视觉

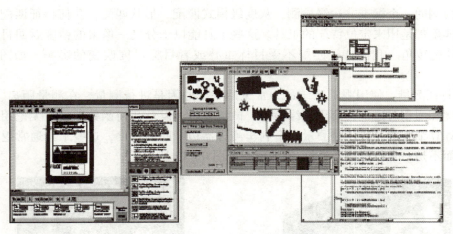

图 0-13　NI 视觉编程软件界面

无论用户是一位视觉初学者还是一位专业的视觉集成商，NI 视觉助手都可以帮助其在更少的时间内创建一个有效和可靠的视觉应用程序。

3）算法广度和精确度

在选择视觉软件时需要着重考虑的，也是最为重要的是软件工具能否以亚像素级的精度来正确和精确地测量重要的局部或目标特性。视觉精度测量系统如图 0-14 所示。如果软件不精确或者不可靠，那么无论计算机速度有多快或者摄像头有多少个像素，都显得没有意义。使精确的代码更快地运行要比使快速的代码更精确地运行要更为容易。

NI 视觉开发模块和 Vision Builder for AI 包含了数以百计的精确、可靠的视觉函数。下文列出了五个最为常见的机器视觉应用程序领域。

（1）图像增强：使用滤波工具来增强边缘，去除噪声，或者提取频率信息。使用图像校准工具来去除由透镜失真和摄像头放置所引起的非线性和透视误差。用户也可以使用图像校准工具来将真实世界的单位应用至其测量，这样工具就能以微米或毫米来返回值，而不是以像素为单位。

（2）存在性检查：这是最简单的视觉检测类型。用户可以使用任何颜色、模式匹配，或直方图工具来检查局部或特征的存在性。存在性检查通常的结果是有/无，或者通过/失败。如图 0-15 所示。

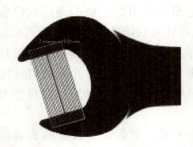

图 0-14　视觉精度测量系统

图 0-15　存在性检查案例

11

(3) 特征定位：定位特征在对齐目标或者确定精确的目标位置时是十分重要的，这是所有后续检测的一个标准。边缘检测，灰度级模式匹配，形状匹配，几何特征匹配，以及色彩模式匹配都是用来定位特征的工具。这些工具能以十分之一像素的精度返回目标位置（X, Y）和旋转角。几何特征匹配不受目标重叠或者目标尺度改变的影响。如图 0 – 16 所示。

(4) 特征测量：使用视觉系统最为常见的一个原因是进行测量。在测量距离、直径、总数、角度和面积时通常会使用边缘检测、微粒分析，以及几何函数工具。无论用户是在显微镜下计算细胞的总数还是测量两个刹车测径器边缘间的角度，这些工具通常返回的是一个数值而不是一个位置或者通过/失败值。如图 0 – 17 所示。

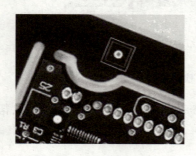

图 0 – 16　特征定位案例

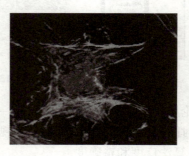

图 0 – 17　特征测量案例

(5) 局部验证：局部验证对于局部一致性、跟踪和确认来说是十分重要的。直接的验证方法包含读取条形码或者诸如 DataMatrix 和 PDF 417 之类的数据代码。更新的方法是使用可训练的 OCR 或者目标分类。局部验证通常可得到文本或者字符串，而不是测量值或一个通过/失败的结果。如图 0 – 18 所示。

所有 NI 视觉开发模块和 Vision Builder AI 函数都使用以十分之一像素和十分之一度的亚像素级精确度来对位置、距离和测量值进行插值。

图 0 – 18　二维码识别案例

3. HALCON 软件

HALCON 是一套完善的、标准的机器视觉算法包，拥有应用广泛的机器视觉集成开发环境。它节约了产品成本，缩短了软件开发周期——HALCON 灵活的架构便于机器视觉和图像分析应用的快速开发。HALCON 源自学术界，它有别于市面一般的商用软件包。事实上，这是一套 image processing library，由一千多个各自独立的函数，以及底层的数据管理核心构成。其中包含了各类滤波，色彩以及几何，数学转换，形态学计算分析，校正，分类辨识，形状搜寻等基本的几何以及影像计算功能，由于这些功能大多并非针对特定工作设计的，因此只要用得到图像处理的地方，就可以用 HALCON 强大的计算、分析能力来完成工作。

HALCON 支持 Windows，Linux 和 Mac OS X 操作环境，它保证了投资的有效性。整个函数库可以用 C，C ++，C#，Visual Basic 和 Delphi 等多种普通编程语言访问。HALCON 为大量的图像获取设备提供接口，保证了硬件的独立性。

HALCON 在试验中有自己的优点：

（1）为了让使用者能在最短的时间里开发出视觉系统，HALCON 包含了一套交互式的程序设计界面 HDevelop，可在其中以 HALCON 程序代码直接撰写、修改、执行程序，并且可以查看计算过程中的所有变量，设计完成后，可以直接输出 C、C++、VB、C#等程序代码，套入程序中。HDevelop 同时和数百个范例程序链接，除了个别计算功能的说明，还可以随时依据不同的类别找到应用的范例，方便参考。

（2）使用 HALOCN，在设计人机接口时没有特别的限制，也不需要特别的可视化组件，可以完全使用开发环境下的程序语言，例如 Visual Studio、.NET、Mono，等等，架构自己的接口，用户端看不到开发工具，而且在执行作业的机器上，只需要很小的资源套件。

4. OpenCV 软件

OpenCV 是一个基于 BSD 许可（开源）发行的跨平台计算机视觉库，可以运行在 Linux、Windows 和 Mac OS 操作系统上。它轻量级而且高效——由一系列 C 函数和少量 C++类构成，同时提供了 Python、Ruby、MATLAB 等语言的接口，实现了图像处理和计算机视觉方面的很多通用算法。OpenCV 用 C++语言编写，它的主要接口也是 C++语言，但是依然保留了大量的 C 语言接口。该库也有大量的 Python，Java 和 MATLAB/OCTAVE 的接口，这些语言的 API 接口函数可以通过在线文档获得，如今也提供对于 C#，Ch，Ruby 的支持。OpenCV 可以在 Windows，Android，Maemo，FreeBSD，OpenBSD，iOS，Linux 和 Mac OS 等平台上运行。

市面上可能还有其他合适软件，但是目前仅简要介绍这四个。其中 HALCON 和 OpenCV 比较适合运用在我们的试验中。

HALCON 是全能的机器视觉软件，它提供了超过 1100 多种具备突出性能控制器的库，如模糊分析，形态，模式匹配，3D 校正等。HALCON 支持多个操作系统，编程语言，通常情况下把 VC 与 HALCON 结合起来做研究或开发。OpenCV 是一个开源的计算机视觉库。

OpenCV 采用 C/C++语言编写，可以运行在 Linux/Windows/Mac 等操作系统上。OpenCV 的设计目标是执行速度尽量快，主要关注实时应用。它采用优化的 C 代码编写，能够充分利用多核处理器的优势。OpenCV 的一个目标是构建一个简单易用的计算机视觉框架，以帮助开发人员更便捷地设计更复杂的计算机视觉相关应用程序。OpenCV 包含的函数有 500 多个，覆盖了计算机视觉的许多应用领域。

项目一

NI 系列软件平台环境搭建与使用

1.1 项目描述

通过本项目的实施，使学生对 NI 系列软件平台和 NI 视觉软件包功能进行初步的了解，同时学会 NI 视觉软件包的安装方法和软件简单的编程使用，通过一个简单的例程，掌握搭建一个简单的 NI 视觉识别项目的具体步骤及常用方法，为后续进一步学习打下坚实的基础。

1.2 学习目标

通过本项目的学习让读者学习并了解 LabVIEW、Vision Development Module、Vision Builder AI 和 Vision Acquisition Software 四款软件的功能定位和安装方式，以及如何使用系列软件编程与具体操作。本项目属于 NI 视觉软件系统的入门环节，本项目所讲内容非常重要，我们可以按照本项目所讲步骤逐一操作，熟练所有的操作方法，为后续学习更加复杂的内容打下坚实的基础。

1.3 知识准备

1.3.1 NI 系列软件的简介

LabVIEW 是美国国家仪器（NI）公司开发的一个编程平台。另外，除了这个编程平台，NI 还配有大量的辅助开发工具包，这些工具包一般都面向一些特定的领域，如视觉、运动、频率、振动、音频、FPGA、Officer、Internet、数据库等。当然这些开发包，如果自己有能力，完全可以自己使用 LabVIEW 完成功能编写。但是对于普通的应用者来说，是很难实现的。因此 NI 特别开发了大量的工具包给用户直接调用，以快速地完成测试测量项目。

了解 LabVIEW

NI 所有软件中，与视觉相关的软件有视觉开发包 Vision Development Module（VDM），视觉生成器 Vision Builder for Automation Inspection（VBAI），视觉采集软件 Vision Acquisition Software（VAS）。其中视觉开发包属于开发工具包，包含了视觉助手 Vision Assistant，能完成所有 NI Vision 可以完成的功能；视觉生成器则是一款应用程序，相当于 NI 官方利用 VDM 开发的一款功能强大的应用程序，其可以脱离 LabVIEW 环境单独运行；视觉采集软件是 NI 视觉领域的驱动程序，包含了大量的相机、板卡驱动，可以驱动大师级的工业相机、图像采集卡等。因此，如果是想快捷地完成任务，那么只需要安装 VBAI + VAS 即可进行简单、常用的机器视觉图像处理。而如果需要定制开发软件，则需要安装 LabVIEW + VDM + VAS，当然 VBAI 也可以在 LabVIEW 中调用，安装上 VBAI 也是可以的。

使用 LabVIEW，配合其视觉开发模块 Vision Development Module，可以完成很多机器视觉应用项目。这里之所以说完成很多项目，而不是说完成所有项目，是因为每款软件都有自己的长处，也有自己的不足，不可能包罗万象。NI 的视觉工具包，优点在于其快速性及入门简单，而不足则在于其图像处理性能一般（相对于 Halcon 等图像处理库，有一定的差距），执行速度上与文本语言编辑的程序有一定的差距。但是，使用 NI 出品的视觉生成器 NI Vision Builder for Automation Inspection（VBAI）可以非常快速地搭建一个机器视觉与图像处理的测试测量平台。也可以使用视觉助手编辑脚本，然后生成 VI，以嵌入到 LabVIEW 环境中，从而实现更加丰富的机器视觉测试测量功能。

本书主要是使用 LabVIEW 开发自定义的图像处理程序，因此需要安装好 LabVIEW、VDM、VAS 三个软件，VBAI 只在本项目做简单介绍。同时，本书使用的几个软件的版本是 Windows 系统下的 2015 SP1 版，为了便于学习，建议使用者也同样使用 2015 SP1 版进行开发。

1.3.2 LabVIEW 的简介

LabVIEW（Laboratory Virtual Instrument Engineering）是一种图形化的编程语言，它广泛地被工业界、学术界和研究实验室所接受，被视为一个标准的数据采集和仪器控制软件，其欢迎界面如图 1-1 所示。LabVIEW 集成了满足 GPIB、VXI、RS-232 和 RS-485 协议的硬件及数据采集卡通信的全部功能，它还内置了便于应用 TCP/IP、Acvex 等软件标准的库函数，是一款功能强大且灵活的软件，利用它可以方便地建立自己的虚拟仪器，其图形化的界面使得编程及使用过程都生动有趣。图形化的程序语言，又称为"G"语言。使用这种语言编程时，基本上不写程序代码，取而代之的是流程图或框图。

NI 系列软件都尽可能利用了技术人员、科学家、工程师所熟悉的术语、图标和概念，因此，LabVIEW 是一个面向最终用户的工具。利用 LabVIEW，可产生独立运行的可执行文件。像许多重要的软件一样，LabVIEW 提供了 Windows、UNIX、Linux、Macintosh 的多种版本。与其他常见的编程语言相比，它最大的特点就在于是一种图形化编程语言（G 语言）。也就是说，我们在用 LabVIEW 编程时，面对的不是高度抽象的文本语言，而是图形化的方式。而文本语言和图形化语言也就相当于 DOS 系统和 Windows 系统。

1.3.3 LabVIEW 的特点

LabVIEW 主要具有以下几个特点：

图 1-1 LabVIEW 欢迎界面

（1）直观、易学易用。与 Visual C++、Visual Basic 等计算机编程语言相比，图形化编程工具 LabVIEW 有一个重要的不同点：不采用基于文本的语言产生代码行，而使用图形化编程语言 G 编写程序；产生的程序是框图的形式，用框图代替了传统的程序代码。

（2）通用编程系统　LabVIEW 的功能并没有因图形化编程而受到限制，依然具有通用编程系统的特点。LabVIEW 有一个可完成任何编程任务的庞大的函数库。该函数库包括数据采集、GPIB、串口控制、数据分析、数据显示及数据存储等功能函数。LabVIEW 也有传统的程序调试工具，如设置断点、以动画方式显示数据及其通过程序的结果、单步执行等，便于程序的调试。LabVIEW 的动态连续跟踪方式，可以连续、动态地观察程序中的数据及其变化情况，比其他语言的开发环境更方便、更有效。

（3）模块化 LabVIEW 中使用的基本节点和函数等就是一个个小的模块，可以直接使用；另外，由 LabVIEW 编写的程序——虚拟仪器模块（Virtual Instrument，VI），除了作为独立程序运行外，还可作为另一个虚拟仪器模块的子模块（即子 VI）供其他模块程序使用。

1.3.4　LabVIEW 的应用领域

1. 测试测量

LabVIEW 最初就是为测试测量而设计的，至今大多数主流的测试仪器、数据采集设备都拥有专门的 LabVIEW 驱动程序，使用 LabVIEW 可以十分方便地找到各种适用于测试测量领域的 LabVIEW 工具包。有时甚至于只需简单地调用几个工具包中的函数，就可以组成一个完整的测试测量应用程序。

2. 工业控制

LabVIEW 拥有专门用于控制领域的模块——LabVIEW DSC。除此之外，工业控制领域常用的设备、数据线等通常也有相应的 LabVIEW 驱动程序。使用 LabVIEW 可以非常方便地编调各种控制程序。

3. 仿真

LabVIEW 包含了多种多样的数学运算函数,特别适合进行模拟、仿真、原型设计等工作。

4. 快速开发

完成一个功能类似的大型应用软件,熟练的 LabVIEW 程序员所需的开发时间,大概只是熟练的 C 程序员所需时间的 1/5 左右。所以,如果项目开发时间紧张,应该优先考虑使用 LabVIEW,以缩短开发时间。

5. 跨平台

LabVIEW 具有良好的平台一致性。LabVIEW 的代码不需任何修改就可以运行在常见的三大台式机操作系统上:Windows、Mac OS 及 Linux。除此之外,LabVIEW 还支持各种实时操作系统和嵌入式设备,比如常见的 PDA、FPGA 以及运行 VxWorks 和 PharLap 系统的 RT 设备。

1.3.5 VDM 的简介

VDM 包含了 Vision 和 Vision Assistant 两个部分,其中 Vision 是一套包含各种图像处理函数的功能库,它将 400 多种函数集成到 LabVIEW 和 Measurement Studio,LabWindows/CVI,Visual C++ 及 Visual Basic 等开发环境中,为图像处理提供了完整的开发功能。

了解 NI 视觉

视觉助手(Vision Assistant)是 NI VDM 中的一个帮助工具,其宗旨是帮助工程师快速地验证机器视觉项目的可行性,并且编辑成脚本,生成 LabVIEW、VB、.NET 代码等,以方便 LabVIEW 等编程平台的调用。其欢迎界面如图 1-2 所示。

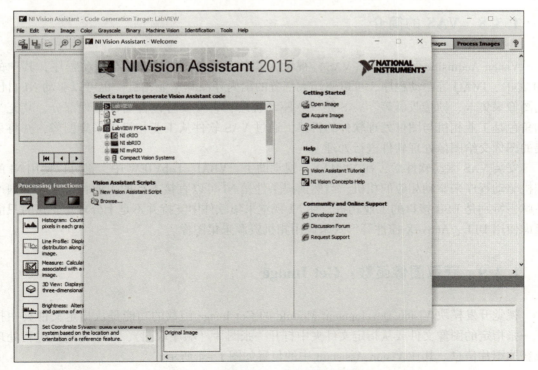

图 1-2 Vision Assistant 欢迎界面

1.3.6　VDM 的特点

1. 直观、易学易用

与其他视觉产品不同，NI Vision Assistant 和 IMAQ Vision 视觉的紧密协同简化了视觉软件的开发难度。NI Vision Assistant 可自动生成 LabVIEW 程序框图，该程序框图中包含 NI Vision Assistant 建模时一系列操作的相同功能。用户可以将程序框图集成到自动化或生产测试应用中，用于运动控制、仪器控制和数据采集等。

2. 开发快速

对于一些简单的项目，采用 Vision Assistant 测试再生成 LabVIEW 程序框图的方式，可能只需要几分钟就可以完成一个测试测量的配置，这些在文本语言中几乎是不可能的。

1.3.7　VBAI 的简介

Vision Builder for Automation Inspection（VBAI）视觉生成器，是一款由 NI 开发的视觉应用型软件。其所有的功能都是基于 NI 视觉来开发的，使用界面与视觉助手非常相似，如图 1 – 3 所示，只是其集成了附加工具功能，包含了如变量、通信、保存数据、保存图片等功能，这样就可以使用 VBAI 单独执行测试测量任务，而不需要工程师再花费大量的时间用于程序开发，可以让工程师从代码中解放出来，将精力集中在项目本身。

1.3.8　VAS 的简介

Vision Acquisition Software（VAS）视觉采集软件是 NI 推出的机器驱动程序，其中的 IMAQdx、IMAQ 等驱动程序，可以驱动大部分的国内外品牌工业相机，也可以驱动 NI 自己的图像采集卡、帧接收器等。VAS 是一款驱动程序，它并没有包含图像处理部分，其充当的角色是工业相机与图像处理软件的桥梁，通过 VAS 软件从工业相机中采集图像，并将采集的图像交给图像处理软件进行处理。

安装 VAS 驱动软件后，在 NI MAX、视觉助手、VBAI、LabVIEW 中，都可以使用 NI 的相机驱动程序来驱动相应的相机，当然前提条件是 NI 可以直接支持的工业相机。某些国产品牌，特别是 USB 接口的工业相机，在 NI 视觉采集软件中支持并不是十分理想，这时只能考虑使用 DLL、ActiveX 控件等形式来调用相机资源采集图像。

1.3.9　获取图像函数：Get Image

视觉开发模块 Vision Development Module 的 Get Image 函数的功能是从指定文件夹中打开一张指定的图像文件或从指定文件夹中打开一张图片（顺序取图），用于对图片进行处理或获取图片信息。其在 Vision Assistant 中的位置如图 1 – 4 所示。

项目一　NI系列软件平台环境搭建与使用

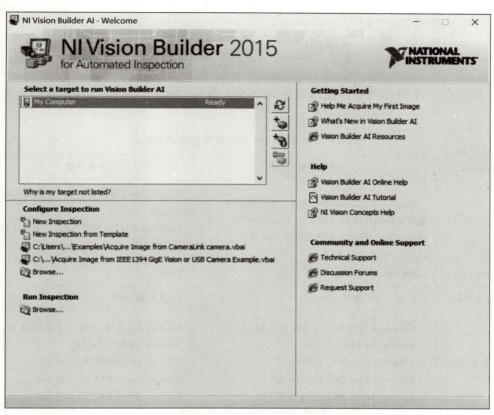

图1-3　VBAI欢迎界面

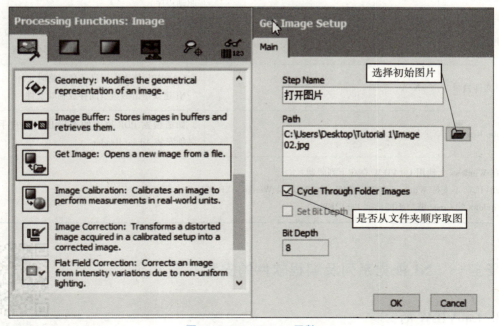

图1-4　Get Image函数

1.4 任务实现

本项目安装的 NI 系列软件使用的为 2015 SP1 版本，所需 PC 端的基本配置如下表 1-1 所示。

表 1-1 NI 2015 SP1 系列软件系统要求说明

Windows	运行引擎	开发环境
处理器	Pentium Ⅲ/Celeron 866 MHz（或同等性能）/更高主频的处理器（32 位） Pentium 4 G1（或同等性能）/更高主频的处理器（64 位）	Pentium 4M（或同等性能）/更高主频的处理器（32 位） Pentium 4 G1（或同等性能）/更高主频的处理器（64 位）
RAM	256 MB	1 GB
屏幕分辨率	1 024×768 像素	1 024×768 像素
操作系统	Windows 8.1/8/7/Vista（32 位和 64 位） Windows XP SP3（32 位） Windows Server 2012 R2（64 位） Windows Server 2008 R2（64 位） Windows Server 2003 R2（32 位）	Windows 8.1/8/7/Vista（32 位和 64 位） Windows XP SP3（32 位） Windows Server 2012 R2（64 位） Windows Server 2008 R2（64 位） Windows Server 2003 R2（32 位）
磁盘空间	620 MB	5 GB（包括 NI 设备驱动程序光盘中的默认驱动程序）
颜色选板	N/A	LabVIEW 和 LabVIEW 帮助，包含 16 位彩色图形。LabVIEW 至少需要 16 位彩色配置
临时文件目录	N/A	LabVIEW 使用专用目录存放临时文件 NI 建议预留磁盘空间存放临时文件
Adobe Reader	N/A	如需搜索 PDF 格式的 LabVIEW 用户手册，必须安装 Adobe Reader

注：在 Windows 上使用 LabVIEW 存在下列限制：
- LabVIEW 不支持 Windows 2000/NT/Me/98/95 以及 Windows XP x64
- Windows 的 Guest 账户不能访问 LabVIEW

任务一 NI 视觉系列及编程软件的安装

1. LabVIEW 的安装

首先安装 LabVIEW，再安装其他的软件。打开 LabVIEW 的安装包，选

NI 视觉系列及编程软件的安装

择安装 LabVIEW 2015 SP1。

等待安装程序初始化完成后单击"下一步"按钮，输入软件使用者的名字和单位信息，再单击"下一步"按钮。输入购买的产品序列号，再单击"下一步"按钮，如图1-5所示。

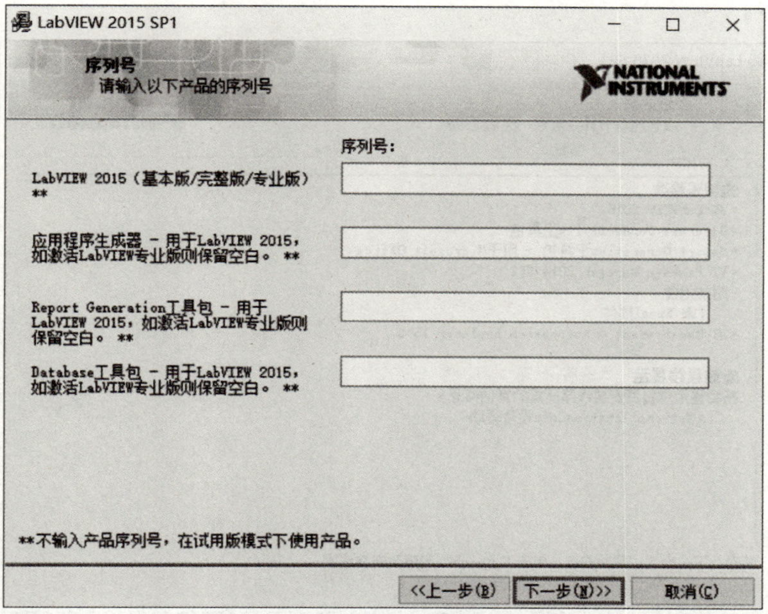

图1-5 LabVIEW 安装界面（1）

选择好 LabVIEW 的安装目录和 NI 其他软件的安装目录，再单击"下一步"按钮。安装组件不需要修改，直接按默认的安装组件安装，单击"下一步"按钮，如图1-6所示。

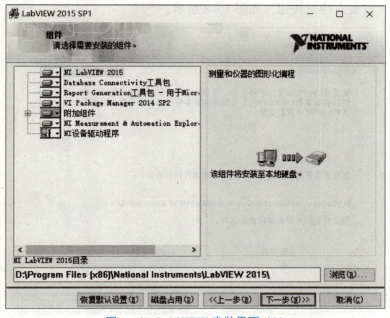

图1-6 LabVIEW 安装界面（2）

选择为 LabVIEW 产品搜索更新，从而第一时间获取重大补丁的更新，再单击"下一步"按钮。选择"同意两条许可协议"，再单击"下一步"按钮。同样选择"同意两条许可协议"，再单击"下一步"按钮，确认安装信息，没问题就单击"下一步"按钮，如图 1-7 所示。

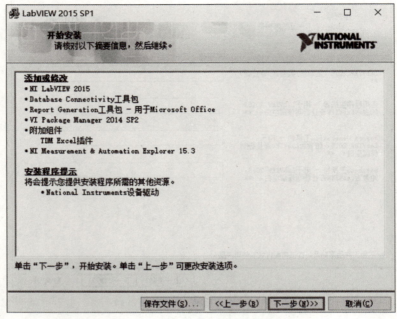

图 1-7　LabVIEW 安装界面（3）

等待安装完成，如果不需要 NI 提供的硬件产品可以单击"不需要支持"按钮，如果需要使用请单击"安装支持"按钮，如图 1-8 所示。

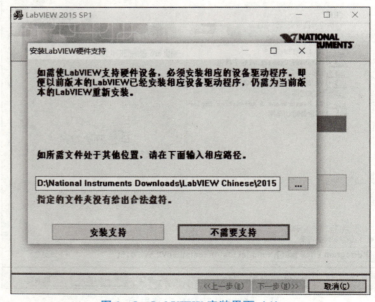

图 1-8　LabVIEW 安装界面（4）

单击"重启启动"按钮,以更新配置,如图 1-9 所示,LabVIEW 至此安装完成。

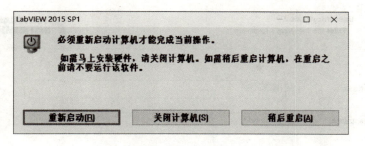

图 1-9　LabVIEW 安装界面(5)

2. VDM 的安装

因为其他几款软件的安装方式都基本一致,因此只介绍 VDM 的安装。首先打开 VDM 的安装包,选择安装 VDM 2015 SP1,安装界面如图 1-10 所示。

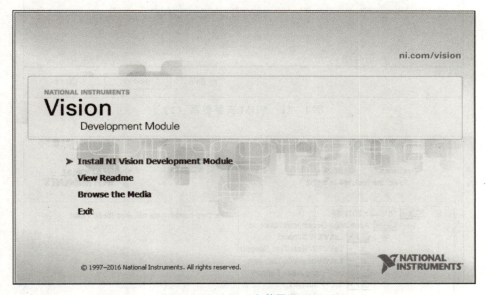

图 1-10　VDM 安装界面(1)

等待安装程序初始化完成后单击"Next"按钮,输入软件使用者的名字和单位信息,再单击"Next"按钮,如图 1-11 所示。

安装组件不需要修改,直接按照默认的安装组件安装,单击"Next"按钮,如图 1-12 所示。

选择为 VDM 产品搜索更新,从而第一时间获取重大补丁的更新,再单击"Next"按钮,如图 1-13 所示。

选择同意两条许可协议,再单击"Next"按钮。确认安装信息,没问题就单击"Next"按钮,等待安装完成,直接单击"Next"按钮。单击"Restart"按钮,以更新配置,如图 1-14 所示,VDM 至此安装完成。

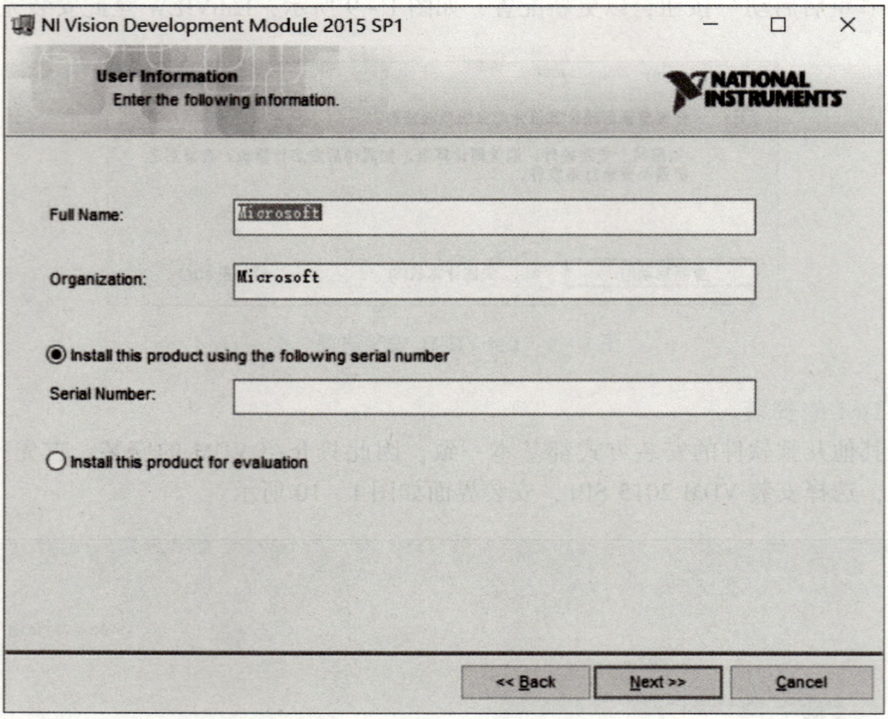

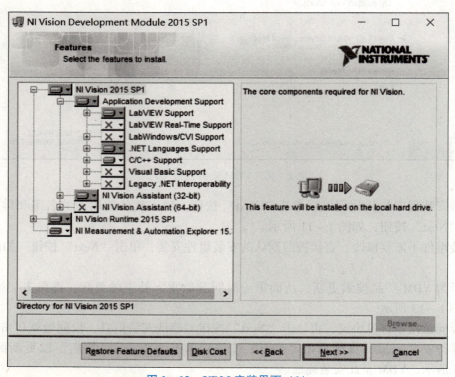

图1-11　VDM安装界面（2）

图1-12　VDM安装界面（3）

项目一　NI 系列软件平台环境搭建与使用

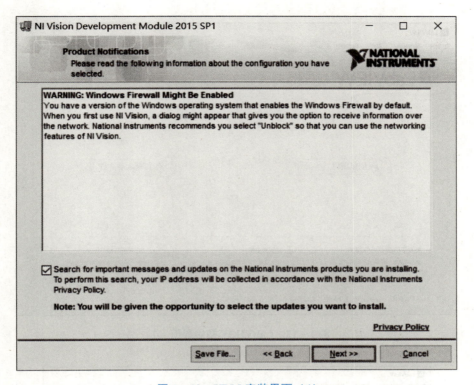

图 1-13　VDM 安装界面（4）

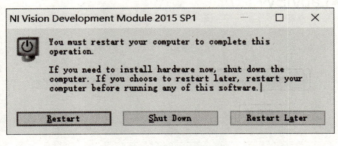

图 1-14　VDM 安装界面（5）

任务二　创建一个 LabVIEW 项目并保存

本任务的目标为创建一个 LabVIEW 的空白项目，初步熟悉一下 LabVIEW 创建项目的方法并保存项目。

1. 创建一个 LabVIEW 项目

首先打开 LabVIEW 进入 LabVIEW 初始界面如图 1-15 所示。

单击"创建项目"按钮，或者单击左上角"文件"菜单里的"创建项目"选项进入项目创建界面。如图 1-16、图 1-17 所示。

创建一个
LabVIEW 项目

图 1 – 15 LabVIEW 初始界面（1）

图 1 – 16 LabVIEW 初始界面（2）

选择创建一个空白项目，单击"完成"按钮，如图 1 – 18 所示，到此项目创建完成。项目创建完成后会自动打开项目浏览器，如图 1 – 19 所示。

2. LabVIEW 项目的保存

选择左上角"文件"菜单里的"保存全部（本项目）"进行保存，如图 1 – 20 所示。选择保存的路径和名称，如图 1 – 21 所示，到此项目保存完成。

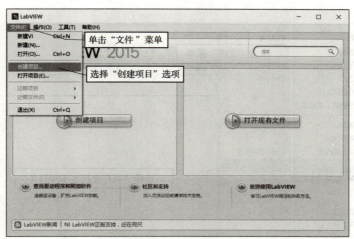

图 1-17　LabVIEW 初始界面（3）

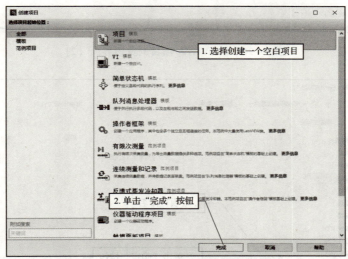

图 1-18　LabVIEW 创建项目界面

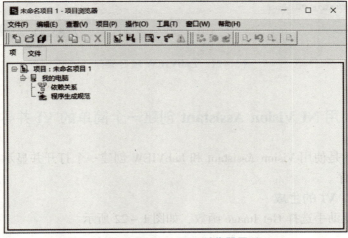

图 1-19　LabVIEW 项目浏览器界面（1）

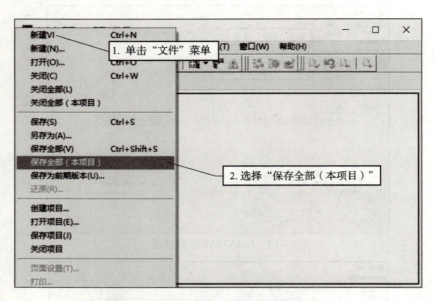

图 1 – 20　LabVIEW 项目浏览器界面（2）

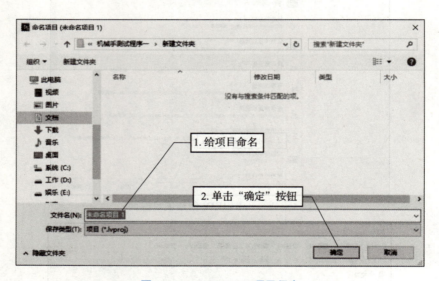

图 1 – 21　LabVIEW 项目保存

任务三　使用 NI Vision Assistant 创建一个简单的 VI 并导入 LabVIEW

本任务的目标是使用 Vision Assistant 和 LabVIEW 创建一个打开并显示图片的 LabVIEW 程序。

1. LabVIEW VI 的生成

首先进入视觉助手选择 Get Image 函数，如图 1 – 22 所示。

使用视觉助手
生成程序代码

项目一　NI 系列软件平台环境搭建与使用

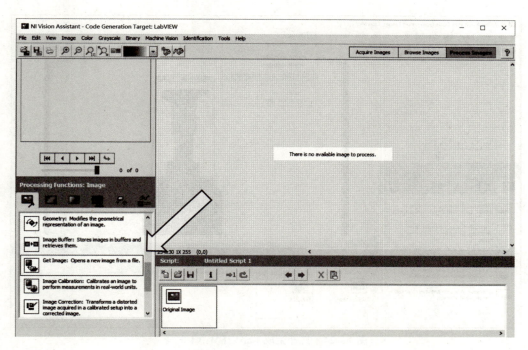

图 1 – 22　打开 Get Image 函数

从目标文件夹中选择一张初始图片，并勾选上从文件夹中顺序取图，再设置该步骤的名称，最后单击"OK"按钮确认，如图 1 – 23 所示。

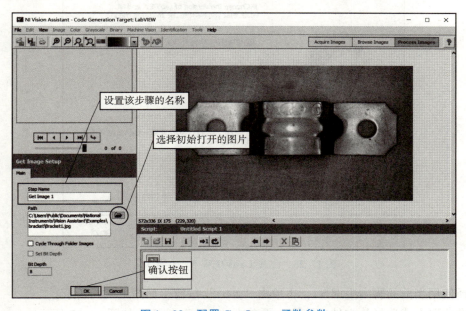

图 1 – 23　配置 Get Image 函数参数

选择生成 LabVIEW VI，如图 1 – 24 所示。

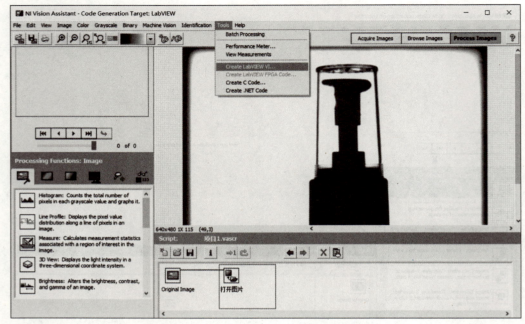

图1-24 打开生成LabVIEW VI向导

选择保存路径和保存名称并勾选优化代码,再单击"Next"按钮,如图1-25所示。

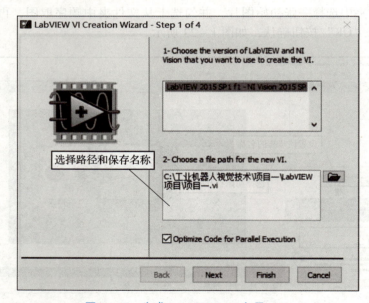

图1-25 生成LabVIEW VI向导(1)

选择使用当前的脚本生成VI,再单击"Next"按钮,如图1-26所示。

图像获取方式选择从文件中获取,再单击"Next"按钮,如图1-27所示。

VI的输入选项只勾选路径输入,其余不勾选,再单击"Finish"按钮,至此LabVIEW VI生成完成,如图1-28所示。

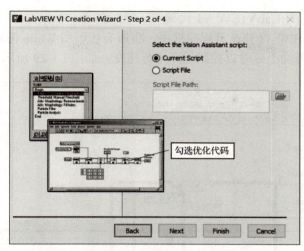

图 1-26 生成 LabVIEW VI 向导 (2)

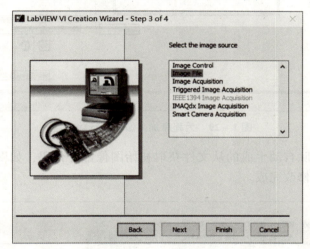

图 1-27 生成 LabVIEW VI 向导 (3)

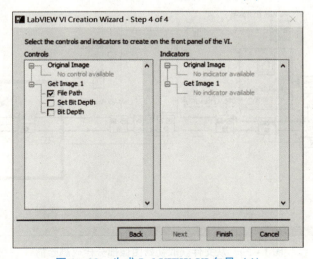

图 1-28 生成 LabVIEW VI 向导 (4)

2. 修改自动生成的 LabVIEW VI 代码

打开生成的 LabVIEW VI 修改其程序框图，将所有代码用 While 循环框住，并将循环条件设为一个直循环，再加上延时以控制程序运行速度。如图 1-29 所示。

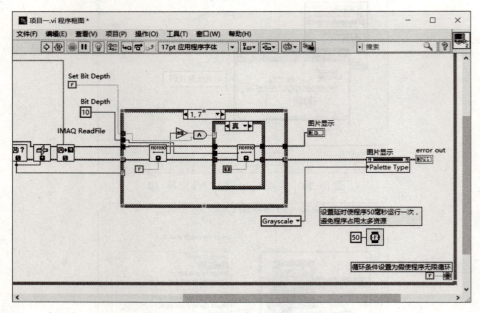

图 1-29　为程序加上循环运行功能

在程序框图中删除自动生成的从文件获取初始图像部分代码，如图 1-30 和图 1-31 所示，至此程序代码修改完成。

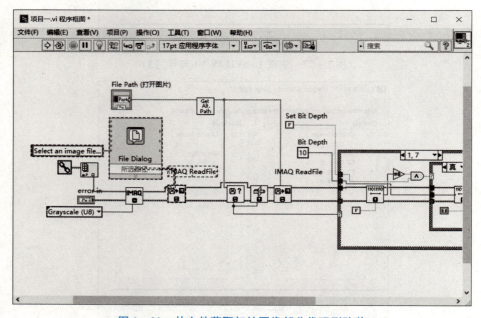

图 1-30　从文件获取初始图像部分代码删除前

项目一　NI 系列软件平台环境搭建与使用

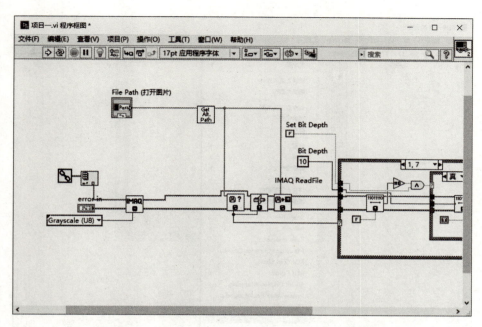

图 1-31　从文件获取初始图像部分代码删除后

3. 优化程序显示界面

隐藏前面板的错误输入和错误输出，设置方法如图 1-32 所示。

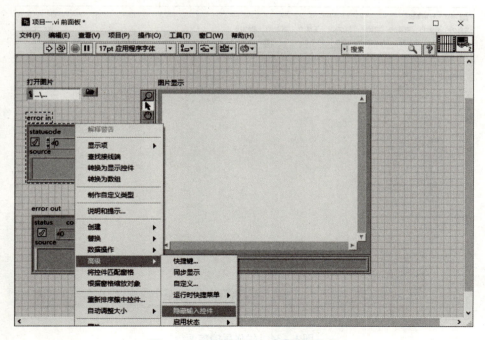

图 1-32　隐藏错误输入和错误输出

将显示的图片设为适应窗口，设置方法如图 1-33 所示。

33

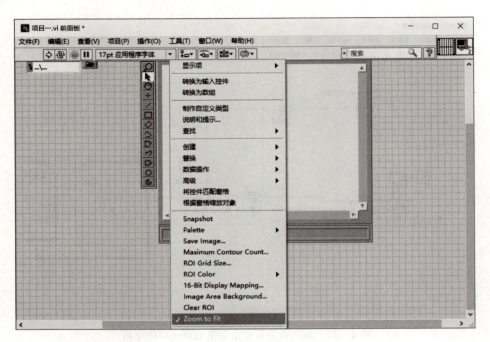

图1-33　将显示的图片设为适应窗口

调整图像显示窗口的大小，优化前面板的布局，调整后的界面如图1-34所示。

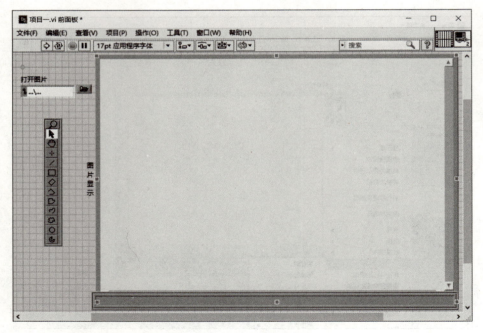

图1-34　优化后的前面板

至此前面板优化完成，程序的运行效果如图1-35所示。

项目一　NI 系列软件平台环境搭建与使用

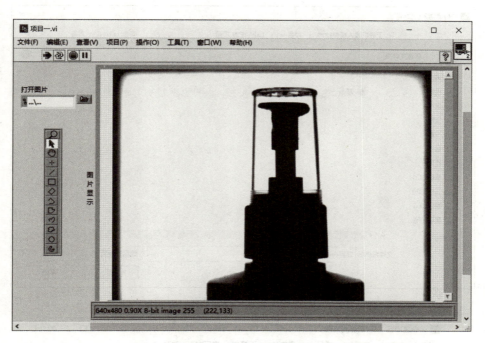

图 1-35　程序的运行效果

4. 将 VI 加入 LabVIEW 项目中

右击项目浏览器中的"我的电脑",选择"添加"→"文件",如图 1-36 所示。

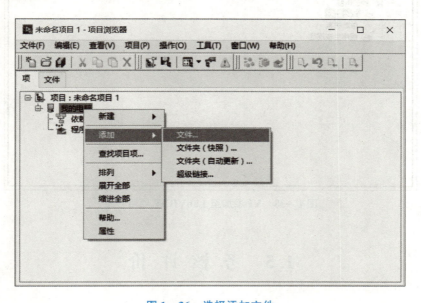

图 1-36　选择添加文件

选择保存好的 LabVIEW VI,如图 1-37 所示。

至此,VI 添加进 LabVIEW 项目完成,如图 1-38 所示。

35

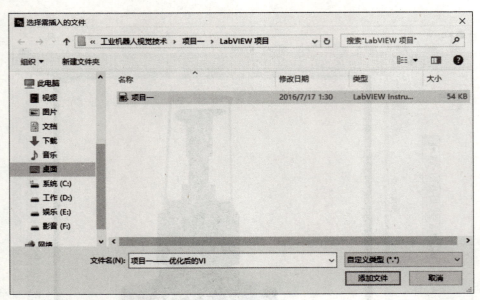

图 1-37 选择 VI

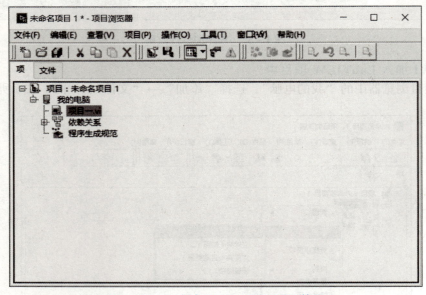

图 1-38 VI 添加至 LabVIEW 项目效果

1.5 考核评价

任务一 使用 Vision Assistant 获取一张图片

要求：能够熟练安装 NI 视觉软件包，了解 Vision Assistant 软件的功能及菜单选项，能够使用 Vision Assistant 软件载入一个图像文件并生成一个 LabVIEW 程序的 VI 子程序，能用专业语言正确流利地展示基本的配置步骤，思路清晰、有条理，能圆满回答老师与同学提出的问题，并能提出一些新的建议。

任务二　使用 LabVIEW 修改生成的 VI 并加入项目

要求：了解 LabVIEW 软件的编程方式及功能菜单选项位置，能够使用 LabVIEW 软件修改优化上述自动生成的 VI 程序，能够将优化完成的子 VI 程序载入到编写的项目中，并能无错误地运行，能用专业语言正确流利地展示基本的配置步骤，思路清晰、有条理，能圆满回答老师与同学提出的问题，并能提出一些新的建议。

1.6　拓 展 提 高

任务一　学习 LabVIEW 编程语言

要求：本书的重点是学习 VDM 和 VAS 视觉编程，但是需要有一定的 LabVIEW 编程能力，请学习者主动翻阅 LabVIEW 编程书籍，学习 LabVIEW 软件的技巧，从而给学习带来帮助，能用专业语言正确流利地展示配置基本的步骤，思路清晰、有条理，能圆满回答老师与同学提出的问题，并能提出一些新的建议。

任务二　学习 Vision Assistant 的使用

要求：可以利用业余时间来具体学习 Vision Assistant 软件的使用，特别是能自主地翻阅 Vision Assistant 软件帮助文档学习，能用专业语言正确流利地展示基本的配置步骤，思路清晰、有条理，能圆满回答老师与同学提出的问题，并能提出一些新的建议。

项目二

搭建一个相机程序

2.1 项目描述

本项目的主要内容是对 VAS 开发包的各种功能和菜单选项进行详细的讲解，同时通过任务的方式学习配置相机参数和读取相机的各种关键视觉参数并介绍如何采集图像、保存图像、并把采集的图像显示在界面上，全面掌握 VAS 开发包获取图像数据的方法，为后续进一步学习打下坚实的基础。

2.2 学习目标

通过本项目的学习让我们学习并了解 VAS 开发包的各种功能和菜单选项，能使用 VAS 视觉助手获取图像及相机参数的设置，能使用 VAS 视觉开发包开发一个相机程序，实现实时显示、拍照、保存等基本功能，学习使用 LabVIEW 编程软件配合 VAS 视觉助手开发出采集图像基础程序，本项目属于 VAS 开发包的入门环节，本项目所讲内容也最为基础和重要，我们可以按照本项目所讲步骤逐一操作，熟练掌握所有的操作方法为后续学习更加复杂的内容打下坚实的基础。

2.3 知识准备

2.3.1 VAS 开发包

Vision Acquisition Software（视觉获取软件）是用于捕获图像的一系列驱动程序，包含了在 LabVIEW 中所使用到的基本视觉获取 VI。基本的视觉图像获取以及文件存储之外的功能需要安装 VDM。

VAS 安装后直接包含在 VBAI、视觉助手以及所有的 NI 图像获取的软件中的，也就是说安装好 VAS 之后就可以直接在 LabVIEW 或 Vision Assistant 中对图片进行采集。

2.3.2 IMAQdx 模块的介绍

IMAQdx 图像采集函数，是专门用于采集 1394、USB 或千兆网相机图像的，是一套相机驱动。利用此驱动程序，可以驱动多种品牌的工业相机，如 AVT、Basler、JAI、TELI、SONY、The Imaging Source、PointGrey、IDS、SVS、Smartek、Dalsa 等国际知名品牌，也可以驱动如大恒等国产品牌。只要工业相机支持标准的相机协议即可被支持，如常规的 USB3VISION、GIGEVUSION、IIDC、DirectX 等。

当然 NI 的相机驱动程序不只有 IMAQdx，另外还有 IMAQ、Vision RIO 以及早期版本，还有一个 IMAQ for USB。不过对于我们常规的工业相机，IMAQ 是不适用的，这个驱动一般适用于 NI 的图像采集卡，如 Camera Link 卡等；Vision RIO 则是适用于 NI 的嵌入式视觉系统的，这些都需要 NI 的硬件支持；而早期的 IMAQ for USB 则适用于 LabVIEW 8.6 平台上的 USB 接口相机（也只是部分支持、大部分的国产 USB 相机不支持），而现在 IMAQ for USB 驱动已经集成在 IMAQdx 中，所以 NI 的相机驱动程序，只介绍 NI IMAQdx 选板中的函数，其位置如图 2–1 所示。

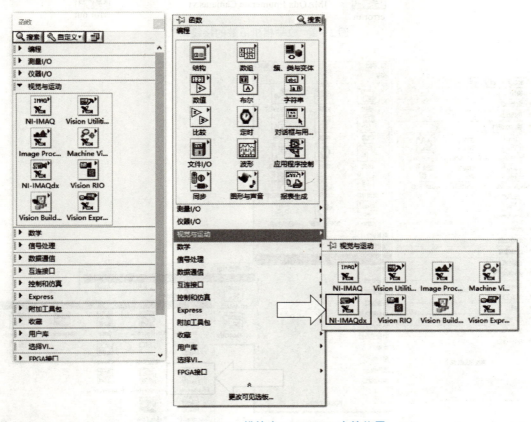

图 2–1　IMAQdx 模块在 LabVIEW 中的位置

2.3.3 枚举相机函数:IMAQdx Enumerate Cameras

IMAQdx 的枚举相机函数,主要用于罗列出系统中所有支持的相机。这里支持的相机是指 IMAQdx 能识别到相机接口的相机,但是这些罗列出来的相机,并不一定都能采集到图像,因为有些相机虽然可以读取到型号接口名称,但是并不完全被支持,也是无法采集图像的。其接线端如图 2-2 所示,其位置如图 2-3 所示。

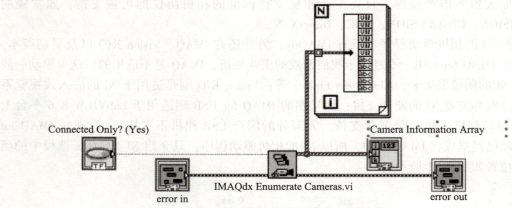

图 2-2 枚举相机函数的接线端

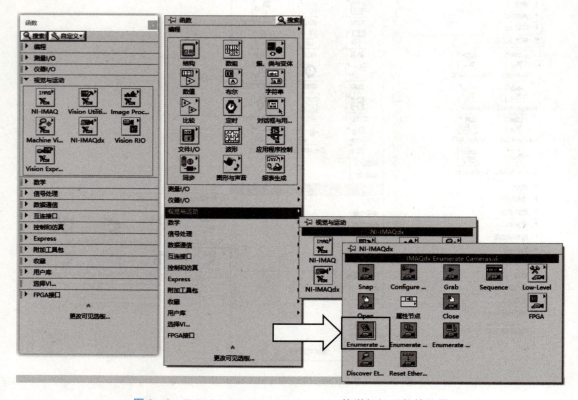

图 2-3 IMAQdx Enumerate Cameras 枚举相机函数的位置

1. 仅连接：Connected Only？（Yes）

这个选项用于决定枚举相机的方式，如果仅连接为真，则罗列已经连接到当前系统的相机。如果仅连接为假，则罗列所有当前连接到系统的相机以及以前曾经连接到系统的相机。

2. 错误输入：error in

这个是 LabVIEW 函数的常规接线端，用于传递错误信息。通常如果有错误信息传递进来时，当前的函数是不执行的。错误输入、输出是一个簇控件，包含了 Status（状态）、Code（代码）、Source（源）三个元素。

3. 相机信息数组：Camera Information Array

相机信息数组是一个在当前系统中的接口文件（.IID 和 .ICD 文件）的数组，其中可以包含当前或以前连接到系统的相机。数组的元素是一个包含 11 个元素的簇，其中包含的信息如表 2 – 1 所示。

表 2 – 1　相机信息数组

参数	说明
类型 Type （U32 整型）	类型的值为 3，这个指明了当前的 NI – IMAQdx 接口文件
版本 Version （U32 整型）	接口文件的版本，这个序号一般随着不同版本驱动接口文件格式的改变而增长。LabVIEW 2014、2015 等版本，均为 2
标志 Flags （U32 整型）	是当前接口状态的位掩码，如果 0 位是开的，即标志值为 1，则当前接口表示相机是已经连接到系统的；如果 0 位是关闭的（值为 0），则表示已经断开连接的相机
高位序列号 Serial Number High （U32 整型）	是接口相机的高 32 位序列号，每个相机都有一个唯一的序列号
低位序列号 Serial Number High （U32 整型）	是接口相机的低 32 位序列号，NI 官方解释说：每个相机都应该有不同的高位序列号和不同的低位序列号。这种解释法有一点问题，即很多相机不一定有这么多位的序列号，因此很可能是没有高位的（值为 0），也有可能很多相机的高位其实是一样，仅仅只是低位的值不一样罢了。所以应该是相机本身唯一的序列号（仅限同一公司的相机不同的序列号，而且相机厂家是可以将序列号设置成一样的）
总线类型 BusType（U32 整型）	表示相机的总线类型。常见的总线类型如 1394B 接口代码为 31333934、USB 2.0 接口代码为 64736877、千兆网接口代码为 69707634
接口名称 Interface Name （字符串）	是当前相机接口的名称，具有唯一性。可以使用此名称来打开相机，即可以通过枚举相机函数再索引数组再按名称解除捆绑得到接口名称，然后再连接到 Open Camera 函数来打开相机

续表

参数	说明
供应商名称 Vendor Name （字符串）	是接口指定相机的供应商名称，不同的品牌相机的供应商名称是不一样的
模型名称 Model Name （字符串）	是接口指定相机的模型名称（即系列名称，每个厂家的相机可能有很多个系列，如 AVT 的就有 Guppy Pro、Stingray 等多个系列）。每个相机可能有相同的模型名称，也有不同的模型名称，如 AVT Guppy Pro F‑125B 和 AVT Guppy Pro F‑503B，则有相同的模型名称，而 AVT Guppy Pro F‑125B 和 AVT Stingray F‑125B 则有不同的模型名称。不同相机品牌之间相机模型名称的情况比较少，同一品牌则会有相同的模型名称的相机
相机文件名称 Camera File Name （字符串）	当前接口使用的相机文件的名称，这些文件即 .icd 文件。相机文件包含了给定相机所有的设置，用户可以通过 MAX 配置并保存相机文件
相机属性网址 Camera Attribute URL （字符串）	描述相机属性的 XML 文件的网址

4. 错误输出：error out

用于传出错误的控件，如果当前函数在执行时发生错误，则会传递出错误。与错误输入控件的描述是一样，只是其为输出。因为错误输入与输出接线端有相同的描述与作用，在后面的所有函数中将不再介绍。

2.3.4 打开相机函数：IMAQdx Open Camera

IMAQdx 的打开相机函数功能是连接系统中所有支持的相机。这里支持的相机是指 IMAQdx 能识别到相机接口的相机，但是这些罗列出来的相机，并不一定都能采集到图像，因为有些相机虽然可以读取到型号接口名称，但是并不完全被支持，也是无法采集图像的。要注意的是下面介绍的函数都需要打开相机以后才能使用（不包括枚举函数）。其接线端如图 2-4 所示，其位置如图 2-5 所示。

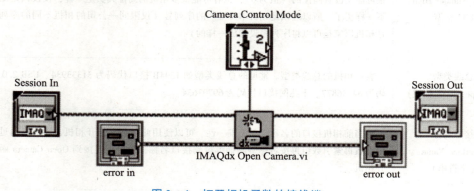

图 2-4 打开相机函数的接线端

项目二　搭建一个相机程序

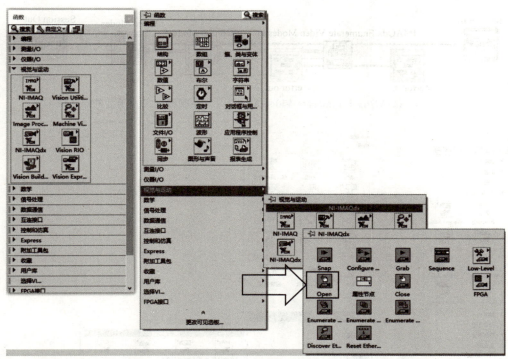

图 2-5　IMAQdx Open Camera（打开相机）函数的位置

1. 相机控制模式：Camera Control Mode

相机的控制模式分为 Controller 和 Listener 两种模式，其说明如表 2-2 所示。

表 2-2　相机控制模式

参数	说明
Controller	对打开的相机能配置相机参数和获取图像数据，该模式为默认模式
Listener 相机监听模式	对打开的相机只能获取图像数据，无法修改相机参数

2. 相机端口号输入：Session In

输入指定的相机端口号，在本函数中用于打开相机。

3. 相机端口号输出：Session Out

输出 Session In 接线端的相机端口号。由于相机端口号输入输出函数在 IMAQdx 中有相同的描述与作用，在后面的所有函数中将不再介绍。

2.3.5　列举视频模式函数：IMAQdx Enumerate Video Modes

该函数的功能是获取当前相机支持的视频模式和相机当前的视频模式。其接线端如图 2-6 所示，其位置如图 2-7 所示。

1. 视频模式：Video Modes

该端口会输出一个簇数组，每个簇表示一个相机的模式，每个簇有两个参数，如表 2-3 所示。

43

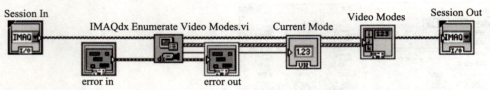

图2-6 IMAQdx Enumerate Video Modes（列举视频模式）函数的接线端

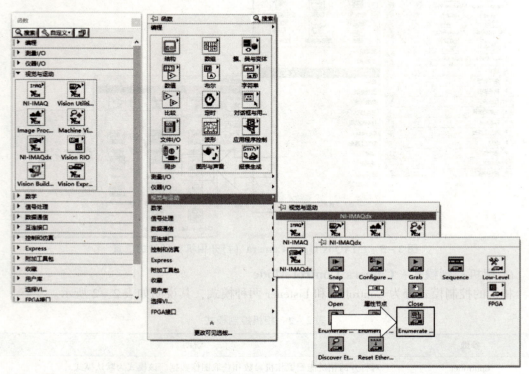

图2-7 IMAQdx Enumerate Video Modes（列举视频模式）函数的位置

表2-3 视频模式

参数	说明
Video Mode（视频模式）	输出一个视频模式的编号，范围为 0~n 个（最后一个）视频模式减 1
Video Mode Name（视频模式名称）	输出对应编号视频模式的名称，一般视频模式名称中包含了该模式的参数，如 640×480 Mono8

2. 当前模式：Current Mode

输出当前视频模式的编号。

2.3.6 配置采集函数：IMAQdx Configure Grab

该函数的功能是配置采集模式为连续采集模式并使相机开始连续采集图片，然后存入缓存区。其接线端如图2-8所示，其位置如图2-9所示。

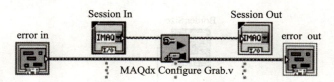

图 2-8 IMAQdx Configure Grab（配置采集）函数的接线端

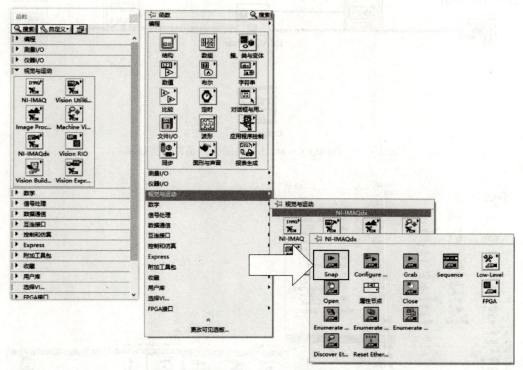

图 2-9 IMAQdx Configure Grab（配置采集）函数的位置

2.3.7 创建图像函数：IMAQ Create

VDM 创建图像函数的功能是在内存中创建一个临时的位置用于保存图像，并以一张空白图像的形式输出，其接线端如图 2-10 所示，其位置如图 2-11 所示。

1. 图像名称：Image Name

图像名称：创建的图像的名称。要注意的是要创建多个图像的话，创建的每个图像必须有一个唯一的名称。

2. 边框大小：Border Size

在创建一个图像时，边框值决定了图像边框在图像中的大小。这些像素只会在特定的 VI 中得到体现。

当图像处理的过程中需要用到图像边框这一参数时，需要提前确定边框大小（例如标注处理和形态学处理）。

一般默认的边框值是 3。当使用边框值为 7×7 的内核处理时，图像几乎没什么变化。但是如果使用超过边框值 7×7 的内核处理时，图像中会出现明显的边框。

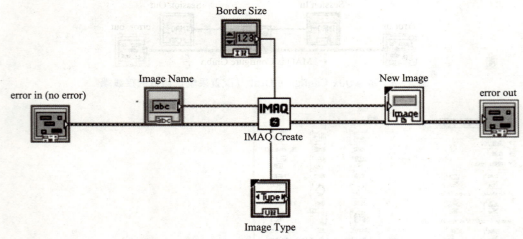

图 2-10 IMAQ Create（创建图像）函数的接线端

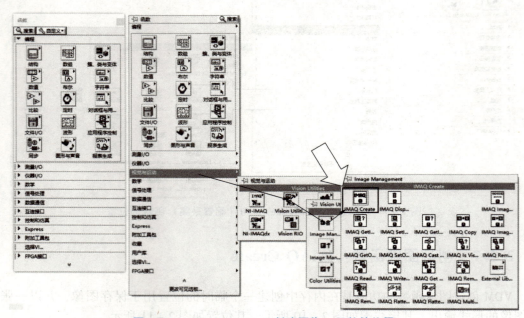

图 2-11 IMAQ Create（创建图像）函数的位置

其内核处理 a×a 与边框值 b 的换算公式为 a = 2b + 1。

需要注意的是图像的边框只用于图像处理，在显示或存储在一个文件时并不会得到体现。

图 2-12 说明了一个 8×6 的图像边框值为 0 时和为 2 时（使用 5×5 内核）的区别，其中阴影部分表示边框大小。

3. 图像类型：Image Type

在表 2-4 所示类型中选择指定的图像类型。

4. 新图像输出：New Image

输出根据输入名称创建的一张空白图像供所有后续（后面的数据流上的）函数所使用。

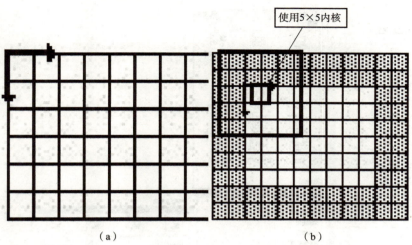

图 2-12 图像边框值为 0 时和为 2 时的区别
(a) 边框值为 0 时；(b) 边框值为 2 时

表 2-4 图像类型

参数	说明
Grayscale（U8）	用 8 位二进制数表示灰度图的一个像素（无符号）
Grayscale（I16）	用 16 位二进制数表示灰度图的一个像素（有符号）
Grayscale（SGL）	用 32 位二进制数表示灰度图的一个像素（浮点数）
Complex（CSG）	用两个 32 位二进制数表示复合图的一个像素（浮点数）
RGB（U32）	用 32 位二进制数表示彩色图的一个像素[红，绿，蓝，阿尔法通道（透明度）]
HSL（U32）	用 32 个二进制数表示彩色图的一个像素（色调，饱和度，亮度，阿尔法通道）
RGB（U64）	用 64 位二进制数表示彩色图的一个像素（红，绿，蓝，阿尔法通道）
Grayscale（U16）	用 16 位二进制数表示灰度图的一个像素（有符号）

2.3.8　获取图片函数：IMAQdx Grab2

该函数的功能是从缓存区获取当前帧图像，如果输入的图像类型不匹配相机视频输出的格式，这个函数会将输入的图像类型转换为适当的格式。需要注意的是要使用该函数，相机必须要处于采集图片状态。其接线端如图 2-13 所示，其位置如图 2-14 所示。

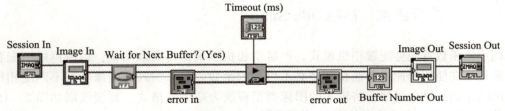

图 2-13　IMAQdx Grab2（获取图片）函数的接线端

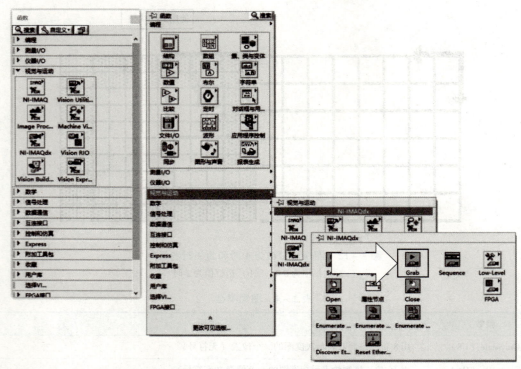

图 2-14 IMAQdx Grab2（获取图片）函数的位置

1. 图像输入：Image In

获取输入的图像用于处理，在获取图片函数中用于保存获取到的图像数据。

2. 等待下一个缓存区数据？（是的）：Wait for Next Buffer？（Yes）

如果该值为真，那么该函数将等待相机将下一帧数据存入缓冲区后再输出缓冲区中最新获取到的图像；如果该值为假，那么该函数将直接输出缓冲区最后获得的图像。该函数的默认值为真。

3. 超时（毫秒）：Timeout（ms）

等待输入的指定时间，以毫秒为单位，如果超出指定的时间还无法获取到图像则报错。默认值是 5000；值为 -1 表示无限等待；值为 -2 表示使用超时属性的值代替这个参数。

4. 图像输出：Image Out

输出处理之后的图像。在该函数中用于输出从相机获取到的图片。

5. 缓存数输出：Buffer Number Out

输出从相机存入缓存区的图片的数量。

2.3.9 拍照函数：IMAQdx Snap

调用该函数首先会配置相机模式，再启动相机采集，再获取图像，最后再取消配置并关闭采集。在使用低速或单捕获时是必不可少的函数。如果输入的图像类型不匹配相机视频输出的格式，这个函数会将输入的图像类型转换为适当的格式。其接线端如图 2-15 所示，其位置如图 2-16 所示。

项目二 搭建一个相机程序

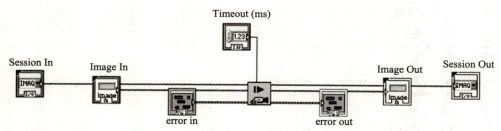

图 2-15 IMAQdx Snap（拍照）函数的接线端

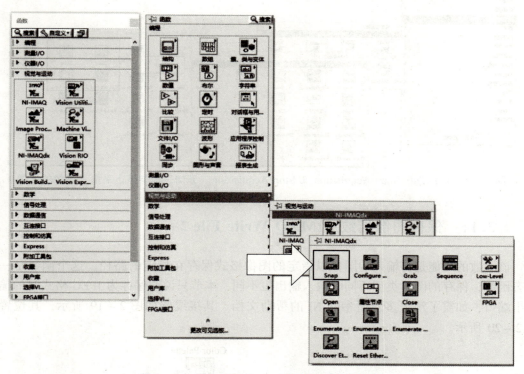

图 2-16 IMAQdx Snap（拍照）函数的位置

2.3.10 开始采集与停止采集函数：IMAQdx Start Acquisition & Stop Acquisition

这两个函数的功能分别是使相机开始采集图像与停止采集图像。要注意的是要开始采集图像需要配置好相机输出模式。其接线端如图 2-17 所示，其位置如图 2-18 所示。

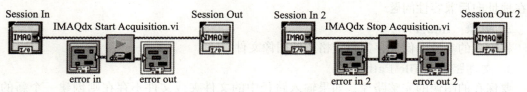

图 2-17 IMAQdx Start Acquisition（开始采集）和 Stop Acquisition（停止采集）函数的接线端

49

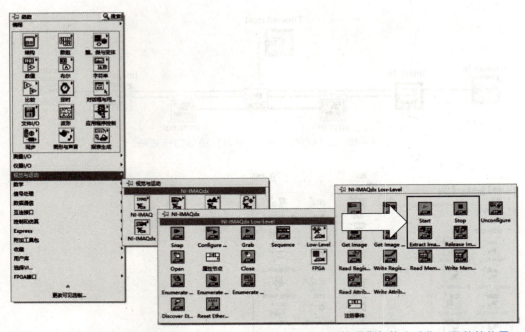

图 2-18　IMAQdx Start Acquisition & Stop Acquisition（开始采集与停止采集）函数的位置

2.3.11　保存图像函数：IMAQ Write File 2

该函数的功能是将输入的图像以指定的图像格式保存在指定的路径。这个函数是一个多态函数，保存的图片类型不同时输入输出也不同，本节只说明保存为 JPEG 格式时的输入输出端口，如需了解更多，请参阅 NI 的帮助文档。其接线端如图 2-19 所示，其位置如图 2-20 所示。

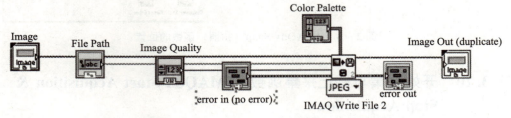

图 2-19　IMAQ Write File 2（保存图像）函数的接线端

1. 调色板：Color Palette

用于应用于图像的调色板。要注意的是 JPEG 格式输出不支持这个参数，输入该参数会存在地址向后兼容性问题。

2. 图像：Image

将输入的参考图像保存为指定格式的图像文件。

3. 文件路径：File Path

要保存的图像的完整路径，如果输入路径中的文件夹或文件不存在则创建一个新的文件夹或文件。

项目二 搭建一个相机程序

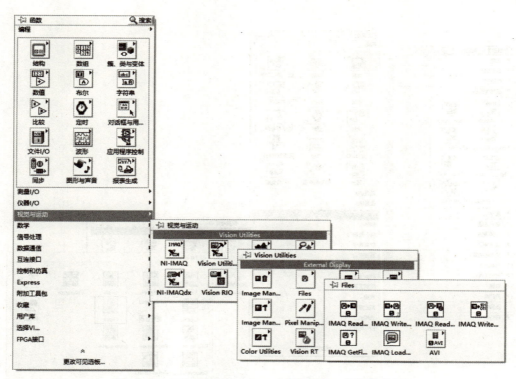

图 2-20 IMAQ Write File 2（保存图像）函数的位置

4. 图像质量：Image Quality

该参数用于指定应用于图像的压缩量。图像质量可以从 0 到 1000 不等，默认值是 750。值越高，压缩率越低。要注意的是这是有损 JPEG 压缩，这意味着指定的图像质量值越低，在压缩时损失越高，同时，质量值是 1000 也可能会有少量的损失。

5. 图像输出（复制）：Image Out（duplicate）

该接线口将直接输出输入的原始图像数据。

2.3.12 关闭相机函数：IMAQdx Close Camera

该函数的功能为停止图像获取，释放获取图像所占用的资源并关闭相机。其接线端如图 2-21 示，其位置如图 2-22 所示。

图 2-21 IMAQdx Close Camera（关闭相机）函数的接线端

51

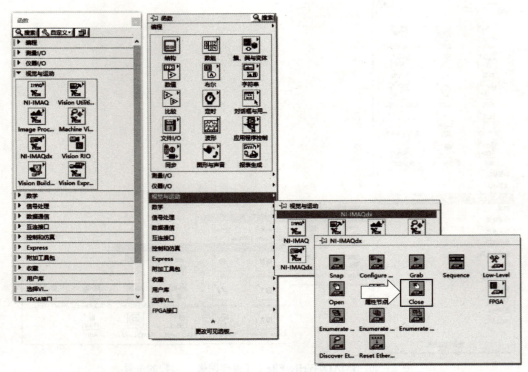

图2-22 IMAQdx Close Camera（关闭相机）函数的位置

2.4 任务实现

本程序采用标准状态机框架进行编写。关于项目的创建已经在项目一的任务实现"任务二"中进行了说明，所以这里不再对此进行说明。

任务一 编写初始化状态代码

首先创建一个状态机，将初始状态设置为初始化，然后在初始化状态中分别创建相机端口号输入，错误输入，并将状态机下一个状态更改为打开相机。

要注意的是使用枚举型控件控制状态机状态时，应该始终为控件创建一个自定义类型。在枚举型控件中添加或删除项时，先定义枚举型的值可避免重写代码。

搭建程序主框架

再使用 IMAQ Create 在初始化状态创建图像函数，在内存中创建一个名为 image 的图像缓存，各项参数均为默认值。

最后将创建的输入参数和图像缓存连接到移位寄存器上，并将错误输入的输入控件隐藏。其程序代码和前面板分别如图2-23和图2-24所示。

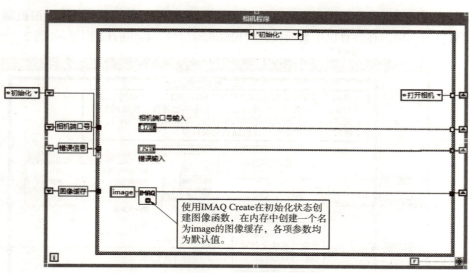

图 2-23 编写程序初始化部分代码

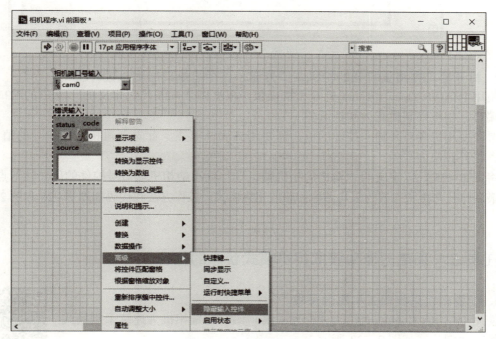

图 2-24 隐藏错误输入

任务二 编写打开相机状态的代码

1. 判断输入的相机端口号是否有效

要打开相机,首先要判断输入的相机端口号是否有效。

首先使用枚举相机函数获取已连接至计算机的所有相机,再使用 for 循环和解除捆绑获取所有相机的端口号,并将每个端口号和输入的相机端口号进行比较。

编写打开相机状态的代码

如果在已连接计算机的相机中找到与输入相机端口相同的端口号，则输出相机端口号控件的端口号，否则输出在计算机中最后找到的相机的端口号。具体的程序代码如图 2-25 所示。

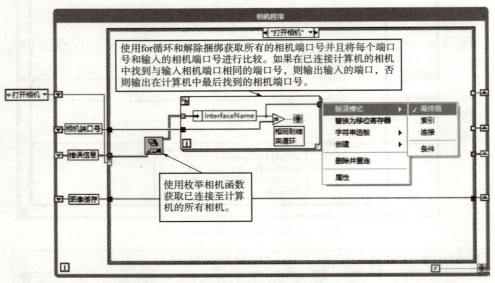

图 2-25 判断输入的相机端口号是否有效

2. 打开相机并将要打开的相机端口号显示在相机端口号输入控件上

使用 IMAQdx Open Camera 打开相机函数，根据图 2-25 代码定义的"输出的端口号"打开端口，相机控制模式为默认值。

要改变相机端口号输入控件的值，需要用到属性节点。首先创建相机端口号的值属性节点，将其转换为写入。

将图 2-25 代码定义的"输出的相机端口号"输出给相机端口号控件的值属性节点。

最后将状态机状态改为采集图像和获取相机模式。操作方法和代码如图 2-26 和图 2-27 所示。

任务三 采集图像和获取相机模式状态的代码

1. 配置相机采集模式和图像采集

使用 IMAQdx Configure Grab（配置采集）函数配置相机为连续采集模式并开始采集图片，如图 2-28 所示。

2. 获取相机模式

通过 IMAQdx Enumerate Video Modes（列举视频模式）函数，可以得到相机支持的所有模式和当前模式。

编写采集图像和获取相机模式状态的代码

这里采用下拉列表显示获取相机的视频模式名称，以便后续进行修改视频模式的操作。因为列举视频模式函数输出的视频模式名称是按照视频模式的顺序排列的，而下拉列表的值也是根据每一项的顺序确定的，所以直接将获取到的视频模式名称输出给下拉列表，下拉列表的视频模式名称的值就会对应相应的视频模式。

项目二　搭建一个相机程序

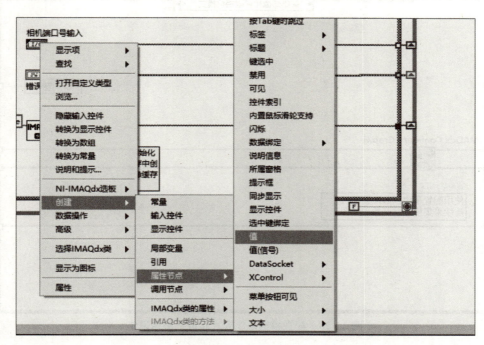

图 2-26　创建相机端口号控件的值属性节点

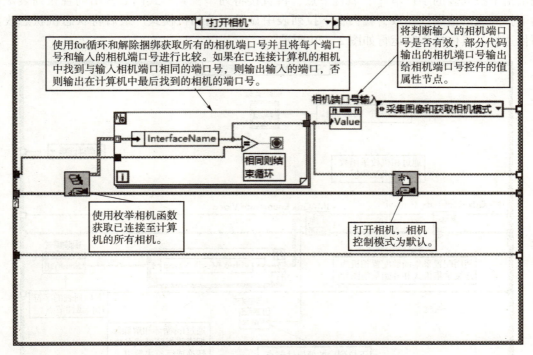

图 2-27　打开相机和更改相机端口号控件的值

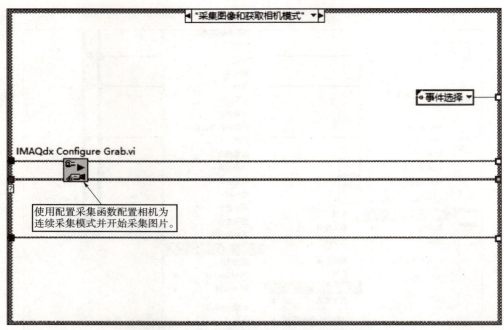

图 2-28 配置相机采集模式和进行图像采集

通过 for 循环和解除簇捆绑将列举视频模式函数输出的视频模式名称转换成字符串数组输出给下拉列表的字符串［］属性节点，再直接将列举视频模式函数输出的视频列表赋值给下拉列表的值属性参数，就会在下拉列表中显示当前相机模式。最后将状态机状态改为事件选择。具体操作和运行如图 2-29 所示。

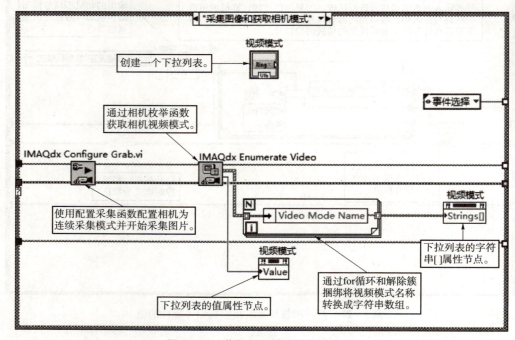

图 2-29 获取相机模式的程序框图

任务四 编写事件选择状态的代码

至此程序配置部分的代码已经完成，接下来就编写运行事件选择部分代码。

本程序运行时可能会发生的事件一个有四个，分别是进行拍照保存、相机端口号改变、相机视频模式改变、退出程序，以上事件都没发生时则实时获取图像。

编写用户事件响应和更改相机端口号状态的代码

本程序使用事件结构和状态机来处理这些事件，处理的思路是使用事件结构获取当前触发的事件的触发，然后根据触发的事件跳转到相应的状态机状态进行处理，处理完成之后又重新回到事件选择状态。

首先创建一个事件结构，事件超时时间设置为0，表示不进行等待事件的发生。

再创建一个图像显示控件用于图像的显示，因为除了退出程序事件，其余事件都会改变图像并回到事件选择状态，所以在事件选择状态中创建图像显示控件。程序代码如图2-30所示。相机程序前面板中的图像显示控件如图2-31所示。

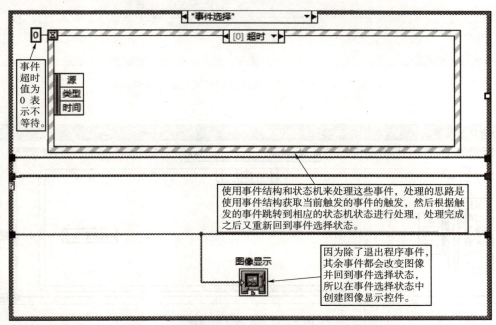

图2-30 创建事件选择状态框架和图像显示控件

1. 实时获取图像

在超时事件中更改下一个状态为获取图像。因为事件超时的值为零，所以进入事件选择状态时若无事件发生，则会进入超时事件。代码如图2-32所示。

2. 拍照保存事件

本程序采用按键的方式进行拍照，因此先创建一个布尔型的按钮，将开和关的颜色设置为同一颜色。再在事件结构中添加拍照按钮值改变事件（或者添加拍照按钮鼠标松开事件），在事件中将下一个状态设置为拍照保存。操作方式和代码如图2-33、图2-34所示。

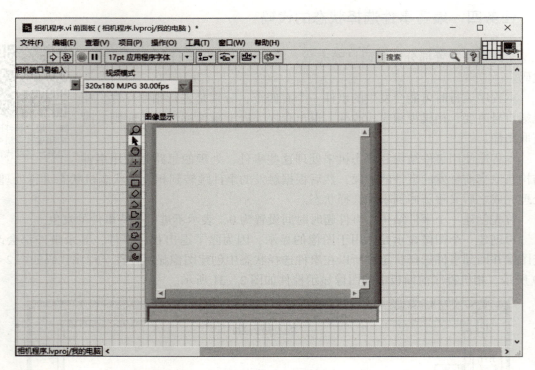

图 2-31　相机程序前面板中的图像显示控件

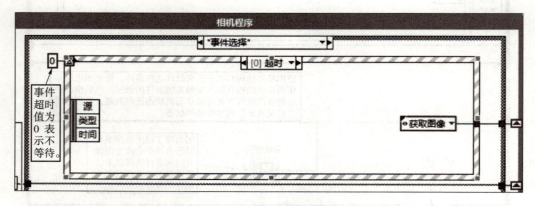

图 2-32　实时获取图像

3. 相机端口号改变事件

添加一个相机端口号控件值改变事件,事件中将下一个状态设置为更改相机端口号。代码如图 2-35 所示。

4. 视频模式改变事件

添加一个视频模式控件值改变事件,事件中将下一个状态设置为更改视频模式。代码如图 2-36 所示。

项目二　搭建一个相机程序

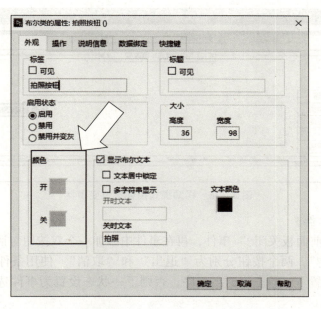

图 2-33　将拍照按钮的开和关的颜色设置为同一颜色

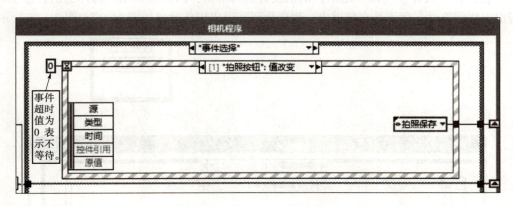

图 2-34　拍照按钮值改变事件

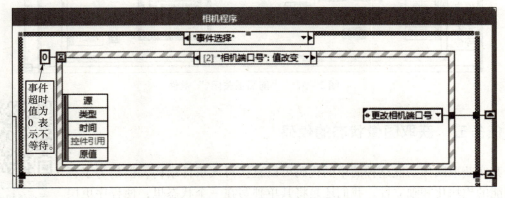

图 2-35　相机端口号值改变事件

59

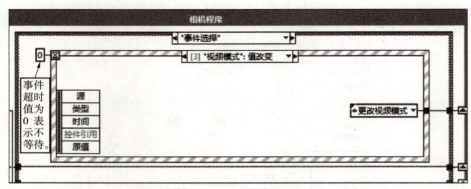

图2-36 视频模式控件值改变事件

5. 退出程序事件

先添加一个"前面板关闭?"事件,再在事件中添加一个双按钮对话框。对话框的消息为"是否退出相机?",两个按钮分别为"退出"和"取消"。使用条件结构进行判断,若按下"退出"则设置下一状态为退出程序,否则下一状态设置为事件选择,重新开始事件检测。

同时,将"放弃?"(放弃退出)的值设置为真常量,因为就算用户选择退出程序也将先执行退出程序事件,而不是直接退出。程序代码和退出操作效果如图2-37、图2-38所示。

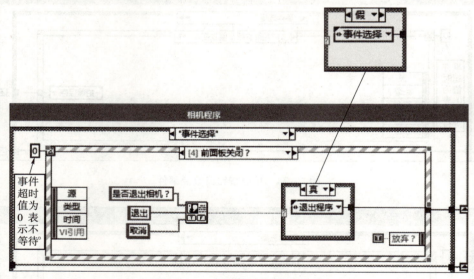

图2-37 "前面板关闭?"事件

任务五 获取图像状态的代码

其实获取图像功能这种简单的代码可以直接写入事件结构,但是为了程序功能的模块化和独立性,我们还是将其单独写在一个状态里,使程序更层次分明,同时方便以后的扩展。

编写获取并显示图像和更改采集模式状态的代码

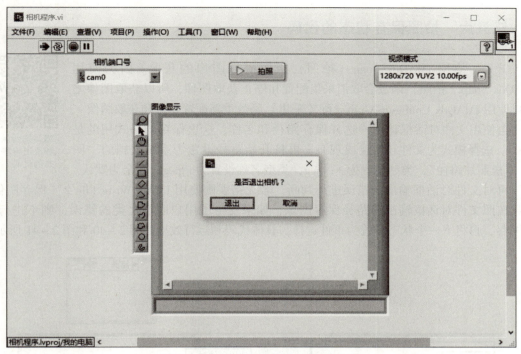

图 2-38 "前面板关闭?"事件效果

使用 IMAQdx Grab2（获取图片）函数进行图像的获取，再设置下一个状态为事件选择，代码如图 2-39 所示。

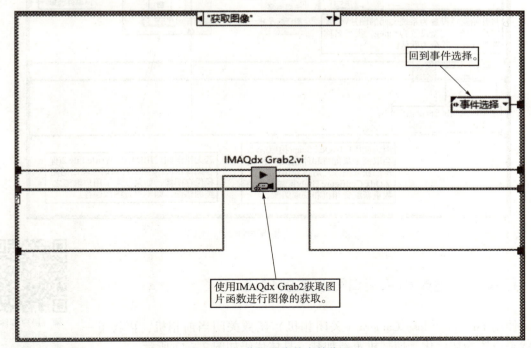

图 2-39 获取图像状态的代码

任务六　拍照保存状态的代码

首先，使用 IMAQdx Snap（拍照）函数进行图像的获取。因为使用 IMAQdx Snap（拍照）函数会取消采集配置和停止获取图像，所以获取图像之后再使用 IMAQdx Configure Grab（配置采集）函数重新配置相机和获取图像。

再使用文件对话框让用户选择保存路径和名称，这里保存的格式用的是 JPEG。选择模式为文件和新建或现有，再将开始路径设置为系统文档的"图片\本机照片路径"，类型设置为*.jpeg，类型名称设置为.jpeg，其余为默认。

再对文件对话框输出的错误进行判断，若无错误则使用 IMAQ Write File 2（保存图像）函数按照文件对话框输出的路径保存图像，如果发生了用户取消之类的错误，则不进行图像保存，再将下一个状态设置为事件选择。具体代码和运行效果如图2-40和图2-41所示。

编写拍照保存和退出程序状态的代码

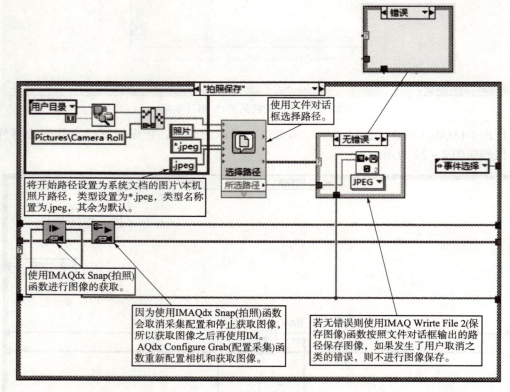

图2-40　拍照保存状态的代码

任务七　更改相机端口号状态的代码

使用 IMAQdx Close Camera（关闭相机）函数关闭当前相机，再将下一个状态设置为初始化，使相机重新加载。具体代码如图2-42所示。

编写用户事件响应和更改相机端口号状态的代码

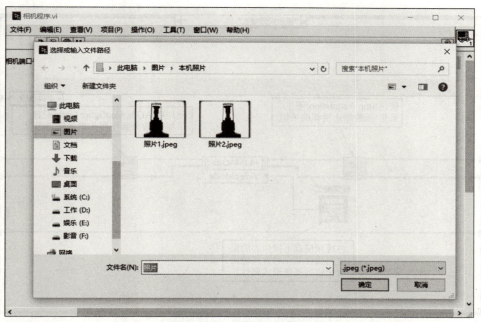

图 2-41　拍照保存状态的运行效果

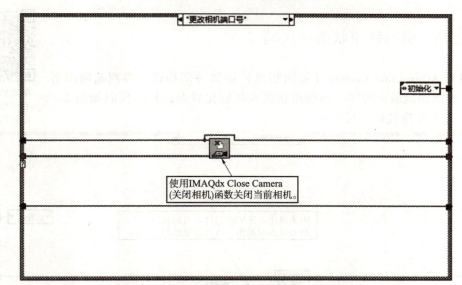

图 2-42　更改相机端口号状态的代码

任务八　更改视频模式状态的代码

先使用 Stop Acquisition（停止采集）函数停止视频的采集，再将视频模式下拉列表的值使用属性节点的方式输出给相机的视频模式属性，再使用 IMAQdx Configure Grab（配置采集）函数重新配置相机并采集图像，最后将下一个状态设置为事件选择。具体代码如图 2-43 所示。

编写获取并显示图像和更改采集模式状态的代码

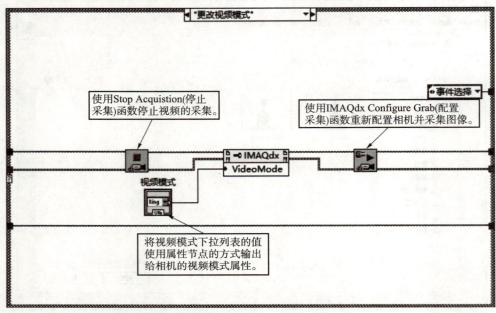

图 2-43 更改视频模式状态的代码

任务九 退出程序状态的代码

使用 IMAQdx Close Camera（关闭相机）函数关闭相机，再判断输出有无错误，无错误就退出程序，否则重新进入初始化状态。具体代码如图 2-44 所示。至此程序代码编写完成。

编写拍照保存和退出程序状态的代码

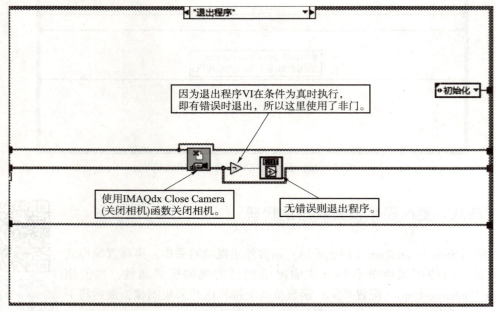

图 2-44 退出程序状态的代码

项目二　搭建一个相机程序

任务十　优化程序的前面板

为了使程序运行时更加美观,需要对程序的前面板的效果进行优化,具体效果如图 2-45 和图 2-46 所示。

至此本任务完成。

了解程序结构和运行效果并优化程序前面板

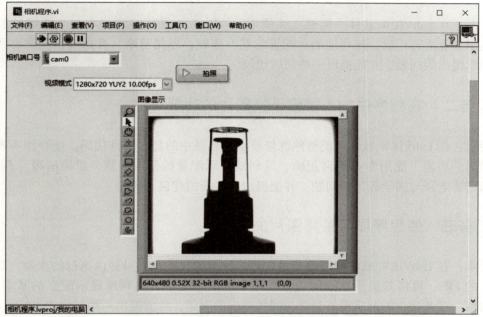

图 2-45　程序的前面板优化前的运行效果(1)

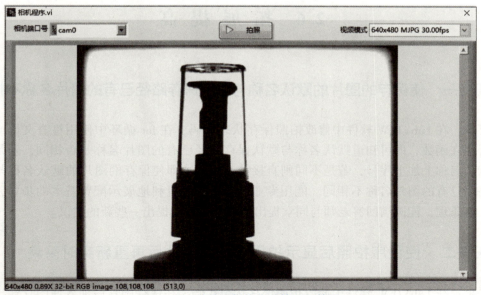

图 2-46　程序的前面板优化后的运行效果(2)

65

2.5　考核评价

任务一　在程序中加入连续拍照的功能

要求：在 LabVIEW 软件中能够熟练使用 for 或 while 循环在程序中加入连续拍照的功能，能用专业语言正确、流利地展示配置的基本步骤，思路清晰、有条理，能圆满回答老师与同学提出的问题，并能提出一些新的建议。

任务二　在程序中加入暂停采集图片的功能

要求：在 LabVIEW 软件中能够熟练修改事件选择中的超时事件代码，使程序实现暂停实时采集的功能，能用专业语言正确、流利地展示配置的基本步骤，思路清晰、有条理，能圆满回答老师与同学提出的问题，并能提出一些新的建议。

任务三　使程序显示采集图片的 FPS

要求：在 LabVIEW 软件中能够通过计算获取图像状态在一秒钟内执行的次数，获得采集图片的 FPS，再将其显示在前面板，能用专业语言正确、流利地展示配置的基本步骤，思路清晰、有条理，能圆满回答老师与同学提出的问题，并能提出一些新的建议。

2.6　拓展提高

任务一　使保存的图片的默认名称与默认保存路径已有的图片名称不相同

要求：在 LabVIEW 软件中修改拍照保存状态代码，在 for 循环中使用检查文件或文件夹是否存在函数，即可知道默认名称与默认保存路径已有的图片名称是否相同，若是相同则在默认名称上加上序号，若是不同则直接结束循环，即使保存的图片的默认名称与默认保存路径已有的图片名称不相同。能用专业语言正确、流利地展示配置基本的步骤，思路清晰、有条理，能圆满回答老师与同学提出的问题，并能提出一些新的建议。

任务二　使程序拍照后显示拍摄的照片两秒后再重新实时采集

要求：在 LabVIEW 软件中修改拍照保存状态代码，在保存图片后加入使图片输出到显示控件并等待 2000 毫秒的代码，即可实现使程序拍照后显示拍摄的照片两秒后再重新实时采集。能用专业语言正确、流利地展示配置的基本步骤，思路清晰、有条理，能圆满回答老师与同学提出的问题，并能提出一些新的建议。

任务三　在未找到相机时提示用户连接相机或退出

要求：在 LabVIEW 软件中修改打开相机状态的代码，使用判断数组大小 VI 判断 IMAQdx Enumerate Cameras（枚举相机）函数输出的相机信息数组是否为 0，为零则弹出双按钮对话框提示"请连接相机"，两个按钮分别是"确定"和"退出"。如果用户按下"确定"，则将下一个状态改为打开相机，重新连接相机，如果用户按下"退出"，则直接调用退出程序 VI 退出。如果相机数组信息不为 0 则不处理，即可实现在未找到相机时提示用户连接相机或退出。能用专业语言正确、流利地展示配置的基本步骤，思路清晰、有条理，能圆满回答老师与同学提出的问题，并能提出一些新的建议。

项目三

机器人自动锁螺丝系统的视觉识别

3.1 项目描述

手工的螺丝拧紧,又包括纯手工拧紧和电动螺丝刀或者气动螺丝刀拧紧两种,后者通过电动或者气动的方式产生旋转动力,以代替频繁人工的拧紧动作,在某种程度上减轻了锁螺丝的工作强度,但由于手工放置螺丝和对准螺丝头部仍需要占用大量的工作时间和精力,因此整体效率提升比较有限。

机器人配合视觉拧螺丝,由于机器人的高可靠性、重复性、高速的特点,再加上视觉定位螺丝孔的效率远超人眼的效率,因此整体效率大大超过了手工拧螺丝,而且由于其不用休息不用睡觉,可以 24 小时不间断工作的特点,极大地提高了企业的工作效率,减轻了工人的工作强度。

通过学习机器人配合视觉的自动锁螺丝系统的视觉定位部分功能搭建和实现,使学生初步了解 VDM,并了解如何完成一个视觉项目。

3.2 学习目标

本项目的主要学习目标是:学习图像掩模函数、彩色平面抽取函数、阈值函数、基本形态学、圆检测函数,并使用学习的函数完成机器人自动锁螺丝系统的视觉识别系统的搭建和调试。

3.3 知识准备

3.3.1 VDM 开发包

VDM 是 NI 视觉的核心工具包,其中包含了所有 NI 支持的功能,也是最底层的功能函数。使用 VDM,再配合 LabVIEW、VB、C、.NET 等编程语言,可以完成所有 NI 视觉可以胜任的机器视觉图像处理任务。

同时，也可以配合 LabVIEW 以及 NI 的其他一些工具包，如数据库工具包、报表工具包、网络工具包、运动工具包，来完成许多大型的程序。

一般都会使用 LabVIEW + VDM 的方式来开发机器视觉应用程序，因为使用 LabVIEW + VDM 的方式，可以最大自由地编写程序，限制条件较少。对于一位 NI 资深的图像处理软件工程师，使用 LabVIEW + VDM 或 .NET + VDM 的方式编程，是必须掌握的内容之一，只有这样，才能应对各种各样的检查项目。

VDM 虽然是 NI 出品的视觉软件，主要也是框图型软件，但是其也可以使用 LabWindows、Teststand、VB、.NET 等编程平台进行调用。

VDM 是 NI 视觉软件可以应用的范围最广的工具包，如果它都无法完成的任务，那么 NI 视觉可能就真的无法完成此任务了。

使用 VDM 开发视觉应用程序，可以自己添加应用许可（与 NI 的应用许可不一样），这样可以有效地防止别人破解自己的程序而非法使用自己开发的程序。这样可以有效地保证自己的合法权益。

3.3.2 图像掩模函数：Image Mask

Image Mask（图像掩模）函数的作用是从整幅图像或一个选择的感兴趣的区域（ROI）中建立一个掩模，兴趣区域内为 1，兴趣区域外为 0，然后与待处理的图像相乘，使其图像兴趣区域内的图像得以保留（与 1 相乘），而在兴趣区域外的图像则全部变为黑色的（与 0 相乘）。其在 Vision Assistant 处理函数面板中的位置如图 3-1 所示。

图 3-1 Image Mask（图像掩模）函数的位置

单击函数后，进入图像掩模设置面板，Image Mask 函数在没有设置 ROI（兴趣区域）前，是不会对图像进行操作的，因此原始图像默认是不会有变化的，如图 3-2 所示。

图 3-2 Image Mask（图像掩模）函数的设置界面

Image Mask（图像掩模）函数有两个选项卡，分别是 Mask 选项卡和 Main 选项卡。

Image Mask 的 Mask 选项卡中，第一部分为创建 Mask 的方式，分为两类，一类为 Create from ROI，即从 ROI 创建掩模区域；另一类为 Create from Image File，即从图像文件创建掩模区域。如图 3-3 所示。

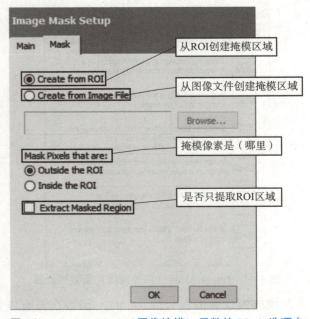

图 3-3 Image Mask（图像掩模）函数的 Mask 选项卡

1. Mask 选项卡

我们先学习下第一类，从 ROI 创建掩模。首先在图像中设置一个 ROI，这时会使用掩模对图像进行处理，得到处理后的图像如图 3-4 所示。

图 3-4　从 ROI 创建掩模选择 Outside the ROI 的效果

从图 3-4 可以看到，使用 Mask 处理后，可以看到 ROI 外面的图像被一些蓝色小方框屏蔽掉了，只有 ROI 内部的内容是实际真实的。

再看一下 Mask 选项卡中的另外一部分，Mask Pixels that are［掩模像素是（哪里）］，这个选项的名称根据创建 Mask 的方法不同，选项会略有不同，其作用就是指定图 3-4 中所显示的蓝色小方框的区域。

当使用 ROI 创建 Mask 时，掩模像素可用的两个选项上是：Outside the ROI（感兴趣区域外）（蓝色小方框在 ROI 外面）和 Inside the ROI（感兴趣区域里）（蓝色小方框在 ROI 里面）。下面可以看一下使用 Inside the ROI 的效果，如图 3-5 所示。

当使用 Mask 后，Mask 中的图像将不再参与后面的图像处理，因为其已经被设置为 0。另外一个单选项 Extract Masked Region（提取掩模区域），作用为将掩模区域单独提取出来（注意，只能提取 ROI 里的内容）。在图 3-4 中勾选"Extract Masked Region"后，单击"OK"按钮，其效果如图 3-6 所示。

而图 3-5 所示的图像提取掩模区域后，其效果如图 3-7 所示。

图3-5 从 ROI 创建掩模选择 Inside the ROI 的效果

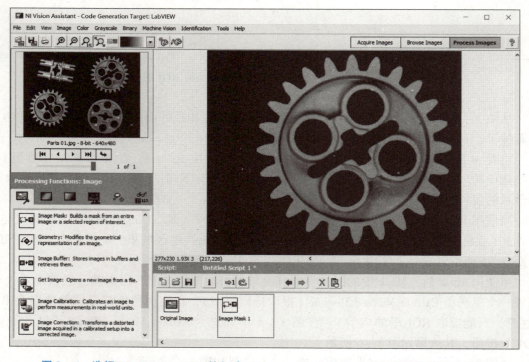

图3-6 选择 Outside the ROI 并勾选"Extract Masked Region"后的输出图像效果

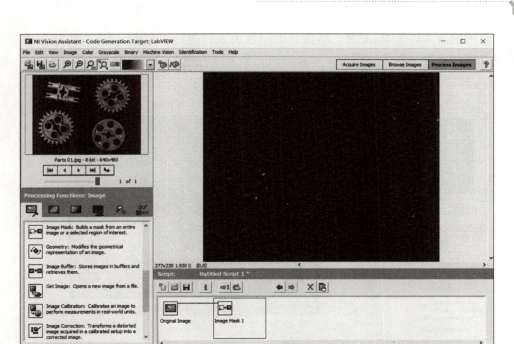

图 3-7 选择 Inside the ROI 并勾选 "Extract Masked Region" 后的输出图像效果

从图 3-6、图 3-7 对比看到，如果需要提取掩模区域，则只能设置掩模像素在 ROI 外，使 ROI 中的图像特征得以保留。这样才可以用于后面的其他图像处理，而如果是掩模像素在 ROI 里，则图像只有黑色的一片，没有实际分析的意义。

下面再来简单地看一下第二类创建 Mask 的方法，即从图像文件中创建 Mask。

当选择第二类 Mask 创建方法时，Browse（浏览）按钮使能可用，这时可以选择需要的图像文件用于掩模。打开 "NI Vision Assistant" 目录下的 "Example" 文件夹下的 "Jumper" 文件夹，选择第一幅图像为 Mask，如图 3-8 所示。

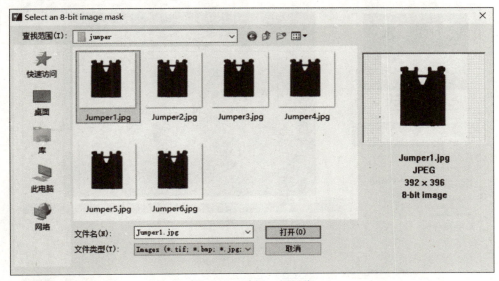

图 3-8 选择一幅图像

当使用图像文件为 Mask 时,默认是以图像的原点进行对齐的(NI 的视觉软件定义的图像原点在左上角。水平向右为 X 轴正方向,垂直向下为 Y 轴正方向)。如图 3-9 所示。

图 3-9 选择 Black in Image File 效果

使用图像文件创建 Mask 时也有 Mask Pixels that are 选项,一个为 Black in Image File(在图像文件里变黑),另一个为 Not Black in Image File(在图像文件里不变黑)。与前面的掩模像素在 ROI 里、掩模图像在 ROI 外功能是一样的,只是一个区分里外的选项。使用 Not Black in Image File 选项的效果如图 3-10 所示。

图 3-10 使用 Not Black in Image File 选项的效果

从文件中创建 Mask 其实就是为了得到一个图像的边框，然后将其设置为一个 ROI 区域，因此其本质意义上还是同设置 ROI 区域一样。因此一般来讲，实际应用中都是使用 ROI 创建 Mask。

2. Main 选项卡

我们再来看看 Image Mask（图像掩模）函数的 Main（主体）选项卡。

主体选项卡中没有太多信息，一个是 Step Name（步骤名），另一个是 Reposition Region of Interest（移动 ROI 位置）和 Reference Coordinate System（参考坐标系），如图 3-11 所示。

移动 ROI 位置与参考坐标系联合使用，可以根据一个坐标系创建一个 ROI 区域，ROI 区域在坐标系中的相对位置固定不变，所以改变坐标系零点的位置即可改变 ROI 区域的位置。移动 ROI 位置与参考坐标系以及创建坐标系的方法在后面的章节会有详细的介绍，这里先略过。

设置好函数参数后，单击"OK"按钮后会在脚本区新建一个 Image Mask（图像掩模）函数，如图 3-12 所示。如果需要取消创建图像掩模函数，则单击"Cancel"按钮。

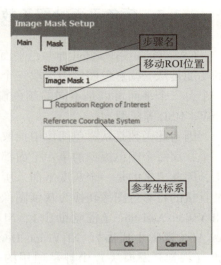

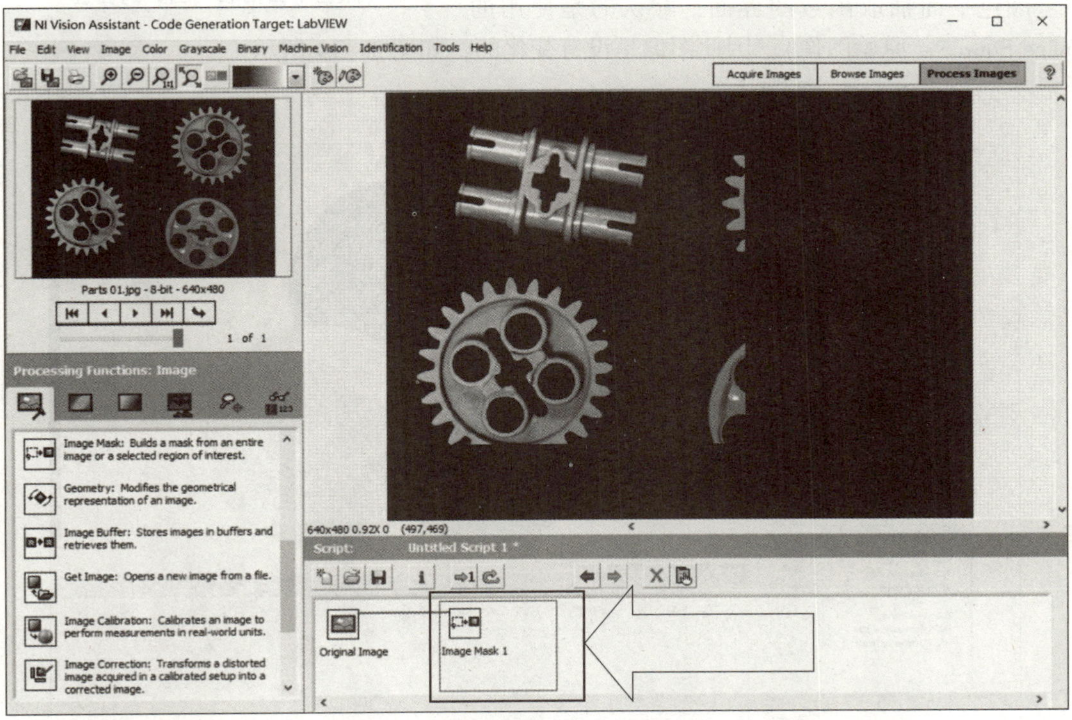

图 3-11 Image Mask（图像掩模）函数的 Main 选项卡

图 3-12 在脚本区新建一个函数

图像掩模函数因为只设置图像的 ROI、改变图像的大小等，因此可以针对不同格式的图像，如彩色图像、灰度图像等。

3.3.3 颜色平面抽取函数：Color Plane Extraction

Color Plane Extraction 即颜色平面抽取，该函数的功能是从一幅彩色图像中提取三个颜色平面中的一个，三个平面可以是不同的颜色模型，如 RGB、HSV、HSL 等模型。

因为此函数是从彩色图像中抽取三个平面中的一个，而每个颜色模型的单一平面都是 8 位的灰度图，因此出来的是一个灰度平面，所以这个函数是最直接的将彩色图像转换为灰度图像的函数，且在 NI Vision Assistant（视觉助手）、Nl Vision Builder for AI（视觉生成器）、Nl Vision Development Module（视觉开发模块）中都是通用的。要注意的是该函数只能用于彩色图像。其在 Vision Assistant 处理函数面板中的位置如图 3 – 13 所示。

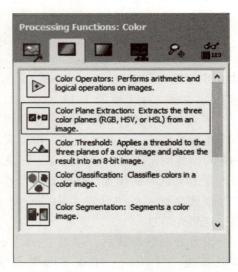

图 3 – 13 Color Plane Extraction （颜色平面抽取）函数的位置

1. Extract Color Planes 的选项卡

颜色平面抽取函数的界面，默认的是使用的 Image Source（原始图像），因此图像是没有变化的，如图 3 – 14 所示。

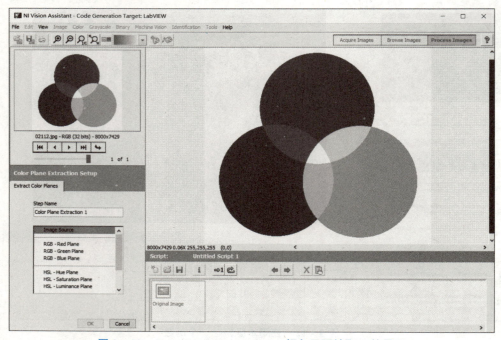

图 3 – 14 Color Plane Extraction （颜色平面抽取）的界面

颜色平面抽取函数的设置相当简单，只有一个抽取颜色平面 Extract Color Planes 的选项卡，其中有步骤名，以及一个颜色模型及颜色平面组成的列表框。Color Plane Extraction（颜色平面抽取）的 Extract Color Planes 选项卡如图 3 – 15 所示。

2. RGB 模型平面抽取

使用这项是从 RGB 图像的每个像素中抽取其中的一个颜色平面。RGB（红绿蓝）颜色模型是最为常见的一种颜色模型。

从彩色图像中抽取某个平面时，如果图像相应的成分越多，说明颜色模型中对应的通道的值越大，抽取为灰度平面时，得到的图像也就会越白越亮，反之如果对应的颜色通道在彩色图像中表现比较少，则抽取的灰度图像比较暗和黑。

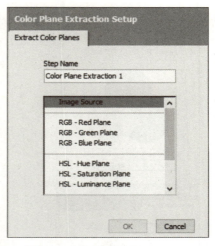

图 3 – 15　Extract Color Planes 的选项卡

由于三基色图中红色部分为纯红色，因此抽取其红色部分时，得到的是纯白色，而其他两个基色部分没有红色，因此抽取得到的图像是纯黑的。抽取 Red Plane（红色平面）其效果如图 3 – 16 所示。

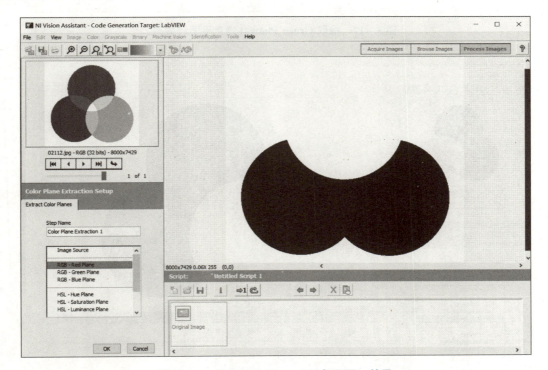

图 3 – 16　抽取 Red Plane（红色平面）效果

在三基色图中抽取其他两个平面的效果也类似，要抽取的基色为纯白色，其余部分为纯黑色。其效果如图 3 – 17、图 3 – 18 所示。

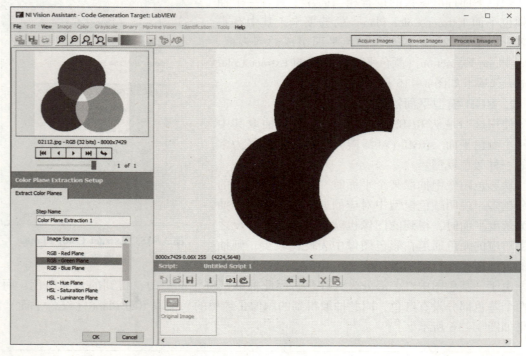

图 3-17 抽取 Green Plane（绿色平面）效果

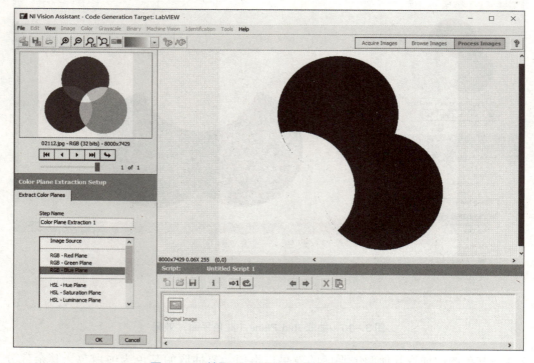

图 3-18 抽取 Blue Plane（蓝色平面）效果

如图 3-19 所示为原始图像，抽取 RGB 红色、绿色、蓝色平面效果如图 3-20～图 3-22 所示。在本节中后文的所有演示所用到的原始图片都是图 3-19 中所用的图片或图 3-19 中所用的图片降低图片亮度后得到的图片。

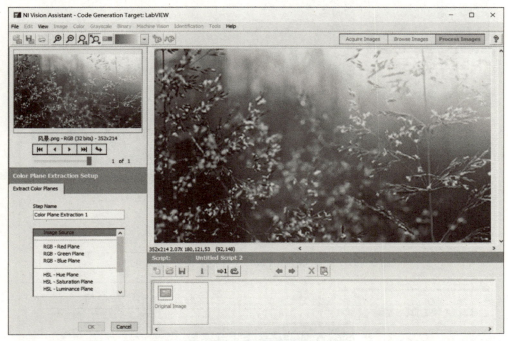

图 3-19　原始图像

图 3-20　抽取 Red Plane（红色平面）效果（2）

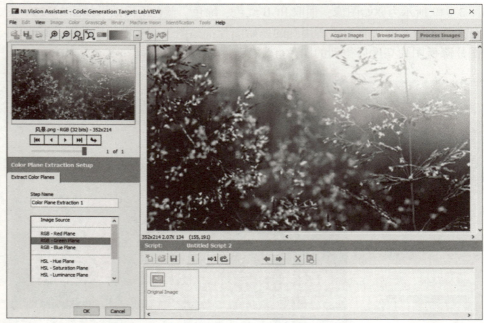

图 3-21 抽取 Green Plane（绿色平面）效果（2）

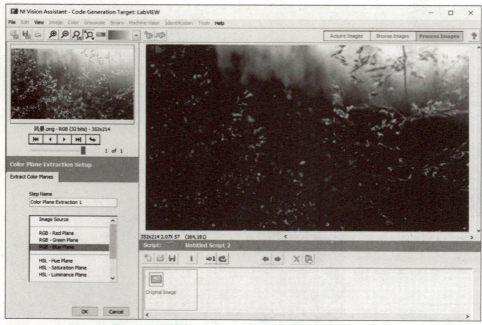

图 3-22 抽取 Blue Plane（蓝色平面）效果（2）

3. HSL 模型平面抽取

HSL（色调、饱和度、亮度）颜色模型也是应用比较多的一种颜色模型。Hue（色调，也叫色相）平面抽取是彩色图像的色调，色调最直接的表现就是这是什么颜色。其抽取效果由于图 3-19 中的图片的色调差不大且图片整体色调偏暗，因此抽取色调后的图片对比度不明显且整体偏暗。抽取色调平面的效果图 3-23 所示。

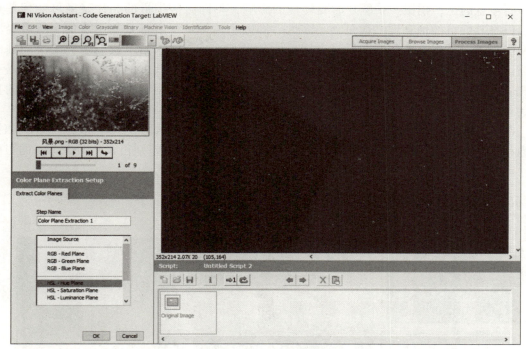

图 3-23　抽取 Hue plane（色调平面）效果

Saturation（饱和度）这个概念比较直观的反映就是鲜艳程度。饱和度值越大，色彩越鲜艳。抽取饱和度平面的效果如图 3-24 所示。

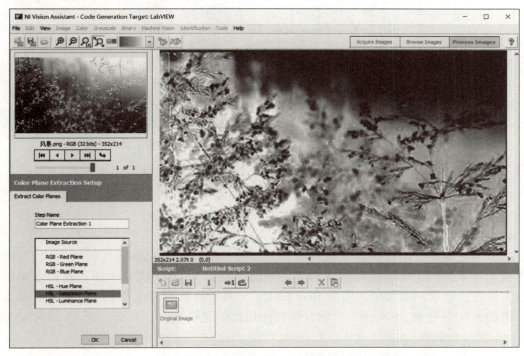

图 3-24　抽取 Saturation plane（饱和度平面）效果

要注意的是，拍摄一张图片时受环境的影响，不同时候拍摄的相片亮度可能相差很大，但是其颜色的饱和度一般是差不多的，即颜色的鲜艳程度都是差不多的。所以提取饱和度平面时，高亮度图像和低亮度图像的效果基本一样。这给了我们一种解决问题的思路：如果检测环境中的光源亮度是变化不定的，那么抽取其中的饱和度平面可能是一种比较好的方法，因为这样，如果有相应的特征，即使光线很暗，也可以得到其中的真实颜色。

在低亮度的图像中抽取饱和度平面效果如图3-25所示，从图3-24、图3-25两幅抽取饱和度平面的演示中可以看到，两幅图像的原始图像亮度上差别很大，图3-24的很明亮，图3-25的较阴暗，但是抽取的饱和度平面效果是差不多的。

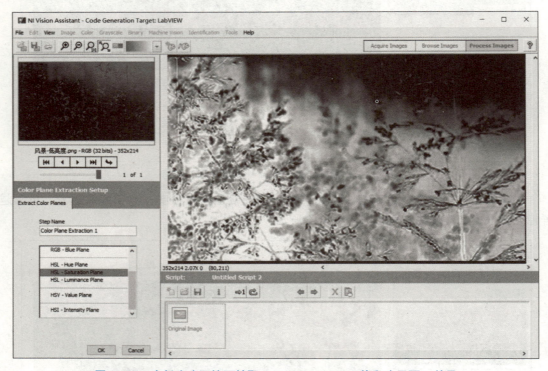

图3-25　在低亮度环境下抽取Saturation plane（饱和度平面）效果

Luminance（亮度）平面，则直观地表现为图像的明暗程度。其效果如图3-26和图3-27所示，图3-26为较明亮的图像，抽取亮度平面后，图像整体表现得比较明亮。而图3-27则是抽取了比较暗的图像的亮度平面，这时看起来亮度平面就比较黑了。

4. HSV 模型平面抽取

HSV 颜色模型（有些时候也叫 HSB 颜色模型，B 是指 Brightness（明亮度））与 HSL 颜色模型非常类似，只是将 HSL 中的亮度平面换成了 Value（值）平面。它们之间的优劣各有说法，这里不做考虑，因为 HSV 的 H、S 两个平面与 HSL 中的 H、S 平面以及下面要讲的 HSI 中的 H、S 都是一样的，因此使用此颜色模型时，只有一个不一样的 Value（值）平面可以提取。

抽取 Value（值）平面其效果如图3-28和图3-29所示。

项目三　机器人自动锁螺丝系统的视觉识别

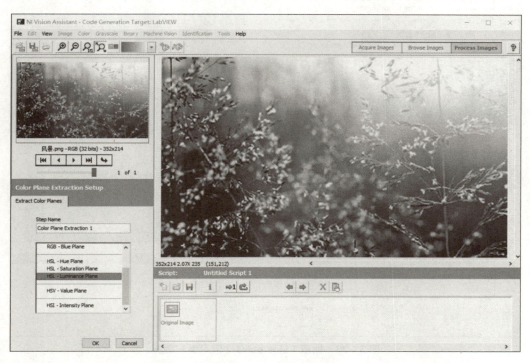

图 3-26　抽取 Luminance plane（亮度平面）效果

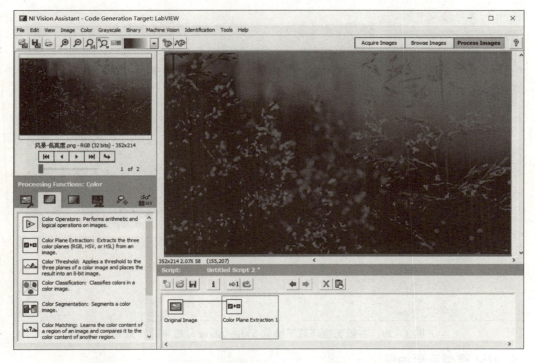

图 3-27　在低亮度环境下抽取 Luminance plane（亮度平面）效果

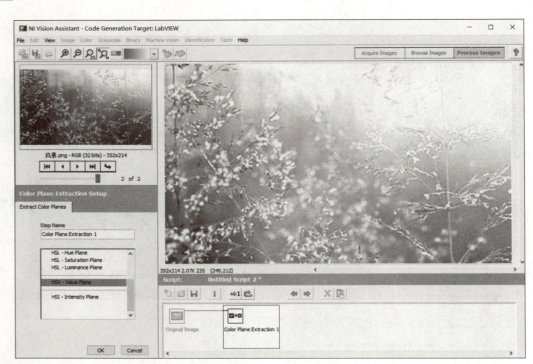

图 3-28　抽取 Value plane（值平面）效果

图 3-29　在低亮度环境下抽取 Value plane（值平面）效果

5. HSI 模型平面抽取

HSI 颜色模型与 HSL、HSV 颜色模型差不多，只是最后的 Intensity（强度）平面不一样，而且在某些平台下 HSI 与 HSV 是一致的。抽取 Intensity 强度平面效果如图 3-30 和图 3-31 所示。

图 3-30　抽取 Intensity plane（强度平面）效果

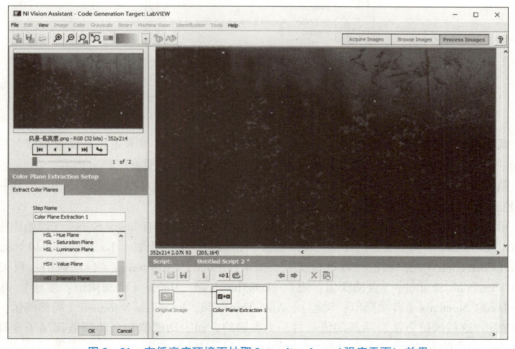

图 3-31　在低亮度环境下抽取 Intensity plane（强度平面）效果

从图 3-26 到图 3-31 中可以看到，图像值平面和强度平面总体来讲，还是反映了图像的明暗程度，明亮的图像值和强度平面也较明亮，而较暗的图像值和强度平面较灰暗。

3.3.4 阈值（二值化）函数：Threshold

使用阈值函数可以将灰度图像转换成二值图像。阈值可以基于像素强度分割一幅图像为不同的粒子区域和背景区域。

对于图像中那些重要的结构，可以使用阈值来提取区域。阈值一幅图像通常是各种各样的需要在二值图像上执行图像处理的机器视觉应用的第一步，如粒子分析、极品模板比较、二值粒子分类等。阈值函数在 Vision Assistant 处理函数面板中的位置如图 3-32 所示。

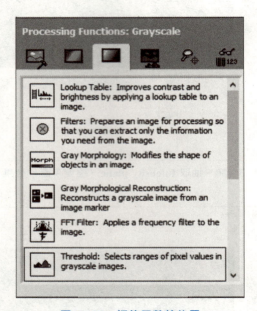

图 3-32 阈值函数的位置

阈值函数一共有两个选项卡。一个是 Main 选项卡，这个选项卡里只有设置步骤名称一个选项。另一个 Threshold（阈值）选项卡如图 3-33 所示，主要有三部分内容。

第一部分为 Look For（查找对象），可以分为 Bright Objects（白色目标）、Black Objects（黑色目标）和 Gray Objects（灰色目标）。

第二部分则为 Threshold Type（阈值类型），其中可用的选项有 Image Source（原始图像）、Manual Threshold（手动阈值）、Local Threshold：Niblack（局部阈值）、Local Threshold：Background Correction（局部阈值：背景校正）、Auto Threshold：Clustering（自动阈值：聚类）、Auto Threshold：Entropy（自动阈值：熵）、AutoThreshold：Metric（自动阈值：度量）、Auto Threshold：Moments（自动阈值：动差）、Auto Threshold：Interclass Variance（局部阈值：组内方差）。这些阈值方法，局部阈值是另一个类别的，而手动阈值和自动阈值都属于全局灰度阈值范围内的方法。

第三部分则是阈值方法使用的参数,每个方法都不一定相同,这个在具体的方法中再介绍。

1. 全局灰度阈值：Global Grayscale Thresholding

全局灰度阈值（整幅图像）包含手动阈值和自动阈值技术。当图像照明均匀时使用全局灰度阈值检测图像效果最好。因为全局灰度是针对整个图像的,因此需要图像有较好的均匀性,并且能始终保持较好的均匀性,无其他干扰,如日光、环境照明等。

粒子具有一定亮度范围的特征。它们是由一定灰度值的像素组成的,这些灰度值属于给定的阈值区间（整体亮度和灰度）。

阈值设置所有属于阈值区间的像素值为 1 或用户自定义的值,同时设置其他不属于阈值区间的值为 0。像素值在阈值区间里的像素被认为是粒子的一部分,而不在阈值区间的像素则被认为是背景。

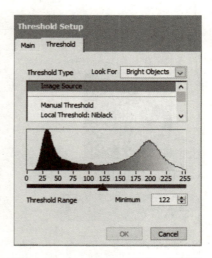

图 3 - 33　Threshold（阈值）函数的 Threshold 选项卡

图 3 - 34 显示了一张图片的直方图。图像中所有像素值在 166 ~ 255 之间的认为是粒子像素,而 0 ~ 165 则认为是背景。

图 3 - 34　图像直方图与阈值范围

2. 手动阈值：Manual Threshold

手动阈值的阈值区间在两个用户定义的参数值范围内：Low Threshold（低阈值）（Minimum 最小值）和 Upper Threshold（高阈值）（Maximum 最大值）。所有选择的像素灰度值大于等于低阈值并且小于等于高阈值时被认为是图像中的粒子。

白色目标的设置参数很简单,只有一个 Threshold 中的 Minimum（最小值）,即 Low Threshold,可以使用水平滑动杆拖动也可以使用 Minimum 输入。这里需要注意的是,视觉助手中,目标特征通常不会单纯地使用白色进行表示,而是使用红色等纯彩色进行表示,以示对 255 所示的白色进行区分,这个在灰度目标表示上非常明显。其设置和效果如图 3 - 35、图 3 - 36 所示。

黑色目标与白色目标类似,只是阈值范围中出现的是阈值的 Upper Threshold（高阈值）（最大值 Maximum）。其效果和设置如图 3 - 37、图 3 - 38 所示。

灰色目标的阈值范围需要由最大值和最小值来确定。这种阈值也是常常用到的,因为有些目标可能在比较复杂的背景上面,背景可能有一半是黑色的,另一半又是白色的,这时就需要使用灰色目标进行阈值操作,从而提取目标。其效果和设置如图 3 - 39、图 3 - 40 所示。

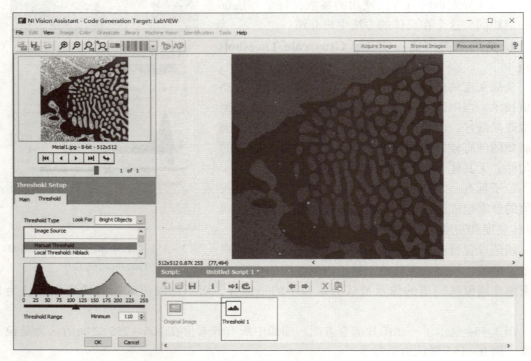

图 3-35 手动阈值-白色目标设置

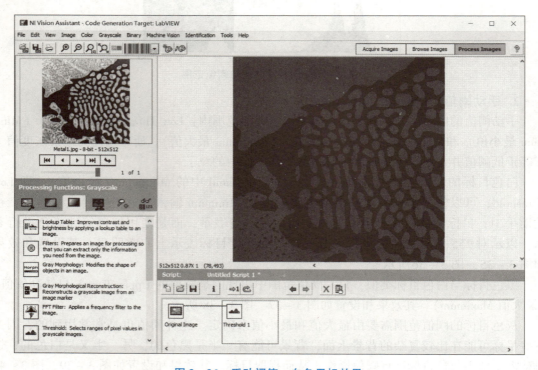

图 3-36 手动阈值-白色目标效果

项目三　机器人自动锁螺丝系统的视觉识别

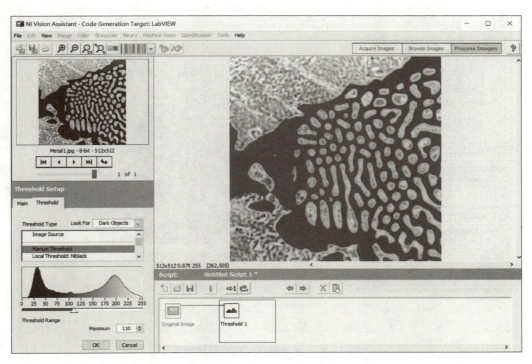

图 3－37　手动阈值－黑色目标设置

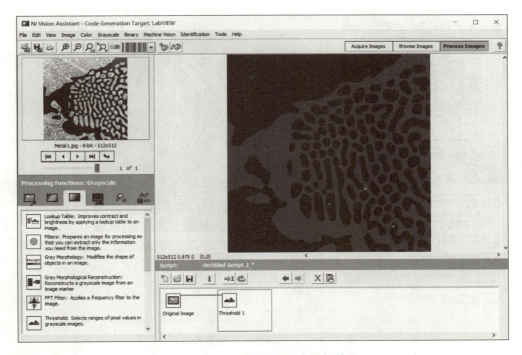

图 3－38　手动阈值－黑色目标效果

89

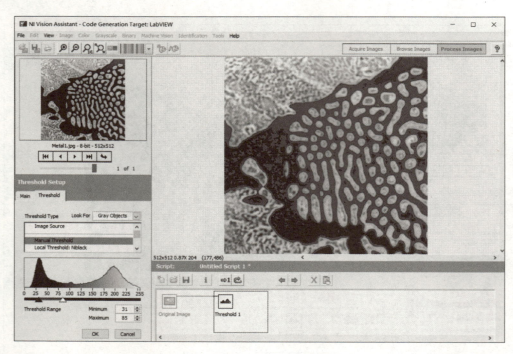

图 3-39 手动阈值-灰色目标设置

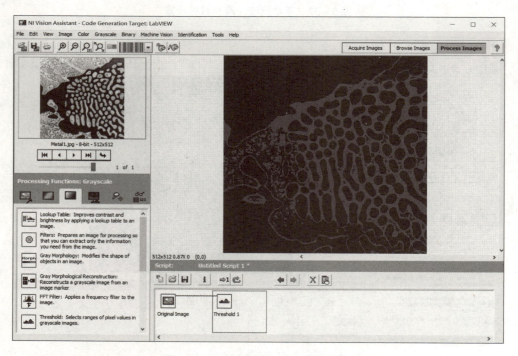

图 3-40 手动阈值-灰色目标效果

3. 自动阈值：Automatic Threshold

NI Vision 中共包含了 5 类自动阈值技术，如表 3-1 所示。

表 3-1　自动阈值技术

名称	说明
Auto Threshold：Clustering	自动阈值：聚类
Auto Threshold：Entropy	自动阈值：熵
Auto Threshold：Metric	自动阈值：度量
Auto Threshold：Moments	自动阈值：动差
Auto Threshold：Interclass Variance	自动阈值：组内方差

相对于手动阈值，这些自动阈值技术不需要设置上下阈值。这些技术非常适合不同图像的光线强度不同的情况。

Clustering（聚类）是唯一可用的多层次阈值方法。聚类操作多个类别，因此用户可以创建三级或更多层次的图像。

其他四种方法——Entropy（熵）、Metric（标准）、Moments（动差）、Interclass Variance（组内方差）——是预设的严格二值阈值技术。选择哪种算法取决于需要阈值的图像类型。根据原始图像，在应用自动阈值前，有时反转原始灰度图像可能会效果更好，如熵、动差自动阈值方法。这种方法尤其适用于背景比前景更亮的案例中。

1）聚类：Clustering

聚类是使用最频繁的自动阈值方法。当需要使用阈值的图像有两种及以上的灰度类别时，应该考虑使用聚类方法。

聚类对图像的离散类别数量的直方图进行分类，离散的类别数量对应于图像中感知的相位数量。灰度值的确定，可以确定每个类别的质心（重心、质量重心）。这个过程会重复直到获得一个值，这个值代表了每个相位或类的质心。

在对比度比较大的图像中，区分黑、白目标使用聚类方法是非常容易的。从其设置选项卡中看到，所有的参数都是禁用的，这也展示了其自动的一面。实际效果如图 3-41 和图 3-42 所示。

2）熵：Entropy

熵阈值法是基于经典的图像分析技术，它最适合那些图像中有极小比例的粒子检测。例如，此函数适用于缺陷、瑕疵检查。

熵阈值法适合平整表面的缺陷检查，可以应用于屏幕表面灰尘检查、玻璃表面污渍检查等背景单一、缺陷比较细小的场合。其对于较大面积的目标效果不大，而且其自动阈值时，默认设置的阈值也比较低，通常只有几十。其效果如图 3-43、图 3-44 所示。

3）度量：Metric

对于 Metric（度量）阈值，计算出最优阈值用于图像。其值取决于代表表面计算出的初始灰度值。其中最优阈值对应于最小阈值。

度量自动阈值法，可以比较准确地找到目标特征。因为其要计算出一个最优的阈值再对图像进行二值处理，所以可以得到比较好的目标分离效果。其效果如图 3-45、图 3-46 所示。

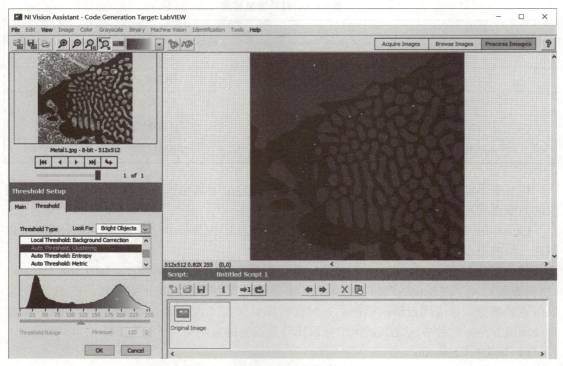

图 3–41　自动阈值－聚类－白色目标

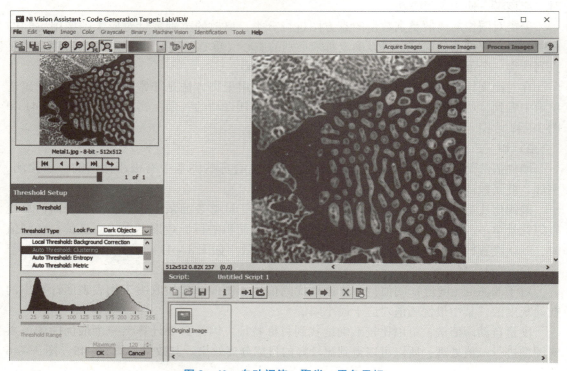

图 3–42　自动阈值－聚类－黑色目标

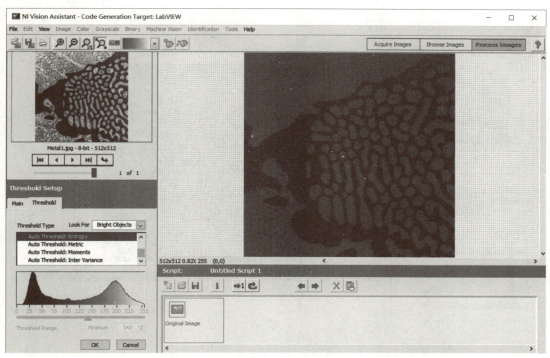

图 3-43　自动阈值-熵-白色目标

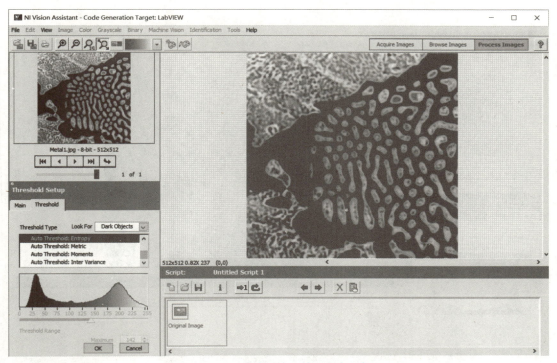

图 3-44　自动阈值-熵-黑色目标

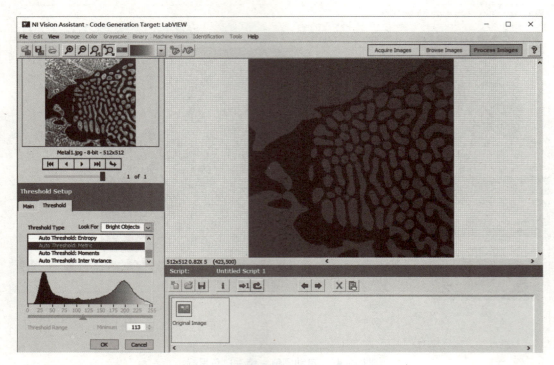

图 3-45　自动阈值 – 度量 – 白色目标

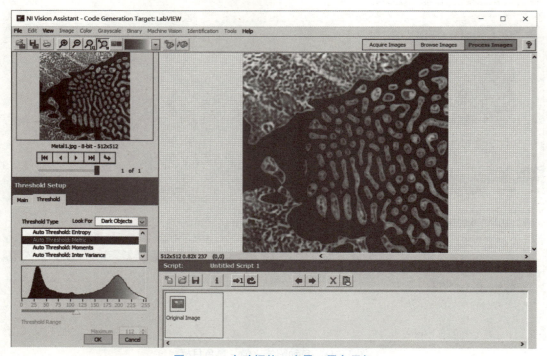

图 3-46　自动阈值 – 度量 – 黑色目标

4) 动差: Moments

Moments（动差）阈值，非常适合应用于对比度比较差的图像。动差法是基于一个假设：假设所观察到的图像是理论上的二值图像的一个模糊版本。模糊的产生主要是由采集过程、电子噪声或者轻微的散焦等引起的，模糊图像和原始图像的均值和方差的统计动差被认为相同。这个函数用来重新计算理论二值图像。

动差阈值法对对比度非常敏感，只要目标特征有细小的亮度变化都会被感知到。因此此方法可以针对一些表面均匀，然后上面有轻微缺陷的产品进行阈值处理。其效果如图 3-47、图 3-48 所示。

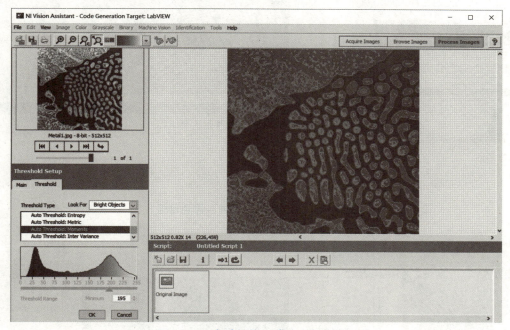

图 3-47 自动阈值 - 动差 - 白色目标

5) 组内方差: Interclass Variance

组内方差是一种统计技术，是基于差别分析的。一个最优阈值是由类别之间的阈值差异的最大值来决定的。组内方差的自动阈值取值比较接近灰度级的中间水平，因此其得到的图像目标和噪点都比较容易被突出。其效果如图 3-49、图 3-50 所示。

4. 局部阈值: Local Thresholding

局部阈值也叫做局部自适应阈值，就像全局灰度阈值，它们都创建一个二值图像以分割一幅灰度图像为粒子区域和背景区域。

与使用单一阈值的全局灰度阈值不同，局部阈值分类像素是基于其邻域像素的强度统计。当一幅图像的照明表现得不是很均匀时，可以使用局部阈值从背景区域分离出感兴趣的目标。

图 3-51 显示了一幅不均匀的图像使用全局阈值和局部阈值时的效果。（a）为原始的检测图像，是一幅 LCD 数字。（b）显示的是全局阈值处理后的图像，注意其中底部和右下角有许多非数字的像素被错误地判断为粒子了。（c）显示了局部阈值分割图像片段。这时只有那些像素属于液晶数字的才被判断为粒子。

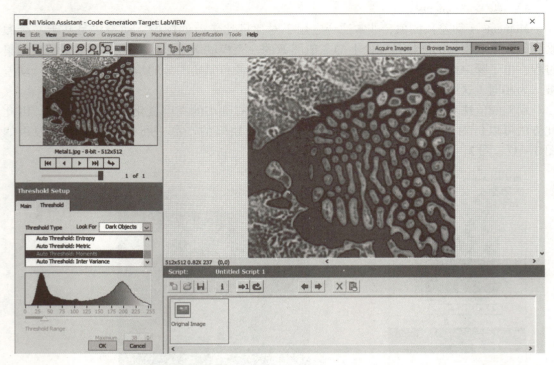

图 3−48　自动阈值−动差−黑色目标

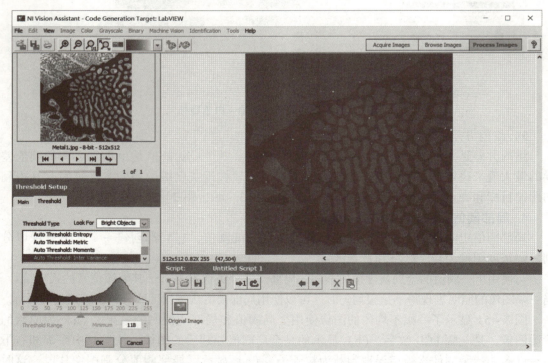

图 3−49　自动阈值−组内方差−白色目标

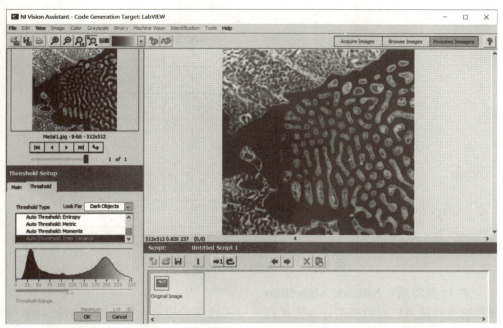

图3-50　自动阈值-组内方差-黑色目标

图3-51　全局阈值与局部阈值比较
（a）原始图像；（b）全局阈值处理后的图像；（c）局部阈值分割图像片段

　　局部阈值算法计算局部像素强度统计信息——例如范围、方差、表面拟合参数或它们的逻辑组合——对于检测图像中的每个像素。计算结果是考虑中的像素的局部阈值。该算法比较原始像素的强度值与局部阈值从而确定该像素是属于粒子还是属于背景。一个用户自定义的窗口指定哪些邻域像素被考虑到统计计算中。默认的窗口尺寸是 32×32 像素。然后，窗口的大小应该约等于用户想从背景分离的最小粒子尺寸。图3-52 显示了一个简化的局部阈值窗口。其中①为图像，②为局部阈值窗口，③为考虑中的像素。需要注意的是在窗口中所有像素的强度，包括在考虑中的像素，都是用于计算局部阈值的。

　　一个典型的局部阈值需要大量的计算时间。同样，一个典型的局部阈值函数完成时间通常是随着窗口大小变化的。这种不确定性应该避免应用于实时系统中。NI 视觉局部阈值函数使用一个完全优化、有效的算法从而实现计算速度不依赖于窗口大小。这大大减少了计算成本，使得在实时分割系统里使用该函数成为可能。

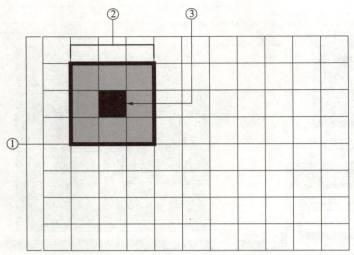

图 3-52 全局阈值与局部阈值比较

5. 尼布拉克算法：Niblack Algorithm

尼布拉克算法可以有效提高许多图像阈值应用程序的质量，如显示检测和 OCR 字符识别等。其对窗口的大小是比较敏感的，并且会在图像大的、不均匀的背景区域中生成噪声分割结果。为了解决这个问题，NI 视觉局部阈值函数计算偏差系数，该算法用于正确地分类像素。窗口大小不一样时的阈值效果是不一样的。当窗口比较小时，能找到大量的噪点，而目标却会有许多找不到。如图 3-53 所示。

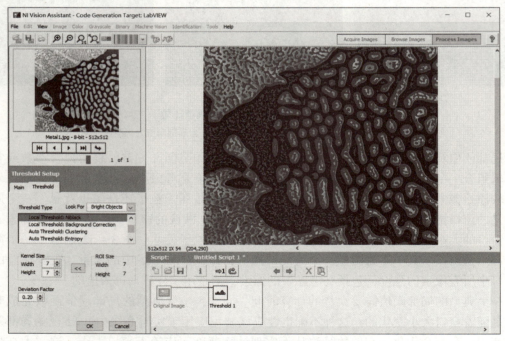

图 3-53 Niblack 局部阈值法 – 窗口 =7×7

而当窗口比较大时，则可以找到更多的目标，噪声也比较少了。如图 3-54 所示。

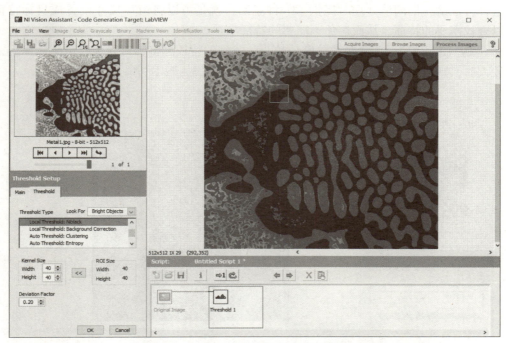

图3-54　Niblack 局部阈值法 – 窗口 = 40×40

局部阈值通常只会对窗口大小相等的目标进行查找。如图3-54查找白色目标时，左上角的白色区域仅仅只找到了很少一部分特征。只有当窗口大于需要检查的目标特征时，目标才会被发现，如图3-55所示。

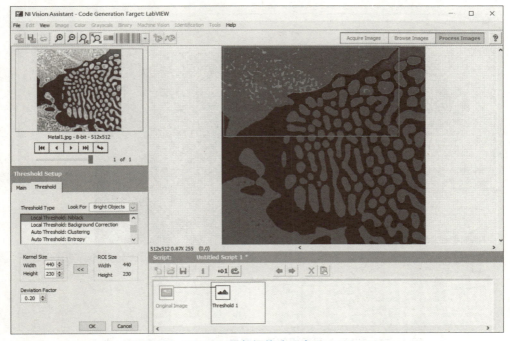

图3-55　Niblack 局部阈值法 – 窗口 = 440×230

这种特性给我们阈值处理时提供了一种思路,就是可以将窗口尺寸设置成目标特征大小,以查找需要的特征,从而避免不需要的特征出现。

而其 Deviation Facto(偏差系数值)越小,找到的特征越多,对光强越敏感,而偏差系数值较大时,则对光强表现比较迟钝。如图3-56、图3-57所示。

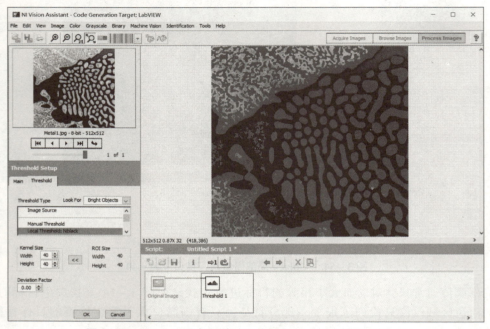

图3-56　Niblack 局部阈值法-窗口=40×40-偏差系数=0

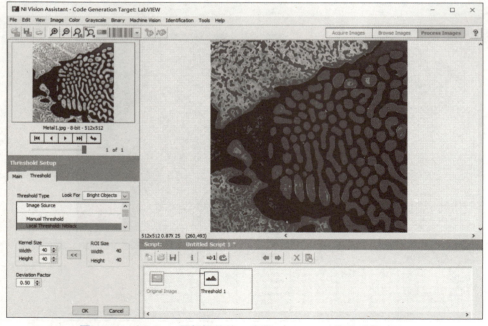

图3-57　Niblack 局部阈值法-窗口=40×40-偏差系数=0.5

6. 背景校正算法：Background Correction Algorithm

背景校正算法结合了图像阈值中局部和全局阈值的方法。图 3-58 展示了背景校正算法。

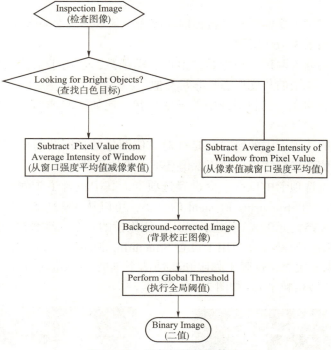

图 3-58　局部阈值校正算法

在"背景校正图像"过程中，使用的阈值方法是前面讲的组内方差自动阈值法。可以参考前面内容。

背景校正算法的实例如图 3-59 所示。

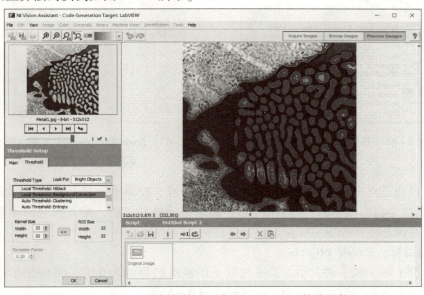

图 3-59　Niblack 局部阈值法 - 窗口 = 40×40 - 偏差系数 = 0.5

3.3.5 基本形态学：Basic Morphology

形态学转换可以对图像的粒子进行提取和改变。基本形态学函数在 Vision Assistant 处理函数面板中的位置如图 3-60 所示。

形态学转换主要分为两种，一种是二值形态学函数，适用于二值图像。二值图像中的基本形态学与灰度图像中的灰度形态学非常类似。

二值形态学能影响在二进制图像中粒子的形状，比如膨胀或腐蚀粒子，填补漏洞，平滑边界。

只是二值图像的选项卡中的函数都是针对二值图像的，因此需要首先将彩色图像、灰度图像二值化为二值图像后才可以使用二值选项卡中的函数。

基本形态学设置选项卡中仅有一个设置选项卡，其中包含了步骤名、内置的形态学方法、Size（尺寸大小）（Structuring Element 的大小，可以从 3×3、5×5 一直到 199×199）、Structuring Element（结构元素）（掩模，使用二值掩模的一个二维数组来定义像素的邻域）、内置的方形和圆形结构元素（专门用于设置 Structuring Element 的）、Iterations（迭代次数）（迭代次数，或叫重复次数，仅限于膨胀和腐蚀两个函数）、Square/Hexagon（正方形/六边形）（以指定的形状转换粒子）。如图 3-61 所示。

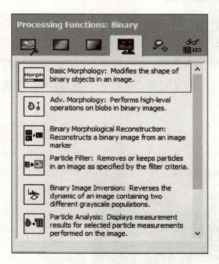 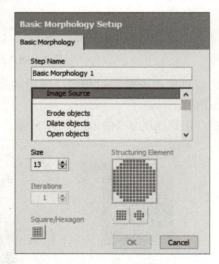

图 3-60　基本形态学函数的位置　　图 3-61　Basic Morphology（基本形态学）函数的设置选项卡

用户可以通过点击来改变结构元素的单元格的值。如果单元格是黑的，那么它的值是 1，如果单元格是白的或空的，则其值为 0。如果单元格是黑的，则其相应的像素认为是邻域并且其值在形态学操作中将被使用。

1. 腐蚀目标：Erode objects

腐蚀减少了每个粒子的大小，当这些粒子像素点的邻域为 0 时，将使用结构元素进行处理，像素的邻域由结构元素来决定。效果如图 3-62 所示。

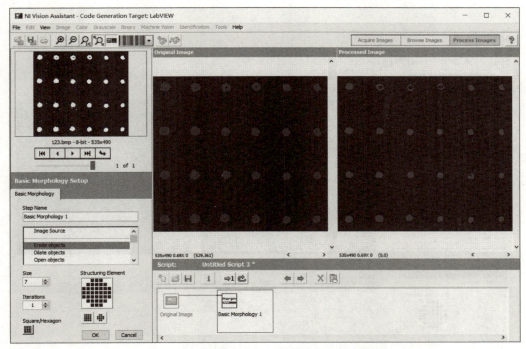

图 3-62　Erode objects（腐蚀目标）的效果

结构元素的尺寸增加时，腐蚀效果也会更剧烈，结构元素变大时，腐蚀效果也会变剧烈。重复次数增加时，相当于进行了多次腐蚀，效果更明显。

为了使效果更明显所以在演示图像中将结构元素的尺寸设置为 7×7。

通过图 3-62 的对比效果来看，腐蚀可以有效地滤波离散的噪点。而在实际应用中，腐蚀则可以将目标特征外的离散噪声、边缘凸起的毛刺等过滤掉。

2. 膨胀目标：Dilate objects

腐蚀增大了每个粒子的大小，当这些粒子像素点的邻域为 0 时，将使用结构元素进行处理，其效果如图 3-63 所示。

从对比效果来看，膨胀可以滤除目标特征粒子中的黑点。从实际应用中来看，膨胀可以将图像目标特征中的噪点、边缘的凹坑等滤除掉。

通常来讲，膨胀与腐蚀是联合操作的。如果只进行单个操作，就会造成特征变大或缩小了，所以，一般都是使用相同的参数同时进行膨胀与腐蚀。

而对于膨胀与腐蚀的先后顺序，也与需要处理的内容有很大的关系。如果想过滤噪点、毛刺，则可以先腐蚀后膨胀，而如果是想填充边缘凹坑等，则可以先膨胀再腐蚀。在这个过程中，膨胀有可能将几个独立的特征连接成一块，而腐蚀则有可能将一个特征分割成多个不同的特征。这个需要实际使用时注意。

3. 开目标：Open objects

开操作会使粒子轮廓变得更光滑，有平滑的作用。因为其本质上是先进行腐蚀操作，再进行膨胀操作。因此使用开操作，通常可以断开狭窄的间断，消除目标特征外面孤立的小点，消除轮廓线上细的毛刺、突出特征等。其效果如图 3-64 所示。

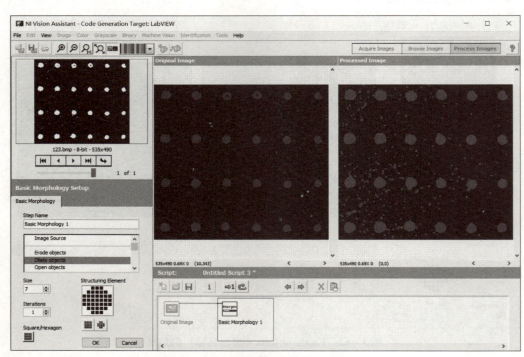

图 3-63 Dilate objects(膨胀目标)的效果

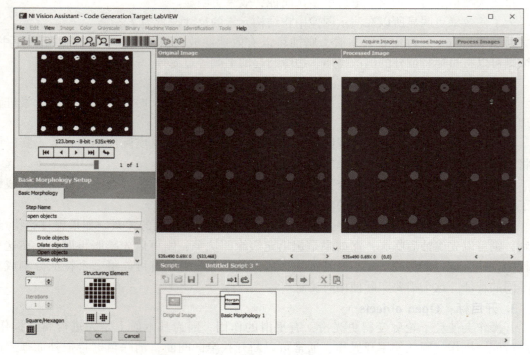

图 3-64 Open objects(开目标)的效果

在开操作中，没有重复次数可用，只有结构元素的大小与结构元素的形状可用。因此如果想重复执行开操作，就得多添加几个这样的开操作函数才可以。又或者先重复几次膨胀，再重复相同次数的腐蚀。

需要注意的是，"膨胀、膨胀、腐蚀、腐蚀"与"膨胀、腐蚀、膨胀、腐蚀"这两种过程，其结果有可能是不一样的。前面一种可能对孤立的点起的效果会更明显。

4. 闭目标：Close objects

闭操作也会使轮廓变得更光滑，有平滑的作用。其与开操作是个对偶操作。其过程与开操作是相反的，即先进行膨胀操作，再进行腐蚀操作。因此使用闭操作，通常可以弥补狭窄的间断、细长的鸿沟，消除目标特征中孤立的小的孔洞，填充轮廓线中的断裂。其效果如图3-65所示。

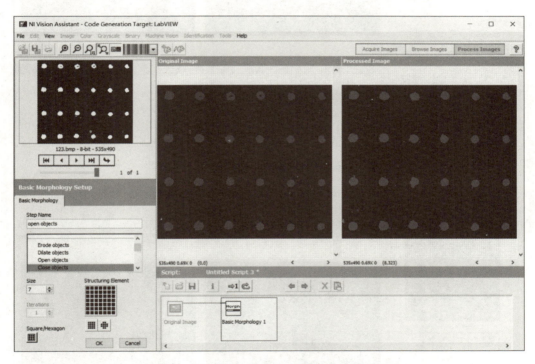

图3-65 Close objects（闭目标）的效果

5. 适当开：Proper Open

有限、双重结合开操作和闭操作。适当开操作可以滤除黑色区域中孤立的噪点，并且平滑粒子的边缘。其效果如图3-66所示。

6. 适当闭：Proper Close

有限、双重结合闭操作和开操作。适当闭操作可以滤除粒子中孤立的黑点，并且平滑黑色区域的边缘。其效果如图3-67所示。

7. 梯度内：Gradient In

梯度内函数主要提取粒子的内部轮廓。这里的内部轮廓是指二值化后值为1的轮廓。即以粒子中邻域为黑暗区域的像素为轮廓。其效果如图3-68所示。

105

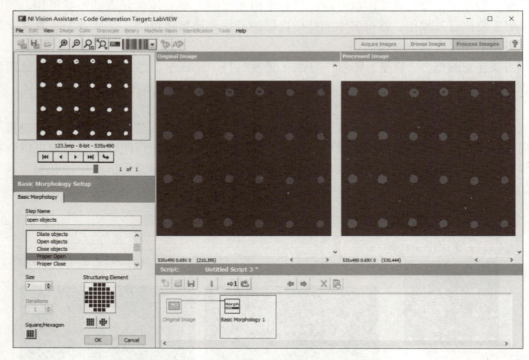

图3-66 Proper Open（适当开）的效果

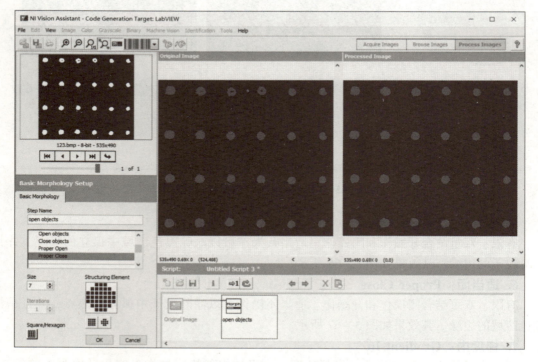

图3-67 Proper Close（适当闭）的效果

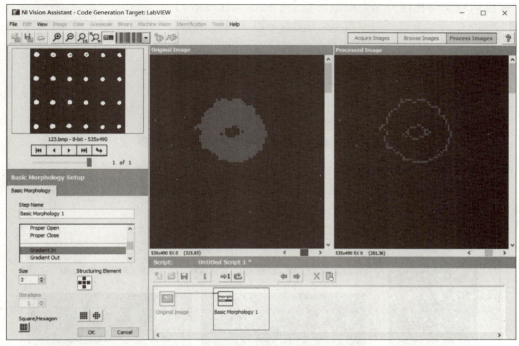

图 3-68 Gradient In（梯度内）的效果

8. 梯度外：Gradient Out

梯度外函数主要提取粒子的内部轮廓。这里的内部轮廓是指二值化后值为 0 的轮廓。即以黑暗区域中邻域为粒子的像素为轮廓。其效果如图 3-69 所示。

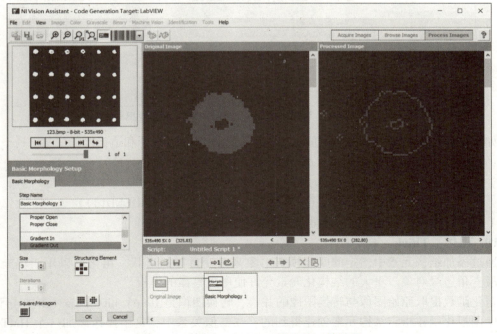

图 3-69 Gradient Out（梯度外）的效果

梯度内轮廓与梯度外函数提取的轮廓如图 3-70 所示。

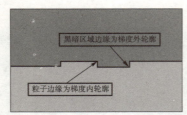

图 3-70　梯度内轮廓与梯度外函数提取的轮廓

9. 自动中值：Auto Median

自动中值函数基于结构元素简化了对象，以便其有更少的细节。自动中值函数联合使用开操作和闭操作。其效果如图 3-71 所示。

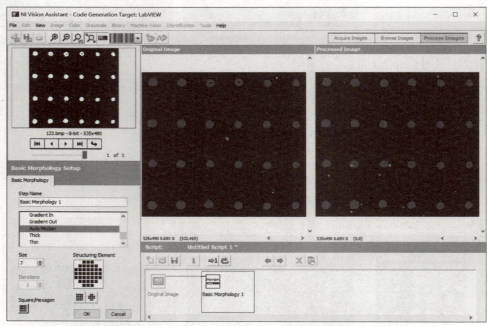

图 3-71　Auto Median（自动中值）函数效果

如果 I 是原始图像，则自动中值函数提取原始图像的适当开和适当闭的交集：

$$auto-median(I) = AND(OCO(I), COC(I))$$

或者

$$auto-median(I) = AND(DEEDDE(I), EDDEED(I))$$

其中 I 是原始图像，E 是腐蚀，D 是膨胀，O 是开，C 是闭。

10. 粗化：Thick

通过添加结构元素中指定的匹配模式对象来改变目标的形状。粗化可以用于填充孔洞和平滑直角边缘对象。更大的结构化元素允许使用更具体的模板。

粗化函数提取原始图像与转换图像的并集，转换图像是由一个 hit-miss（击中击不中）函数使用粗化函数指定结构元素创建得到的。在二值关系中，这个操作添加一个 HMT（击中击不中变换）到原始图像。其示例如图 3-72 所示。

当结构化元素中央系数为1时，不要使用此函数。在这种情况下，击中击不中函数仅能够将确定的粒子像素从1变为0。然而，额外的粗化函数又会重置这些像素为1。如果I是一幅图像，则有：

$$\text{Thickening}(I) = I + \text{hit} - \text{miss}(I) = \text{OR}(I, \text{hit} - \text{miss}(I))。$$

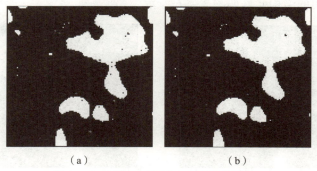

(a)　　　　　　　　(b)

图 3-72　Thick（粗化）函数示例（1）

图 3-72（a）表示原始的二值图像。图 3-72（b）表示粗化函数应于原始图像后，填补了单像素孔洞，其使用的结构化元素如图 3-73 所示。

图 3-74 为粗化函数的另一个示例，其中 3-74（a）为原始图像。图 3-74（b）、图 3-74（c）、图 3-74（d）为三个粗化函数使用不同的结构元素作用到原始图像 3-74（a）的效果，其中结构元素分别在其上方表示。其中灰元格表示像素值等于1，白色的等于0。从图 3-74（b）中看到，结构元素中间为中央系数为0的模板在图像中有类似的孔洞，则被填充了。而图 3-74（c）、图 3-74（d）的结构元素模板无此相似的孔洞，则对图像没有影响。

图 3-73　Thick（粗化）函数示例使用的结构元素

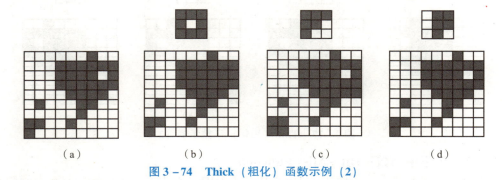

(a)　　　　(b)　　　　(c)　　　　(d)

图 3-74　Thick（粗化）函数示例（2）

11. 细化：Thin

通过消除部分结构元素中指定的匹配模式对象，从而改变物体的形状。细化对于去除背景上的单像素孤立点以及边缘上的直角对象是非常有用的。同样的，更大的结构元素允许更加具体的模板。

细化函数提取原始图像与它的转换函数的交集，其转换函数是通过击中击不中函数转换后得到的。在二值关系中，这个操作是从原始图像中减去击中击不中转换后的图像得到的。如果I是一幅图像，则有：

$$\text{Thinning}(I) = I - \text{hit-miss}(I) = \text{XOR}(I, \text{hit-miss}(I))$$

使用此函数时不要使结构元素的中央系数为 0。在这种情况下,击中击不中函数仅能改变背景上某些确定的像素值从 0 变为 1。然而,细化函数中的减法会重置这些像素为 0。

图 3-75 所示为细化函数的应用,从中可以看到,左上角区域部分离散的单像素点已经被滤除了。其使用的结构元素如图 3-76 所示。

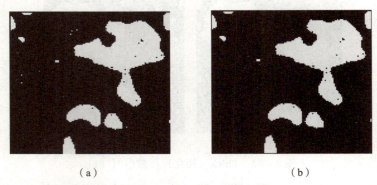

图 3-75 Thin(细化)函数示例(1)

图 3-77 为细化的另一个应用。其中图 3-77(a)为原始图像。图 3-77(b)、图 3-77(c)、图 3-77(d)表示了使用三种不同的结构元素对图 3-77(a)进行细化应用后的效果。图 3-77(b)、图 3-77(c)、图 3-77(d)的细化结构元素在其上方表示,灰度的单元格值为 1,白色的单元格值为 0。

图 3-76 Thin(细化)函数示例使用的结构元素

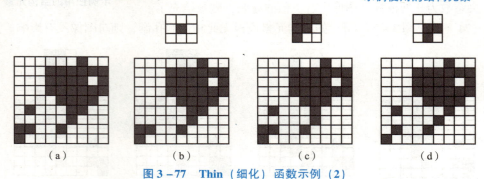

图 3-77 Thin(细化)函数示例(2)

12. 击中击不中函数:Hit-Miss Function

在粗化和细化函数中,都使用了 Hit-Miss(击中击不中函数)。击中击不中函数查找特别配置的像素。这个函数精确地提取位于邻域中的每个像素,这些像素匹配结构元素指定的模板。根据结构元素的配置,击中击不中函数查找单个孤立的像素、十字形或纵向模式、粒子沿着边缘的直角,或者其他用户指定的形状。较大的结构元素尺寸,可以使用更具体的研究模板。可以参考下面的策略来使用击中击不中函数。

在一个中央系数为 0 的结构元素中,击中击不中函数将所有原始图像中像素值为 0 的像素点变成 1。

对于一个续写的像素 P0，结构元素焦距在 P0 周围（即 P0 是中央元素）。图像上被结构元素掩模的像素称为 P。

如果 Pj 的每个像素值等于置于其上的结构元素的系数，则像素 P0 被置为 1，否则像素 P0 被置为 0。换句话说，如果像素 Pj 的定义与结构元素完全相同，则 P0 = 1，否则 P0 = 0。

图 3 – 78（a）为原始图像，图 3 – 78（b）、图 3 – 78（c）、图 3 – 78（d）和 3 – 78（e）对应四种类型的击中击不中函数应用于原始图像上。每种击中击不中函数使用了不同的结构元素，在图 3 – 78（b）、图 3 – 78（c）、图 3 – 78（d）和 3 – 78（e）上面都有一个小的转换图像。其中灰色的单元格像素值为 1，白色的单元格像素值为 0。

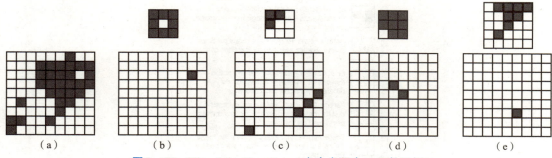

图 3 – 78　Hit – Miss Function（击中击不中）函数示例

表 3 – 2 展示了下面给定的二值图像经过 HMT 变换后怎样找到结构元素中指定的各模式。

表 3 – 2　击中击不中函数策略应用举例

策略	结构元素	结果图像	原始图像
使用击中击不中函数来查找背景上孤立的像素 右边的结构元素提取所有像素值等于 1 且其四周至少有两层像素值等于 0 的像素点	0　0　0　0　0 0　0　0　0　0 0　0　1　0　0 0　0　0　0　0 0　0　0　0　0		
使用击中击不中函数来查找粒子中单像素的孔 右边的结构元素提取所有像素值等于 0 且其四周至少有一层像素值等于 1 的像素点			
使用击中击不中函数来查找像素，沿着垂直的左边缘 右边的结构元素提取左边至少有一层像素值等于 1 且右边至少有一层像素值等于 0 的像素点			

3.3.6　圆检测函数：Circle Detection

Circle Detection（圆检测）函数可以在图像中查找圆形粒子的圆心和半径。Circle Detection（圆检测）函数在 Vision Assistant 处理函数面板中的位置如图 3 – 79 所示。

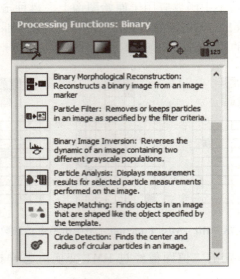

图 3 – 79　Circle Detection（圆检测）函数的位置

圆检测函数使用 Danielsson（丹尼尔森系数）重建粒子的形状以分离重叠的圆形粒子，假设粒子本来是圆形的，粒子被认为是一组重叠的圆盘，然后被分成单独的圆盘，允许用户跟踪每个粒子对应的圆。圆检测函数的基本原理如图 3 – 80 所示。

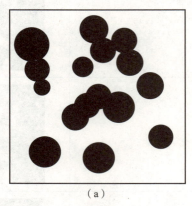
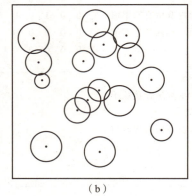

(a)　　　　　　　　　　　　　(b)

图 3 – 80　圆检测函数的基本原理

圆检测函数只有一个选项卡，配置也非常简单，参数只有步骤名及控制圆半径的阈值范围（Radius Range），其中有 Minimum Radius（最小半径）和 MaximumRadius（最大半径）。另外有一个输出量为 Number of Circles Found（找到的圆数量），用于显示当前图像中找到的圆数量。圆检测函数的选项卡如图 3-81 所示。

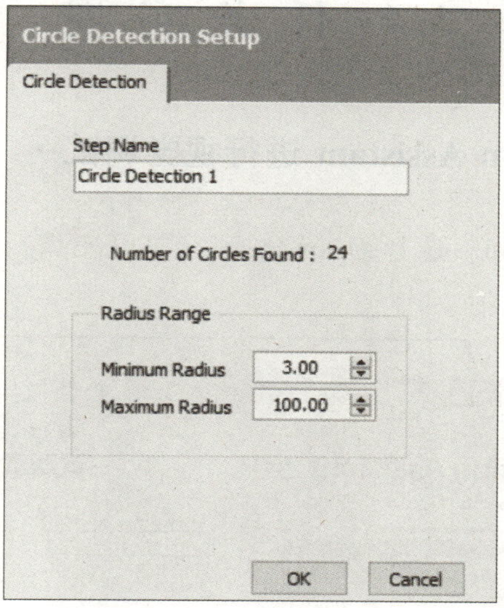

图 3-81 圆检测函数的选项卡

实际的效果如图 3-82 所示。

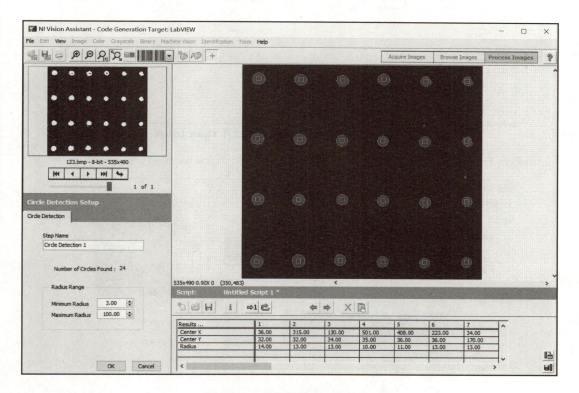

图 3-82 使用圆检测函数效果

3.4 任务实现

任务一　使用 Vision Assistant 进行视觉调试

首先打开 Vision Assistant，选择 Open Image（打开图像）。如图 3-83 所示。

创建视觉脚本和采集图像并过滤图像无用的区域

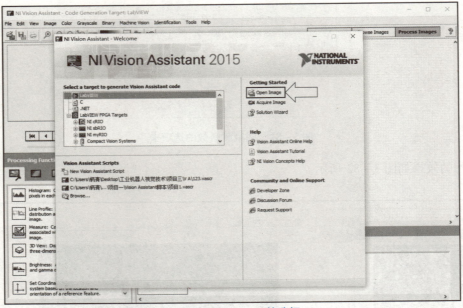

图 3-83　打开 Vision Assistant 并选择 Open Image

再将所有的摄像头拍摄的螺丝板工件图像打开，如图 3-84 所示。

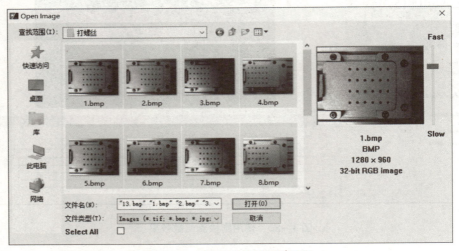

图 3-84　打开螺丝板工件图像

任务二　过滤无用区域

摄像头拍摄的照片中除了螺丝板工件以外，还有其他无用物件。这些无用物件对我们而言是没有包含任何信息的，并且会对我们识别螺丝孔产生干扰，加大识别难度，所以首先要将无用区域过滤掉。

首先进入图像函数菜单选择 Image Mask（图像掩模）函数并打开，再设置 ROI 区域，如图 3-85 所示。

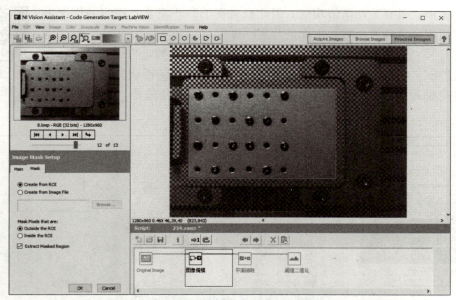

图 3-85　打开掩模函数并选择 ROI 区域

掩模方式选择为从 ROI 创建，掩模范围选择为 ROI 内。因为有的函数进行图像处理的时候会将整体图像考虑进去，所以勾选只提取 ROI 区域。如图 3-86 所示。

图 3-86　设置图像掩模函数

任务三 将彩色图像转换为灰度图像

虽然直接从彩色图像中识别螺丝孔也能实现，但是彩色图像包含的信息过于复杂，识别的速度相对较慢，并且准确率相对较低。

相对地，对二值图像进行识别的速度和准确度都是较高的，而要将彩色图像二值化，则需要先将彩色图像转换成灰度图。

将彩色图像转换为灰度图像（上）

虽然 Vision Assistant 有彩色图像阈值二值化函数，但是彩色阈值函数的功能比较简单，只有手动阈值功能。因此只有在拍照环境非常稳定的情况下才会考虑使用彩色阈值函数。下面进行实际操作。

将彩色图像转换为灰度图像（下）

首先打开 Color Plane Extraction（彩色平面抽取）函数。再逐一抽取各种平面进行测试，选择抽取后螺丝孔和螺丝板对比度最高的抽取方式，经过测试可以发现抽取 Luminanc plane（亮度平面）的对比度最高。如图 3 - 87 所示。

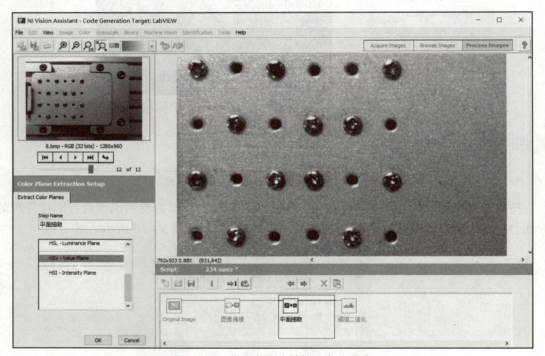

图 3 - 87 将彩色图像转换为灰度图像

任务四 将图片二值化

首先打开阈值函数。因为图像的整体对比度并不怎么均衡，所以使用背景校正算法进行二值化，窗口大小为 44×44（约为一个螺丝孔的大小）。对象选择为黑色目标。具体操作和效果如图 3 - 88、图 3 - 89 所示。

项目三 机器人自动锁螺丝系统的视觉识别

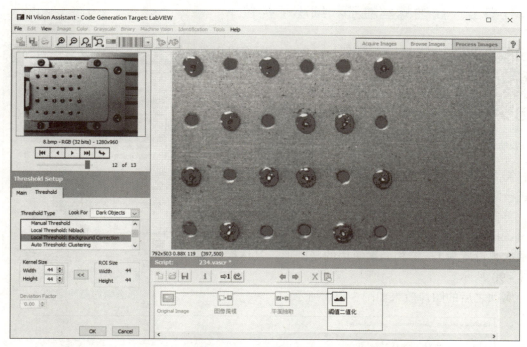

图 3-88 将图片二值化

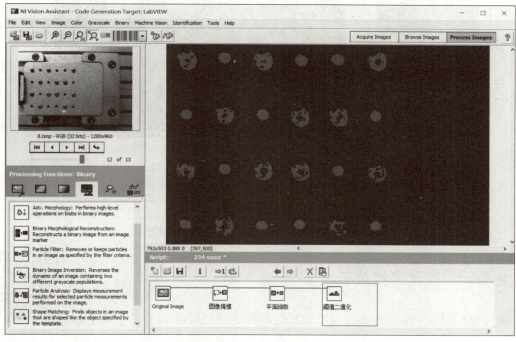

图 3-89 二值化后的效果

117

任务五　腐蚀螺丝粒子和细小干扰粒子

过滤干扰粒子并
查找螺丝孔(上)

通过观察图 3-89 中的图像可以发现螺丝孔的粒子中间基本没有黑洞，而螺丝粒子中有大量的孔洞。因此可以使用基本形态学的腐蚀函数将每个螺丝粒子分成多个细小粒子，同时过滤掉细小的干扰粒子。为了保证腐蚀算法的可靠性，需要使用不同的腐蚀参数对相机拍摄的多张不同图像进行测试和验证。

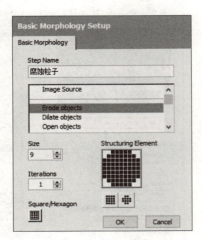

图 3-90　配置基本形态学的腐蚀函数

首先打开二值菜单的基本结构形态学函数，选择 Erode objects（腐蚀目标）函数。元素尺寸值设置为 9、腐蚀次数设置为 1、结构元素使用的是圆形。具体操作如图 3-90 所示。

腐蚀之后的图像效果如图 3-91 所示。

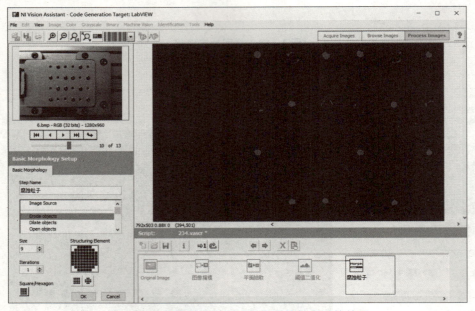

图 3-91　腐蚀螺丝粒子和细小干扰粒子后的效果

任务六　过滤干扰粒子

过滤干扰粒子并
查找螺丝孔(下)

通过分析图 3-91 中的图像可以发现螺丝粒子已经被分成了多个细小粒子，且许多干扰粒子已经消失了。这时候滤除图像中的细小粒子，剩下的就是螺丝孔粒子。我们可以使用基本形态学的开操作对图像中的细小粒子进行滤除，同时开操作会使螺丝孔粒子的形状更加圆润。

首先打开二值菜单的基本结构形态学函数。选择 Open objects（开操作）函数。元素尺寸值设置为 11，结构元素使用的是圆形。具体操作如图 3 – 92 所示。

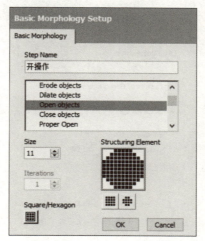

图 3 – 92　配置基本形态学的开操作函数

开操作后的图像效果如图 3 – 93 所示。

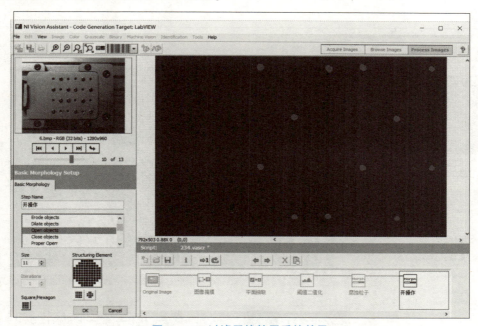

图 3 – 93　过滤干扰粒子后的效果

任务七　找寻螺丝孔

过滤干扰粒子之后图像中剩下的粒子全部都是螺丝孔粒子。我们可以使用获取圆检测函数获取到螺丝孔粒子的坐标。

首先打开查找圆检测函数。将最小半径设置为4，最大半径设置为11。如图3-94所示。

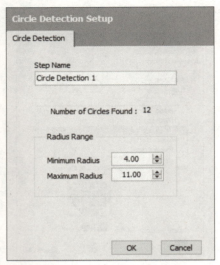

图3-94　配置查找圆检测函数

查找圆检测函数的效果如图3-95所示。

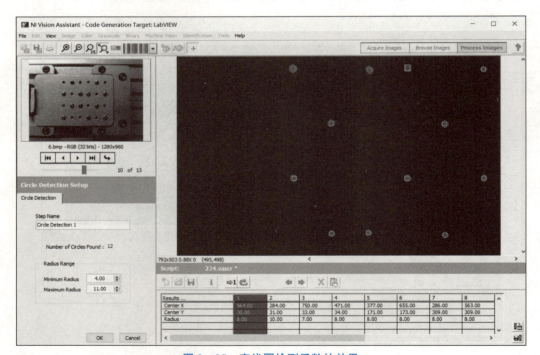

图3-95　查找圆检测函数的效果

视觉脚本的编写至此就已经完成，最后将脚本生成LabVIEW代码。

3.5　考核评价

任务一　修改程序代码使程序显示没有螺丝的螺丝孔的孔位号

要求：修改自动生成的 LabVIEW 代码使程序显示没有拧螺丝的螺丝的孔位号。螺丝的孔位号请自行编号，关于螺丝孔是否有螺丝的判断，只要在程序中判断圆检测函数中输出的坐标在图像中 48 个孔位区域（螺丝板正放 24 个孔位区域和反放 24 个孔位区域）中的哪一个区域，即可知道是哪个位置的螺丝孔上没有螺丝，能用专业语言正确流利地展示配置的基本步骤，思路清晰、有条理，能圆满回答老师与同学提出的问题，并能提出一些新的建议。

任务二　修改视觉脚本的二值化方式

要求：修改视觉脚本。将使用背景校正算法来二值化图像修改为其他算法来实现二值化图像，并保证修改后视觉脚本能正常找到螺丝孔，能用专业语言正确流利地展示配置的基本步骤，思路清晰、有条理，能圆满回答老师与同学提出的问题，并能提出一些新的建议。

3.6　拓展提高

任务　防止螺丝孔粒子被过滤掉

由于二值化后的螺丝孔粒子中也可能会有黑点，这时直接进行腐蚀可能直接把螺丝孔粒子也过滤掉。

但是二值化后的螺丝孔粒子中就算有黑点，其大小也较小。因此可以在腐蚀之前先进行一下膨胀。将膨胀的元素结构尺寸设为 3×3，元素结构的设置如图 3-96 所示。同时也要修改腐蚀的元素结构尺寸，使后面的开操作能正常地滤除螺丝粒子。

图 3-96　膨胀的元素结构

项目四

机器人工件分拣系统的视觉识别与定位

4.1 项目描述

通过学习机器人工件分拣系统视觉部分的搭建和实现，学生们得以掌握如何在 NI 视觉中进行物件的识别和定位。机器人工件分拣在电子 3C 行业和食品加工行业用得非常广泛，并且其应用正向其他行业不断地扩展，学会通过采用视觉系统进行工件分拣，可以为后续进一步深造打下坚实的基础。

4.2 学习目标

本项目的主要学习目标是：学习图像标定函数、查找表函数、模板匹配函数、几何匹配函数，并使用学习的函数完成对图像中工件的定位和识别。我们可以按照本项目所讲步骤逐一操作，熟练掌握所有的操作方法，同步操作，为后续学习更加复杂的内容打下坚实的基础。

4.3 知识准备

4.3.1 图像标定函数：Image Calibration

图像标定函数的功能是设置一幅图像的标定，以便于将像素坐标转换成现实世界坐标。当需要做准确测量并使用现实世界的单位时，将像素坐标转换成现实世界坐标是非常有用的。其函数在面板中的位置如图 4-1 所示。

1. Main 选项卡

Main（主体）选项卡如图 4-2 所示。主体选项卡中，一如既往地有步骤名。另外还有一个 Calibration File Path（标定文件路径）。

图4-1 图像标定函数的位置

图4-2 图像标定函数的Main选项卡

标定文件，如果有已经标定好了的，那么可以直接使用路径控制的文件浏览器进行查找定位或者直接输入路径。如果没有标定文件，则需要使用"New Calibration…"按钮进行新的标定文件的设定。单击此按钮后，会弹出标定视觉助手的标定界面向导对话框。将在后面为大家详细介绍。

Edit Calibration（编辑标定），是指已经打开了标定文件后，可以使用此按钮调用视觉助手标定界面重新编辑标定文件。

Preview Corrected Image（预览校正过的图像），通过视觉助手即时帮助可以知道，必须使用Image Calibration（对图像进行标定），然后使用Image Correction（对图像进行校正）后，才能正常显示。

在预览校正后图像中，有两个参数，一个是Interpolation Type（插值类型），插值类型中有Zero Order（零次插值法）（围绕最近的整型像素位置）和Bi-Linear（B样条插值）（使用直线插值法计算X、Y方向的像素位置）。另一个是Replace Value（取代值），此像素值用于替换空间校正后的图像中未校正的区域。

2. Calibration Data（标定数据）选项卡

标定数据选项卡如图4-3所示。因为还没有校正过，所以没有数据。当校正过后，这里会出现校正的数据。Learn Calibration at Each Iteration（在每次重复时学习校正），则对图像重复进行校正，并且选择后，可以在校正数据列表中使用前面的步骤结果编辑点、距离、轴参考角度。

这里直接使用已经标定好了的标定文件进行标定验证一下效果。在主体选项卡中打开文件夹"…\National Instruments \ Vision \ Examples \ Images \ CalibrationModel Accuracy - Templates"，如图4-4所示。

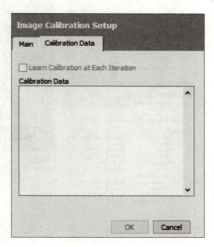

图4-3 标定数据选项卡

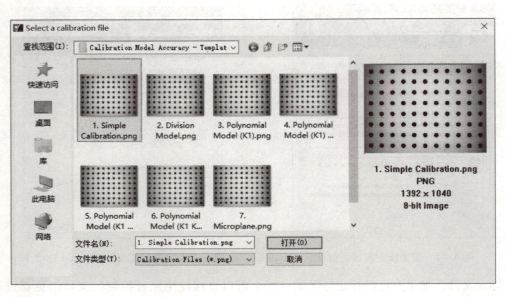

图4-4 打开一张标定图像

在"Calibration Model Accuracy – Templates"文件夹中,有多种类型的标定文件,如简单标定、多项式模式等。这里选择第一个Simple Calibration.png(简单标定)标定文件。

打开返回视觉助手界面可以看到,X方向有一个刻度表示了10 mm。Y方向没有具体表示,则表示了Y方向与X方向一样,也是10 mm/格。如图4-5所示。

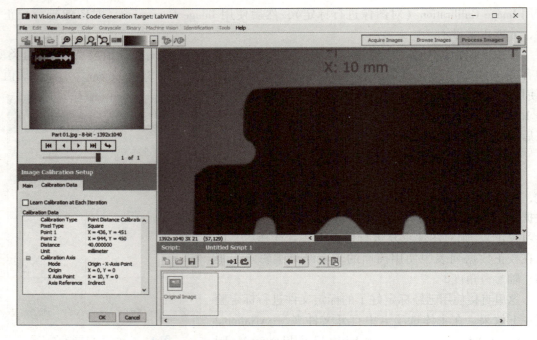

图4-5 加载标定文件后图像显示现实刻度值

因为现在一般的相机的像素都是方形的，因此视野中的 X、Y 方向的刻度尺寸也是一样的；如果说像素不是方形的，而是长方形的，那么就会有同样的像素，表示现实世界尺寸不一样的情况。

加载标定文件后的标定数据选项卡如图 4－6 所示。

从中可以看到，标定数据中有：
- Calibration Type（标定类型）（点距离标定）；
- Pixel Type（像素类型）（方形）；
- Point1（点 1）XY 坐标；
- Point2（点 2）XY 坐标；
- Distance（距离）（现实生活中的距离）；
- Unit（单位）（mm）；
- Calibration Axis（标定轴）；
- Origin（原点）XY 坐标；
- Angle Mode（角度模式）（X 轴点）；
- X Axis Point（X 点）；
- Axis Reference（轴参考）。

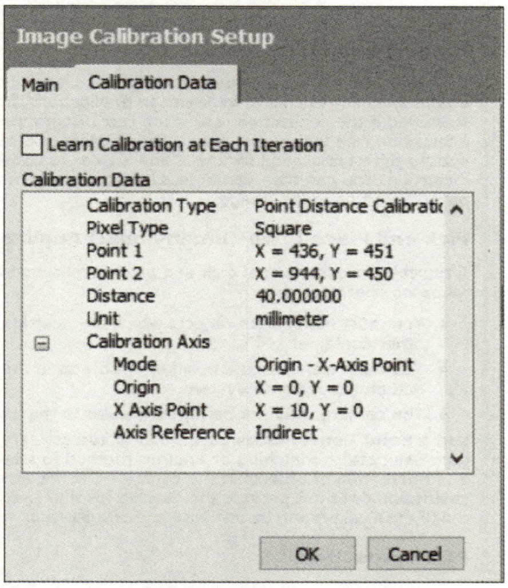

图 4－6　加载标定文件后的标定数据选项卡

3. 标定介绍

空间标定是将像素转换成现实世界单位的一个过程，同时还会解决许多成像固有的错误，如畸变、透视等。当你需要使用现实世界单位进行精确测量时，标定成像设置是非常重要的。

一个图像包含了像素形式的信息。空间标定允许用户将一个测量从像素单位转换成另一个单位，如英寸或厘米。如果知道像素与现实世界单位的转换比率，这种转换是非常容易的。例如，一个像素等于一英寸，一个长度测量为 10 像素，那么其真实值则为 10 英寸。

当然这个转换也可能并不简单，因为透视投影与镜头畸变会影响像素单位的测量。通过构建像素单位到现实世界单位的转换映射，标定考虑了可能的错误。对于图像显示和形状测量，也可以使用标定信息来校正透视或非线性畸变错误。

NI 视觉标定软件支持面阵相机使用直线或远心镜头进行标定。但是 NI 视觉标定软件不能准确地标定鱼眼镜头或曲线镜头。

使用 NI 视觉标定工具可以做下面的一些事情：
- 通过成像一个标准模式，如标定模板或通过提供参考点，可以自动标定成像装置。
- 在现实世界单位与像素单位之间转换测量结果，如长度、面积或宽度。
- 应用一个已经学习过的标定映射，通过标定设置来校正采集的图像。
- 分配一个任何标定轴来测量现实世界单位中的位置，相对于一个图像中的一个点。

4. NI 支持的标定算法

在主体选项卡中选择新建标定，将会弹出标定方法选择界面，如图 4－7 所示。

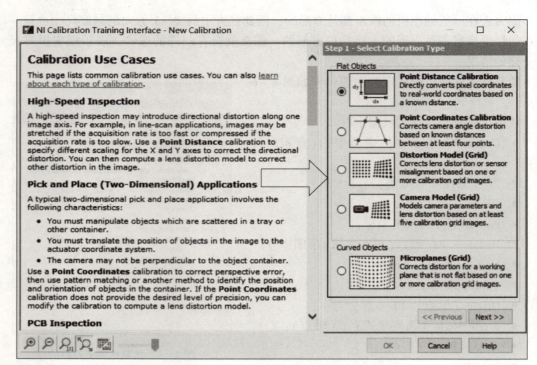

图 4-7　标定算法选择界面

图 4-7 所示的 5 种标定方法对应的算法如表 4-1 所示。

表 4-1　NI 支持的标定算法

算法名称	什么时候使用
Simple Calibration（简单标定）	当相机与被测目标的表面是垂直的、且畸变可以忽略不计时，可以使用简单标定。例如，简单标定可以用于使用远心镜头的成像装置
Perspective Calibration（透视标定）	使用透视标定来纠正透视引起的畸变，这种畸变通常是因为相机的光轴与被测目标的表面并不垂直引起的
Distortion Modeling（畸变建模）	使用畸变模型来校正由于镜头的固有缺陷引起的畸变。NI 视觉支持以下畸变模型： （1）Division（除法）：校正径向畸变 （2）Polynomial（多项式）：校正径向和切向畸变 如果相机也不垂直于被测物体的表面，则可以联合使用透视标定与畸变建模两种方法进行校正
Camera Modeling（相机建模）	使用相机模型模拟详细的相机特征，这些特征包括焦距、图像中心以及畸变模型 相机模型最常用于机器人，以确定相机和被测目标的相对关系 因为相机模型包含了一个畸变模型，不需要再计算一个单独的畸变模型
Microplane Calibration（微平面标定）	当工作平面是非线性的时候（即被测目标的表面不是一个平面，而是由曲线组成的），可以使用微平面标定

1）简单标定

简单标定算法直接转换像素坐标和现实世界的单位。

2）透视标定

透视标定算法计算整个图像中一个像素到现实世界的映射，允许用户轻松地转换像素坐标到现实世界单位。图4-8包含在现实世界有相同大小的多个点，但是经透视投影后它们变得扭曲了。

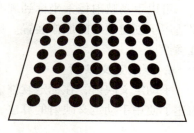

图4-8　透视标定

3）畸变建模

畸变模型使用一个或多个标定栅格来模拟由镜头不完美引起的畸变，并且对整个图像校正畸变。畸变建模可以模拟径向和切向畸变。图4-9显示了典型的镜头畸变。

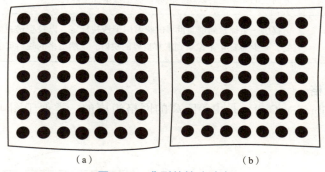

图4-9　典型的镜头畸变

图4-9（a）显示了一个桶形畸变。图4-9（b）显示了一个枕形畸变。可以使用除法模型或多项式模型来校正径向畸变。切向畸变发生在相机传感器与光轴不对齐的情况下。如果图像表现有切向畸变，可使用多项式模型。

4）相机建模

相机模型使用多个标定栅格图像来模拟详细的相机特征，包括焦距、图像中心以及畸变模型。使用相机模型，可以应用数据计算来确定值，如目标的姿势。

5）微平面标定

微平面标定算法计算标定栅格中集中于每个点的一个矩形区域的像素到现实世界的映射。NI视觉围绕每个点基于其邻域对该点进行插值映射。使用微平面标定来校正由于非线性工作平面引起的畸变。图4-10显示了非线性畸变。

标定软件使用标定算法和一系列已知的像素到现实世界的映射关系来计算整幅图像的标定信息。标定软件使用这些已知的映射来计算整个图像中像素到现实世界的映射。个别标定算法对于创建一系列已知的像素信息可能有特别的需求。

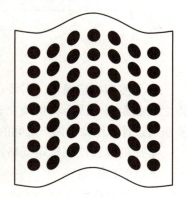

图4-10　非线性畸变

5. 图像标定

可以用两种方式指定一系列相机到现实世界的映射，使用的方式取决于选择的标定算法。

可以手动映射像素坐标到现实世界坐标，也可以使用标定栅格。由此产生的标定信息仅适用于创建映射的成像装置。成像装置中任何违反映射信息的改变都会降低标定信息的准确性。

6. 手动定义映射

手动定义映射，在标定软件中输入一系列的现实世界的点和对应的像素坐标。表 4-2 描述了使用手动定义映射的算法。

表 4-2 手动定义映射算法

算法名称	算法描述
Simple Calibration（简单标定）	简单标定通过标定水平和垂直方向将像素坐标转换到现实世界坐标。将水平和垂直方向上的像素距离以现实世界单位提供给标定软件
Perspective Calibration（透视标定）	提供一组像素到现实世界的映射用于透视标定，以校正透视畸变。为了校正透视畸变，至少需要 4 个像素到现实世界的映射，当然更多的映射可能会得到更好的结果

7. 使用标定栅格

标定栅格（Calibration Grid）是由等距离的网格组成的，类似于图 4-11（a）所示的圆点栅格。

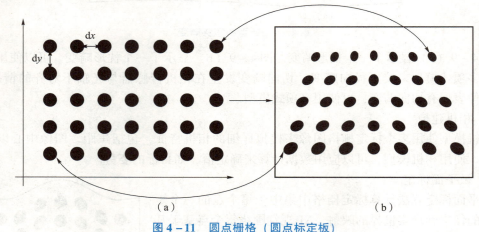

图 4-11 圆点栅格（圆点标定板）

为了使用标定栅格，需要以现实世界的单位提供水平方向（dx）和垂直方向（dy）两点之间的距离。因为相机畸变等原因标定软件实际得到的图像会如图 4-11（b）所示，标定算法通过计算图像中两点之间的距离，生成一系列标定过程需要的像素到现实世界的映射。

下面的算法使用标定栅格进行标定映射：

- 畸变模型：
    - ——除法；
    - ——多项式。
- 相机模型。
- 微平面标定。

参考下面的指南使用标定栅格实现准确的结果:
- 标定栅格应该覆盖大部分的视野或检查目标的面积。
- 为了校正图像的畸变,至少需要 4 个像素到现实世界的映射,当然更多的映射可以提供更好的结果。

8. 使用多个标定栅格标定图像

某些标定算法可能需要多个标定栅格图像。例如,畸变模型仅能学习那些只在一幅标定栅格图像中的点。如果那些点没有覆盖整个视野或检测下的面积,畸变模型可能并不是很准确。

NI 视觉标定软件可以使用多个标定栅格图像。图 4 – 12 显示了在同一视野中通过摆放不同位置获得的多个标定栅格图像。

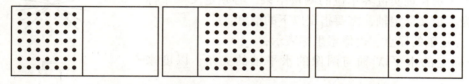

图 4 – 12　同一视野下的多个标定栅格图像

当提供了多个图像后,标定软件使用最小二乘法来优化标定模型。在学习了畸变模型之后,必须执行透视标定以设置想要进行测量的工作平面,并且添加像素到现实世界的映射。

首先,使用从多幅标定栅格图像中的得到的点学习畸变模型或相机模型,然后对想进行测量的工作平面进行透视标定。如果工作平面有变化,则必须重新学习透视标定。

9. 在多个平面使用标定栅格图像

为了计算相机模型,必须至少从 3 个不同的投影平面获取多个栅格图像。图 4 – 13 显示了相同的标定栅格在多个不同的平面投影。

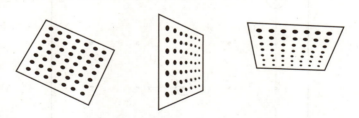

图 4 – 13　相同的标定栅格在多个不同的平面投影

为了得到准确的结果,用于计算相机模型的标定栅格应该包括一个最小 45 度的相对角度。图 4 – 14 显示了不同的相对角度覆盖。

图 4 – 14 (a) 显示了两个标定栅格有一个 20 度的相对夹角。图 4 – 14 (c) 显示了两个标定栅格有一个 90 度的相对夹角。相机模型计算出的结果,图 4 – 14 (a) 没有图 4 – 14 (c) 的准确。例如,图 4 – 14 (c) 中的栅格交点比其他图像中要更清晰。如果标定栅格之间的相对角度太小,标定软件则会表明其没有足够的数据来计算相机模型。

如图 4 – 15 所示,使用多幅标定栅格图像来计算相机模型,可以获得最准确的结果。

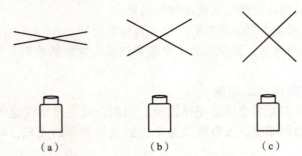

图 4-14　相机模型的计算需要有 45 度以上的相对角

10. 标定轴（创建坐标系）

为了表示在现实世界单位的测量结果，必须定义一个标定轴。为了定义标定轴，需要指定以下的信息：
- 标定轴的原点，以像素坐标表示；
- 标定的水平 X 轴与图像的水平轴的夹角，以度来表示。
- 标定垂直 Y 轴的方向，要么直接要么间接。

图 4-16 展示了一个默认的标定轴和一个用户定义的标定轴。标定系统的原点位置圆点的中心位置。图 4-16 的 A 点表明了默认标定轴的原点，从图像的顶部最左边像素开始。点 B 表明了用户定义的标定轴的原点。

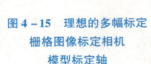

图 4-15　理想的多幅标定栅格图像标定相机模型标定轴

标定轴的角度，定义为 θ，指定标定轴 X^1 的方向，是关于图像中的水平轴的。标定轴原点在 A 点的垂直 Y 轴使用的是间接垂轴，而标定轴原点在 B 点使用的是直接垂轴。

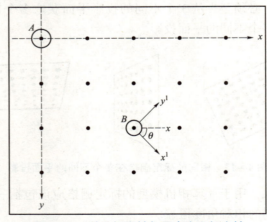

图 4-16　默认标定轴与用户定义标定轴

11. 默认标定轴定义

如果标定使用多个标定栅格图像，则标定轴被定义在工作平面图像。标定过程定义了一个默认的标定轴如下所示：

（1）原点的设置根据以下的条件：
- 如果使用手动定义参考点，相对于用户定义的点，原点被放置在点（0，0）。

- 如果使用标定栅格图像，原点放置在标定栅格图像最左上角的点的中心。

(2) 角度设置为 0。这样使 X 轴与标定栅格图像最顶端的一行的点是对齐的。

(3) 垂轴方向被设置成间接的。这样使 Y 轴与标定栅格图像最左边一列的点是对齐的。

如果指定了一系列点而不是使用一个标定栅格图像，这些点定义了默认的标定轴方向、角度和垂轴方向。

12. 重新定义标定轴

可以使用 NI 软件重新定义一个标定轴。例如，可能定义一个标定轴基于检查下的某个零件的测量值。

图 4 – 17 显示了一个检查应用程序，目的是确定电路板上与角落相关的孔的位置。电路板放在一个平台上，这个平台可以在 X 和 Y 方向移动，而且可以围绕中心旋转。

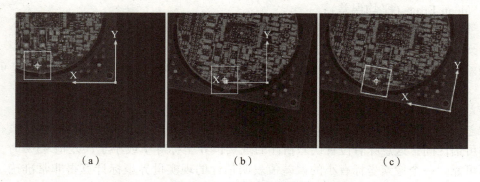

图 4 – 17 重新定义标定轴

在初始设置位置，如图 4 – 17 （a）所示，使用以下参数定义标定轴与电路板的角落对齐：

- 标定轴的起点被定义为电路板的角落上的位置（像素单位）。
- 标定轴的角度被设置成 180 度。
- 垂轴方向设置成间接方向（向上）。

在这个示例中，可以使用模式匹配来找到孔的像素位置，在图 4 – 17 （a）中以十字标记来表示转换孔的像素位置到现实世界位置。这个转换返回现实世界关于标定轴的孔位置。

在检查过程中，平台可能移动或旋转一个已知的量。这会引起电路板在相机视野中占据一个新的位置，会使电路板在后面的图像中出现移动或旋转，如图 4 – 17 （b）所示。因为电路板已经移动了，标定轴的原点与电路板的角落不再对齐。因此，使用这个标定轴的测量可能不再准确。

使用平台已经移动多少的信息来确定图像中电路板角落的新位置。使用设置标定函数（set calibration function）来更新标定轴以反映新的位置，如图 4 – 17 （c）所示。更新过的标定轴的起源成为电路板角落新的像素位置，平台旋转的角度则成为标定轴的角度。

13. 标定质量信息

失真畸变是相对而言的。例如，一个镜头在一个给定的区域之上显示出了 2% 的枕形径向畸变，会将图像中一个角落区域上的点与光轴的距离拉远 2%。在结果图像里，如果角落距离光轴应该是 400 像素的话，测量结果则会为 408 像素。

NI 视觉标定软件提供了一个统计畸变百分比来表示标定系统的质量。NI 视觉软件会计算每个像素的畸变误差除以每个像素到光轴的距离。其平均结果将作为统计畸变百分比。

使用畸变统计百分比来确定选择的标定算法是否适合你的应用程序。例如，如果使用透视标定或使用稀疏的标定栅格来校正表现出非线性或镜头畸变的图像，可能会得到一个高的统计畸变百分比。

也可以使用统计畸变百分比来确定标定系统是否有问题。例如，如果你的镜头只引入了一个微小的畸变，但是却有一个高的统计畸变百分比，这种情况可能表明了一个问题，即：标定板有物理上的畸变扭曲。

14. 误差映射

NI 视觉标定软件计算误差映射，连同下面的误差统计：

- Mean Error（平均误差）；
- Maximum Error（最大误差）；
- Standard Deviation（标准偏差）。

误差映射是位置误差的一个估计值，当转换像素坐标到现实世界坐标时它是可以预计的。

误差映射是一个二维数组，包含了图像中每个像素预计的位置误差。

误差值表明了估计的现实世界坐标到真正的现实世界位置的径向距离。误差值有一个95%的可信区间，这意味着位置误差估计的现实世界坐标等于或小于误差值95%时，标定变得不可靠。一个像素坐标有小的误差值表明估计的现实世界坐标计算得非常准确。而较大的误差值表明估计的现实世界坐标可能并不是很准确。

使用误差映射来确定成像装置和标定信息是否满足检查应用程序的精度要求。如果误差值大于你的应用程序设置的位置误差，那么需要提高你的成像装置。一个有很高镜头失真的成像装置通常会得到一个很高的误差映射。如果你正在使用一个有相当大失真的镜头，可以使用误差映射来确定像素位置，以满足应用程序的精度要求。由于镜头畸变影响的增加是朝向图像边界的，所以接近镜头中心的像素有较低的误差值，而图像边界处的像素则会有较高的误差值。

15. 图像校正

图像校正涉及在标定设置里将采集的有畸变的图像转换成透视误差和镜头畸变都已经被校正的图像。NI 视觉通过对输入图像中的每个像素应用像素到现实世界坐标的转换来校正图像。然后 NI 视觉通过简单位移与缩放来转换现实世界坐标的位置生成一幅新的图像。NI 视觉在缩放过程中会使用插值来生成新的图像。

当你学习校正时，你可以选择构建一个校正表。校正表是一个存储在内存中的查找表，它包含了图像中所有像素的现实世界位置信息。查找表极大地提高了图像校正的速度，但是会占用更多的内存并且会增加你的学习时间。当你想在应用程序中校正一系列图像时，可以使用这个选项。

校正图像是一个耗时的操作。你也许不需要，图像校正同样可以得到你想要的测量结果。例如，你可以使用 NI 视觉粒子分析函数从图像中直接计算标定测量，这个图像包含了标定信息但是并没有校正。同样的，你可以将圆检测函数返回的像素坐标转换成现实世界坐标。

16. 缩放模式

缩放模式定义了如何缩放校正图像。两个缩放模式选项是可用的：自适应缩放与保持面积缩放。

缩放模式如图 4-18 所示。图 4-18 (a) 显示了原始图像。使用自适应缩放，校正图像被缩放成与原始图像同样大小的图像，如图 4-18 (b) 所示。使用保持面积缩放，则校正后的图像中的特征面积与原始图像的面积相同，但是图像的大小通常会变得更大，如图 4-18 (c) 所示。因为保持面积缩放模式增加了图像的大小，函数的处理时间可能会增加。

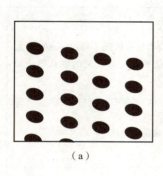
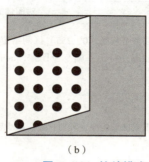
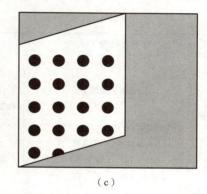

(a)   (b)   (c)

图 4-18　缩放模式

4.3.2　查找表函数：Lookup Table

查找表 Lookup Table（简称 LUT），其作用是在图像中应用查找表来提高图像的对比度和亮度。其函数在处理函数面板中的位置如图 4-19 所示。

查找表是基本的图像处理函数，它可以将包含重要信息的区域细节突出，而牺牲其他区域。这些函数包含了直方图均衡化、伽马修正、对数修正和指数修正。当原始图像的对比度比较低时，可以使用查找表来提高图像的对比度和亮度。

查找表传递函数转换从原始图像输入的灰度级值到转换图像中的另一个灰度级值。查找表在指定的范围 $[R_{min}, R_{max}]$ 上以下面的形式使用传递函数 $T(x)$：

$$T(x) = D_{min} \quad 如果\ x \leq R_{min}$$
$$T(x) = f(x) \quad 如果\ R_{min} < x \leq R_{max}$$
$$T(x) = D_{max} \quad 如果\ x > R_{max}$$

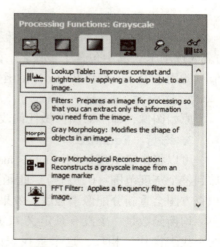

图 4-19　Lookup Table（查找表）函数位置

其中，$T(x)$ 是传递函数，x 是输入的灰度级值，R_{min} 是指定的 Range（范围）的最小值，R_{max} 是最大值，D_{min} 是 Dynamic（动态）最小值，8 位图像为 0，16 位或浮点图像为最小初始化值；D_{max} 是动态最大值，8 位图像为 255，16 位或浮点图像为最大初始化值。动态范围 $DR = D_{max} - D_{min}$。$f(x)$ 表示新的灰度值。函数缩放 $f(x)$ 以便于 $f(R_{min}) = D_{min}$，

$f(R_{max}) = D_{max}$。$f(x)$ 的表示范围决定于用户选择的方法。在 8 位分辨率的情况下，一个查找表有 256 个元素。元素的数组索引代表了输入的灰度值。传递函数与查找表关联后在图像的亮度和对比度上会有一个预期的效果。

在 NI Vision 中共有 7 个预置的查找表可以使用：Linear（线性）、Logarithmic（对数）、Power1/X（幂1/X）、Square Root（平方根）、Exponential（指数）、Power X（幂X）、Square（平方）。表 4-3 显示了每个查找表的传递函数和其对图像的作用，如在灰度面板中将黑色联系到低强度值、白色联系到高强度值。

表 4-3 查找表函数的功能

查找表	对图像的效果
Linear（线性）	通过在整个灰度 [0, 255] 区间给定灰度均匀分布区间 [min, max] 增加了强度动态。对于一幅 8 位图像，min 最小值和 max 最大值的默认值为 0 和 255
Logarithmic（对数） Power 1/X（幂1/X） Square Root（平方根）	增加黑暗区域的亮度和对比度，减少明亮区域的对比度
Exponential（指数） Power X（幂X） Square（平方）	减少黑暗区域的亮度和对比度，增加明亮区域的对比度

1. 查找表的选项卡

查找表的选项卡如图 4-20 所示，查找表的选项卡非常简单，仅仅只有一个 Lookup Table 选项卡，其中包含了步骤名、内置的查找表、Power Value（幂值）三个选项，其中幂值只能用于 Power X 和 Power 1/X 函数。

2. 图像源：Image Source

原始图像，即不对图像做任何改变。

3. 均衡：Equalize

可以将指定灰度区间（min, max）的动态分布增加到整个灰度范围（0, 255）。此函数为了提供线性累积直方图会重新分配像素强度。效果如图 4-21 所示。

均衡函数是一个没有预定义 LUT（Look Up Table）的查找表操作。相反，这个查找表的计算应用是基于图像内容的。

均衡函数改变像素的灰度值以便于它们更均匀地分布在指定的灰度范围内（包含于 8 位图像中的 0~255 之间的灰度值）。函数在每个灰度区间联合一个相等数量的像素，并且充分利用其灰度变化。使用这种转换来增强图像的对比度而不需要使用所有的灰度值。

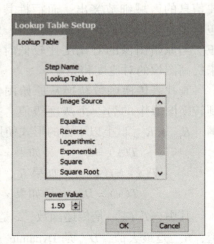

图 4-20 Lookup Table（查找表）函数

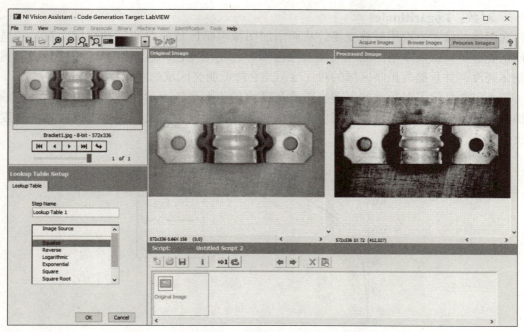

图 4 – 21 查找表 – Equalize（均衡）

均衡可以被限制在一个灰度区间（也称为均衡范围）。这种情况下，函数均匀分布像素到均衡范围内，均衡范围属于一个 8 位图像的所有范围，即 0 ~ 255。均衡范围外的其他像素将被置 0。图像揭示了在均衡范围内有强度的区域细节，而其他区域将被清除掉。

4. 反转：Reverse

反转图像像素值（255 – x），生成原始图像的底片。效果如图 4 – 22 所示。

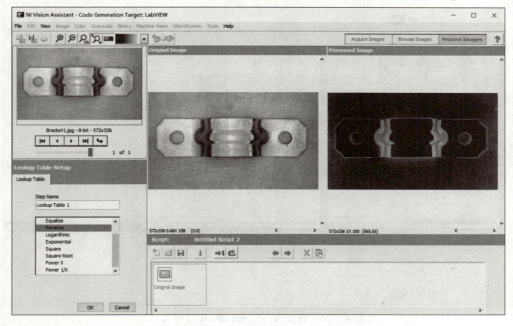

图 4 – 22 查找表 – Reverse（反转）

5. 对数：Logarithmic

在图像的像素上应用对数变换，从而增加图像黑暗区域的对比度和亮度。对数和逆伽马修正能够扩大低灰度范围而压缩高灰度范围。当使用灰色调色板时，此转换会增加图像的整体亮度，并且提高黑暗区域的对比度但是会降低明亮区域的对比度。

图 4 – 23 显示了对数是如何转换图像灰度值的。水平轴表示输入灰度值范围，纵轴表示输出的灰度值范围。每个输入灰度值的垂线和查找曲线的交叉点的水平值代表了灰度的输出值。

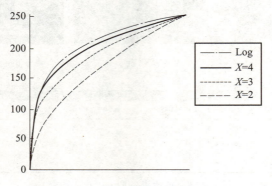

图 4 – 23　对数传递函数

对数、平方根、幂 $1/X$ 等函数扩大包含低灰度值的间隔并且压缩包含高灰度值的间隔。伽马系数 X 越大，强度修正也就越强。相对于幂 $1/X$ 函数，对数修正有更强的效果。其效果如图 4 – 24 所示。

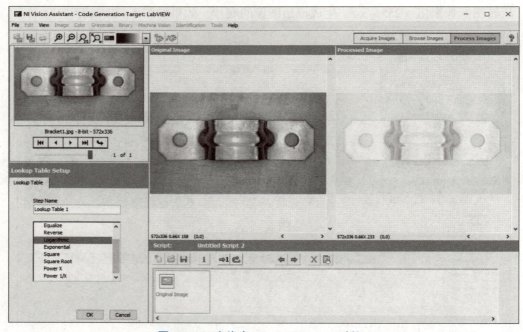

图 4 – 24　查找表 – Logarithmic（对数）

6. 指数：Exponential

在图像像素上应用指数变换，从而减少亮度和增加对比度在图像的明亮区域。对数变换和伽马修正扩大了高灰度值的范围并压缩了低灰度值的范围。当使用灰色调色板时，此传递函数减弱了图像的整体亮度，在增加了明亮区域的对比度的同时减弱了黑暗区域的对比度。

图 4-25 显示了指数传递函数是如何转换图像灰度值的。水平轴表示输入灰度值范围，纵轴表示输出的灰度值范围。每个输入灰度值的垂线和查找曲线的交叉点的水平值代表了灰度的输出值。

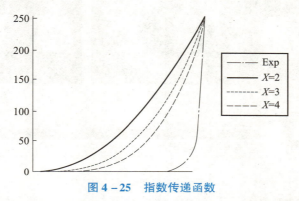

图 4-25　指数传递函数

指数、平方、幂 X 函数扩大了包含高灰度值的间隔并且压缩包含低灰度值的间隔。伽马系数 X 越大，强度修正也就越强。指数修正比幂 X 函数有更强的效果。其效果如图 4-26 所示。

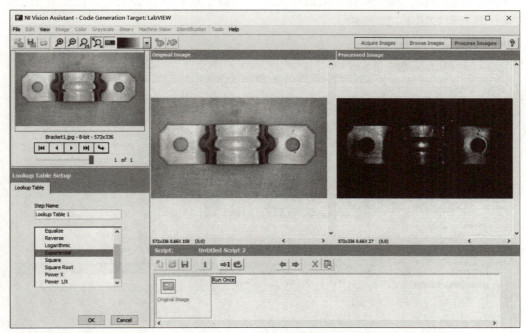

图 4-26　查找表 – Exponential（指数）

7. 平方：Square

使用平方变换，减少黑暗区域的对比度。平方公式与指数函数非常相似，因此其效果也类似于指数，但是有更平滑的效果。其效果如图 4 – 27 所示。

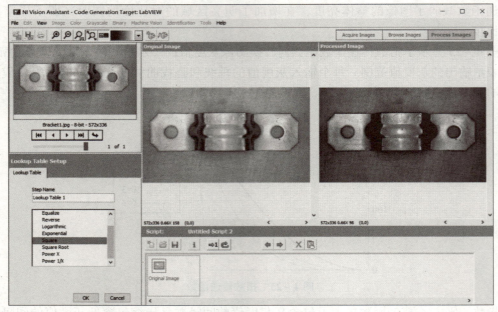

图 4 – 27　查找表 – Square（平方）

8. 平方根：Square Root

使用平方根变换，减少明亮区域的对比度。类似于对数查找表效果，但是有更加平滑的效果。其效果如图 4 – 28 所示。

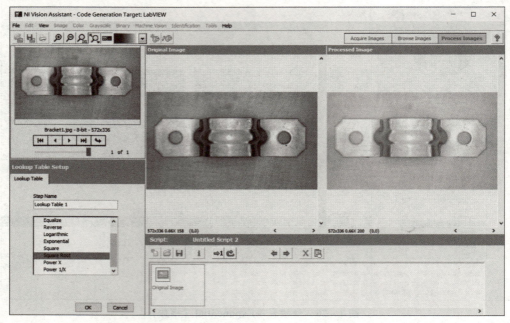

图 4 – 28　查找表 – Square Root（平方根）

9. Power$X$：幂X

应用幂变换，减少黑暗区域的对比度。其效果如图4-29所示。

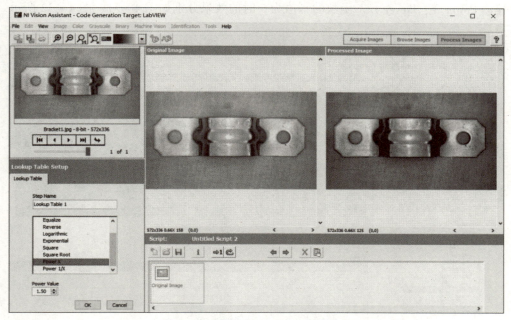

图4-29 查找表-Power$X$（幂X）

10. Power $1/X$：幂$1/X$

利用幂变换，减少明亮区域的对比度。其效果如图4-30所示。

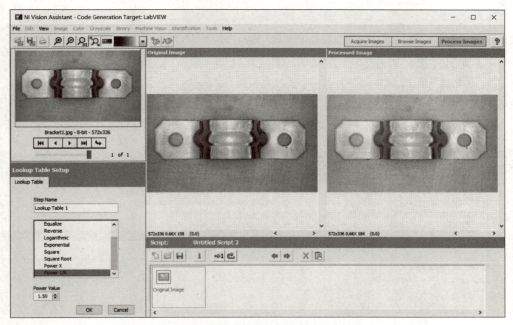

图4-30 查找表-Power $1/X$（幂$1/X$）

11. 幂值：Power Value

在 Power X、Power $1/X$ 函数中，X 值的大小默认为 1.5。值越大，效果越明显；越小则越平滑。Power X、Power $1/X$ 函数的幂值为 5 时的效果分别如图 4-31、图 4-32 所示。

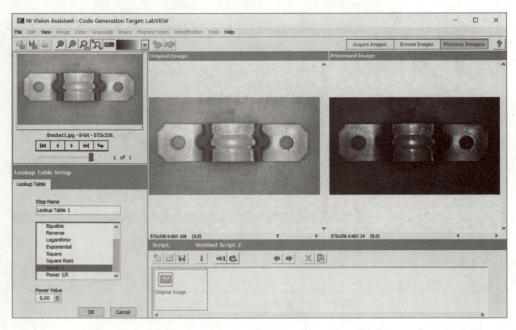

图 4-31　查找表 - 幂 X 的幂值为 5 时的效果

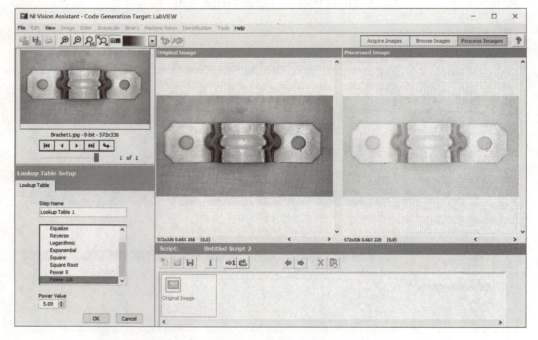

图 4-32　查找表 - 幂 $1/X$ 的幂值为 5 时的效果

4.3.3 滤波函数：Filters

Filters（滤波）函数可以有效改善图像的质量，使图像处理系统更稳定。因此，当图像质量本身并不是非常理想时，可以考虑使用滤波函数进行滤波，从而得到更加理想的图像。Filters（滤波）函数在视觉助手中的位置如图 4 – 33 所示。

1. 滤波函数的选项卡：Filters

滤波函数的选项卡如图 4 – 34 所示，其仅有一个 Filters 选项卡。滤波函数中有多个不同的滤波器，每个滤波器的参数设置略有不同，处理后的效果也不一样。同样的滤波器，对于不同图像的处理得到的效果也会明显不一样。

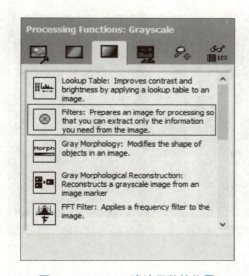

图 4 – 33　Filters 滤波函数的位置

图 4 – 34　Filters 滤波函数的选项卡

滤波函数的参数有 Kernel Size（内核尺寸）、Kernel（内核系数）、Filter Size（滤波器尺寸）、Filter Size（滤波器尺寸）、Tolerance%（公差百分比）、Divider（被除的总数）（与内核相关）等几个参数。

1）内核尺寸：Kernel Size

指定了内核结构的尺寸大小，可以从 3×3、5×5、7×7 一直到 199×199，内核是一个二维的数组结构，数组的大小都是奇数。

2）内核系数：Kernel

用于指定内核的具体的内核系数，即图 4 – 34 中位于右边的二维数组。其中加载的数据都是默认的系数，可以尝试修改部分系数，以达到更好的图像效果。

3）滤波器尺寸：Filter Size

滤波器尺寸是低通滤波器和中值滤波器使用的参数。滤波器尺寸越大，则可以过滤越大的高亮小点，图像边缘受噪声干扰也会越少，图像的边缘也会变得越模糊，同时计算量也会增加，因此对图像的影响也就越大。

4）公差百分比：Tolerance%

即所占的百分比，设置的值越小，则能通过滤波器的频谱越少，过滤掉的成分越多，对图像的影响越大；值越大，则表示可以接受的频谱越多，则影响越小。

5）Divider 被除的总数

内核进行计算时，首先需要加权求和，再除以 Divider 这个除数，得到计算后的像素值。当然这个值还可以指定为其他的值。默认为 0 值时，则除数为内核系数总和。

2. 平滑滤波 – 低通滤波器：Smoothing – Low Pass

低通滤波器，顾名思义就是只有低频的信号可以通过，而高频的信号将被截止。其作用是使用消除细节和模糊边缘的方式来平滑图像。其效果如图 4 – 35 所示。

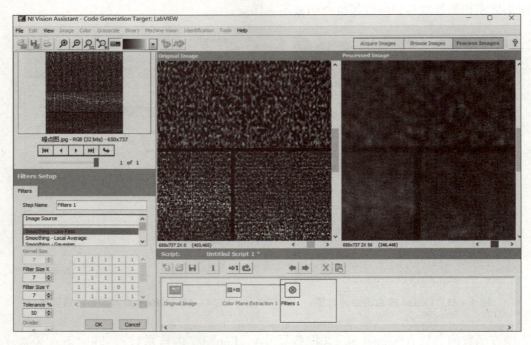

图 4 – 35　平滑滤波 – 低通滤波器

3. 平滑滤波 – 局部平均滤波器：Smoothing – Local Average

局部平均滤波器（又叫邻域平均滤波器）。基于 Kernel（内核）对图像像素进行局部平均。与低通滤波器类似，对于有较多高频噪声的图像，其可以有效地过滤掉高频噪声，对于比较纯净的图像，则会将边缘模糊使其更平滑。其效果如图 4 – 36 所示。

4. 平滑滤波 – 高斯滤波器：Smoothing – Gaussian

高斯滤波器与前面讲的平滑滤波器类似，也会平滑目标的形状，并且弱化细节。但是其模糊效应没有低通、邻域均值等平滑滤波器那么强。其效果如图 4 – 37 所示。

高斯滤波器也是基于内核的。使用高斯滤波器，可以有效减弱像素邻域的光强变化。对于去除服从正态分布的噪声非常有用。而高斯滤波器内核具体的模式通常如图 4 – 38 所示，其中 a、b、c、d 为整数，$x > 1$。

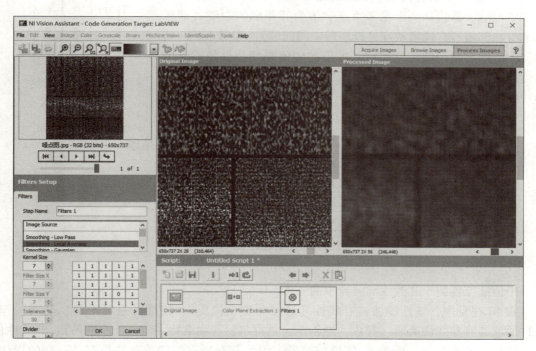

图 4 – 36　平滑滤波 – 局部平均滤波器

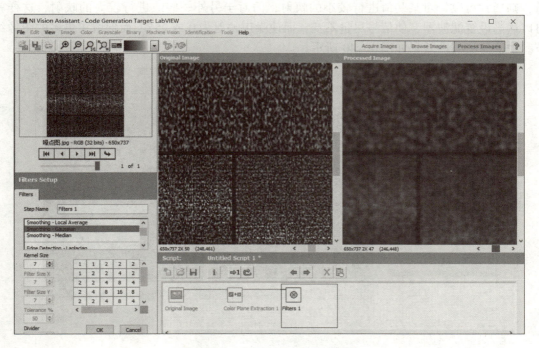

图 4 – 37　平滑滤波 – 高斯滤波器

5. 平滑－中值滤波器：Smoothing－Median

中值滤波器将每一个像素重新赋值为其邻域的中值（即像素本身和邻域所有像素灰度值排序后中间的值），如图 4－39 所示。中值滤波是用像素点邻域灰度值的中值来代替该像素点的灰度值，该方法在去除脉冲噪声、椒盐噪声的同时又能保留图像边缘细节，这是因为它不依赖于邻域内那些与典型值差别很大的值。

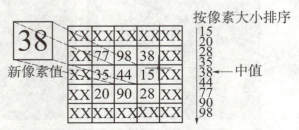

图 4－38 高斯滤波器的内核模式

图 4－39 平滑－中值滤波器原理

中值滤波器属于非线性滤波器中的一种。

在 NI 视觉中，线性滤波器有线性高通（梯度、拉氏）、线性低通（平滑、高斯）；非线性滤波器有非线性高通（梯度、罗伯茨、索贝尔、普瑞维特、微分、西格玛）、非线性低通（中值、N 阶差分、低通）。线性滤波器，因为其对所有值的映射转换都是一样的规律，因此无论是噪声还是信号，都会被同时放大或缩小，因此其图像会更模糊。而非线性滤波器，则通常可以针对某些值进行较小的映射，而对于另外一些值进行较大的映射，这样就可以适当设置滤波器，使信号尽量不变，而使噪声映射为 0 或 255，而保留了更多的图像细节。中值滤波器的效果如图 4－40 所示。

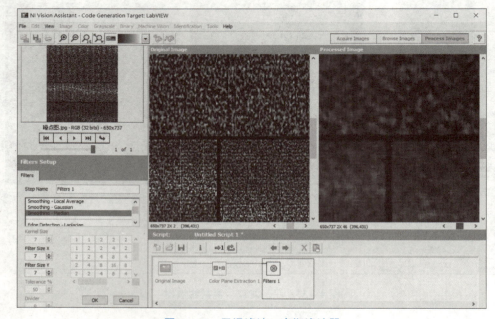

图 4－40 平滑滤波－高斯滤波器

6. 边缘检测-拉普拉斯滤波器：Edge Detection - Laplacian

拉普拉斯滤波器是空间滤波器的一种，属于线性（卷积）高通滤波器。因此它可以用于提取轮廓和轮廓细节。拉普拉斯算子的模式如图4-41所示。其中a、b、c、d为整数，x是一个大于或等于周围系数绝对值之和的一个值。

a	b	c
d	x	d
c	b	a

图4-41 拉普拉斯算子模式

拉普拉斯滤波器用于突显出光强剧烈变化的周围像素。它与梯度滤波器的方向性不同，是全方位的。

拉普拉斯算子根据中央系数值的不同，会有两种不同的情况。如果中央系数等于像素周围的系数绝对值之和，即 $x = 2(|a|+|b|+|c|+|d|)$，则提取发现有显著光强变化的像素。通常存在于尖锐的边缘、目标之间的边界、背景纹理的改变、噪声或其他影响可能导致光强变化的地方。转换后的图像是一个黑色的背景上包含了白色的轮廓的图像。其实际效果如图4-42所示。

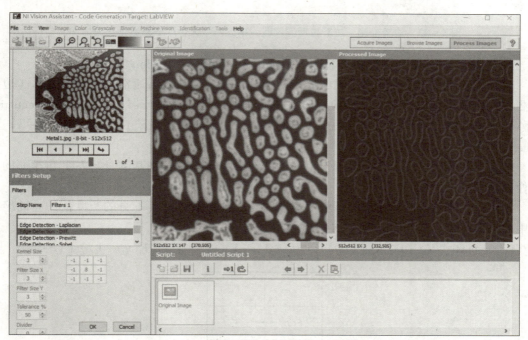

图4-42 边缘检测-拉普拉斯滤波器-中央系数等于周围系数绝对值之和

如果中央系数大于像素周围的系数绝对值之和，即 $x > 2(|a|+|b|+|c|+|d|)$，拉普拉斯算子检测同样的变化如上面所述的，但是会添加它们到原始图像上。这样滤波转换后的图像看起来和原始图像很像，同时高亮显示所有光强有显著变化的地方。其效果如图4-43所示。

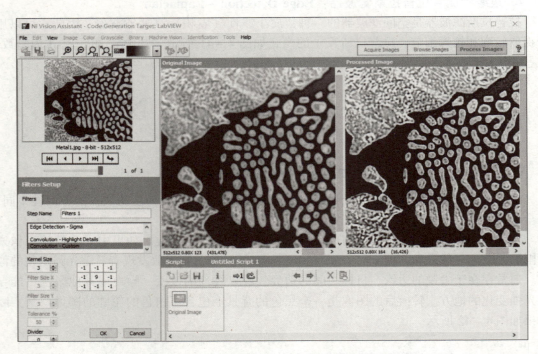

图 4-43　边缘检测 – 拉普拉斯滤波器 – 中央系数大于周围系数绝对值之和

7. 边缘检测 – 微分滤波器：Edge Detection – Differentiation

微分滤波器属于非线性高通滤波器中的一种。非线性滤波器通常用于提取轮廓（边缘检测）或删除孤立的像素。NI 视觉共设计了 6 种非线性高通滤波器，分别是 Differentiation（微分）、Gradient（梯度）、Prewitt（普瑞维特）、Roberts（罗伯茨）、Sigma（西格玛）和 Sobel（索贝尔）滤波器。

微分滤波器通过突出每个像素产生连续的轮廓，这些像素在其本身与左上角相邻的三个像素之间有发生强度变化。

经微分滤波器之后，像素的新值变为左上角三个像素值与其本身的灰度值的差的绝对值中的最大一个。其原理如图 4-44 所示。计算公式为：

$$P(i,j) = \max[\,|P(i-1,j) - P(i,j)|,\,|P(i-1,j-1) - P(i,j)|,\,|P(i,j-1) - P(i-1,j)|\,]$$

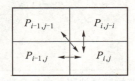

图 4-44　微分滤波器原理

使用微分滤波器因为微分滤波器的形式是固定的，即只有像素本身以及其左上角三个像素，所以它的参数都是不可用的，如内核大小、滤波器尺寸、公差、除数等。只能考虑使用或不使用该滤波的效果如图 4-45 所示。

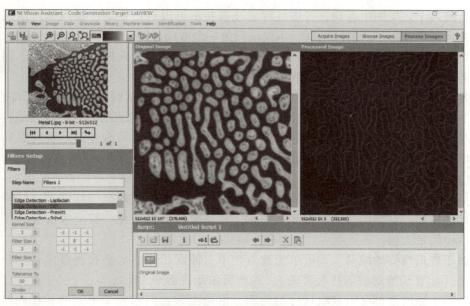

图 4-45 边缘检测-微分滤波

8. 边缘检测-普瑞维特滤波器：Edge Detection – Prewitt

普瑞维特滤波器是一个高通非线性滤波器，而且属于梯度滤波器中的一种。它可以提取目标的外轮廓。

梯度滤波器有轴和方向。滤波器的对称轴是通过内核的中心元素，并且运行在正的系数和负的系数之间的一条轴线，这条对称轴同时给出了轮廓边缘的方向。普瑞维特滤波器的实际效果如图 4-46 所示。

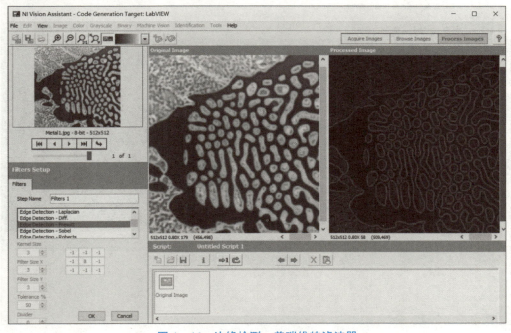

图 4-46 边缘检测-普瑞维特滤波器

从上面两个效果图中看到，普瑞维特滤波器并不可以自己手动选择内核，而从效果来看，其针对图像获得了所有的轮廓，不仅仅只是一个方向。

使用普瑞维特滤波器时，像素点的值使用了水平和垂直方向梯度的最大值。因此其也会充分考虑到像素点周围 8 连通领域中的像素的值。

从实际效果推断，也应该使用了 8 个方向的中央系数为 0 时的内核进行了综合运算。但是在 NI 中并不能修改普瑞维特滤波器内核参数。这样就只能使用内置的普瑞维特滤波器了。但是话又说回来，如果这些内置的滤波器不能解决问题，那么基本上也就意味着当前的图像质量比较差，还是要想办法改善图像质量。

9. 边缘检测 – 索贝尔滤波器：Edge Detection – Sobel

索贝尔滤波器同普瑞维特滤波器非常相似，也是一种非线性高通滤波器，同样也用于提取目标的轮廓。它突出了沿垂直和水平轴上较重要的光强变化。每个像素分配了水平或垂直梯度中的最大值。

相对于普瑞维特滤波器，索贝尔滤波器在中央像素相邻的水平和垂直像素上分配了更高的权重（如普瑞维滤波器特通常是 1，而索贝尔滤波器则为 2）。

虽然两个滤波器都可以获取目标的轮廓，但是因为它们联合了不同的卷积内核，普瑞维特滤波器倾向于提取弧线轮廓，而索贝尔滤波器则倾向于提取方形轮廓。当观察孤立的像素点时这个区别是非常明显的。

从效果而言，其实这两个滤波器的差别是比较小的。在图上下边的长直边的提取效果基本上就是一样的。而在那些离散的孤立点上，普瑞维特滤波器对其表面要差一些，而索贝尔滤波器，则将孤立点表现的更明显。这个可能需要操作人员放大图像细看才能发现其中的区别。其效果如图 4-47 所示。

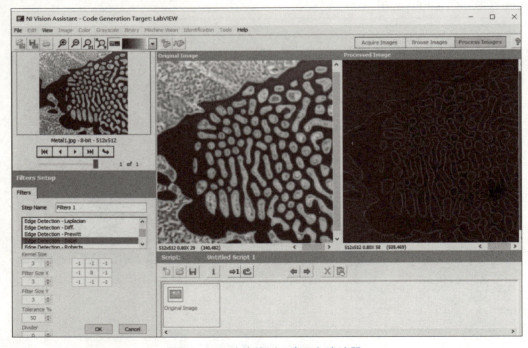

图 4-47 边缘检测 – 索贝尔滤波器

10. 边缘检测 – 罗伯茨滤波器：Edge Detection – Roberts

罗伯茨滤波器也是检测边缘的一种滤波器，其适用于沿着对角线方向发生光强变化时的像素描绘轮廓，原理如图 4 – 48 所示。其公式为：

$$P(i,j) = \max[\,|P(i-1,j-1) - P(i,j)|, |P(i,j-1) - P(i-1,j)|\,]$$

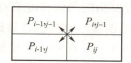

图 4 – 48　罗伯茨滤波器像素值计算方法

罗伯茨滤波器像素值的计算与微分滤波器的计算有一些类似，也是使用像素本身与其左上角相邻的三个像素进行计算的。罗伯茨滤波器使用四个像素对角线上两个像素的差的绝对值中的最大值为作为像素新值。其效果如图 4 – 49 所示。

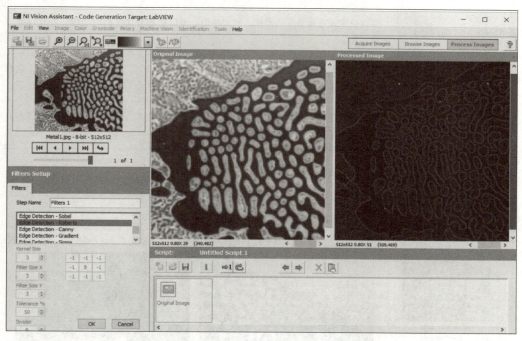

图 4 – 49　边缘检测 – 罗伯茨滤波器

11. 边缘检测 – 坎尼滤波器：Edge Detection – Canny

坎尼滤波器是一个专门的检测边缘算法。坎尼滤波器即使在图像信噪比非常低的情况下也可以非常准确地定位边缘。

坎尼滤波器对于边缘的响应是非常敏感的，边缘梯度非常小，即使在信噪比非常低的情况下，也能找到边缘。坎尼算法的具体实现，可以查找相关的文献。其大概的过程可以总结为：

（1）图像使用带有指定标准偏差 σ 的高斯滤波器来平滑，从而可以减少噪声。

（2）在每一点处计算局部梯度 $g(x,y) = [G2x + G2y]1/2$ 和边缘方向 $\alpha(x,y) = \arctan(Gy/Gx)$。边缘点定义为梯度方向上其强度局部最大的点。

(3) 第 (2) 条中确定的边缘点会导致梯度幅度图像中出现脊。然后,算法追踪所有脊的顶部,并将所有不在脊的顶部的像素设为零,以便在输出中给出一条细线,这就是众所周知的非最大值抑制处理。脊像素使用两个阈值 T1 和 T2 做阈值处理,其中 T1 < T2。值大于 T2 的脊像素称为强边缘像素,T1 和 T2 之间的脊像素称为弱边缘像素。其中 T1、T2 的设置不是使用灰度值,而是基于计算出的图像梯度值对应的直方图进行选取的。

(4) 最后,算法通过窗口(如 8 连接)将弱像素集成到强像素,执行边缘链接。

坎尼滤波器的参数界面设置如图 4 – 50 所示。坎尼滤波器有 4 个参数可以设置,分别是 Sigma,High Threshold,Low Threshold,Windows Size,如表 4 – 4 所示。

表 4 – 4 坎尼滤波器参数

参数	说明
Sigma	为高斯平滑滤波器的标准偏差 σ,值越小则噪声越多
High Threshold(高阈值)	可以决定强边缘像素的阈值。较大的值,可以得到对比度高的边缘,并且过滤掉一些噪声
Low Threshold(低阈值)	低阈值可以决定弱边缘像素的范围。使用较小的值时,弱边缘像素会增多,这时图像噪声会增多;较大值时,可以避免噪声,但是不能大于高阈值
Windows Size(窗口大小)	决定可以连接多少离散的边缘为一个整体。窗口越大,连接的离散边缘就越多,图像中看到的杂边噪声就越小。反之,则杂边噪声越多

坎尼滤波器的效果如图 4 – 50 所示。

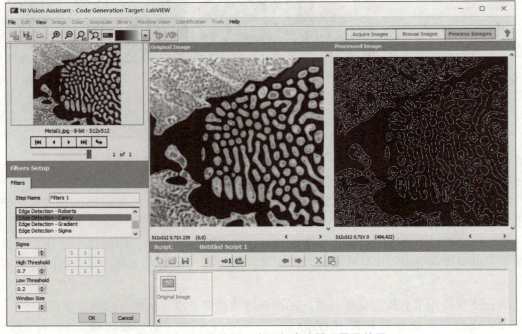

图 4 – 50 边缘检测 – 索贝尔滤波器设置及效果

项目四　机器人工件分拣系统的视觉识别与定位

12. 卷积－高亮细节滤波器：Convolution – Highlight Details

卷积－高亮细节滤波器利用卷积核突出图像的边缘。卷积其实前面介绍的许多函数都属于卷积滤波器的一种，只是形式比较特殊而已。如前面介绍的局部平均滤波器、高斯滤波器、拉氏滤波器等，只要将中央系数修改一下不再符合特殊的滤波器形式，就会变成卷积了。

所以这个内容其实没有太多讲解的。当然这里不是说没内容可讲，而是如果要讲，发散的东西实在是太多了。卷积，是一门很深奥的学问。同学们如果有兴趣研究底层图像处理函数，倒是可以去研究卷积。卷积－高亮细节滤波器的效果如图 4－51 所示。

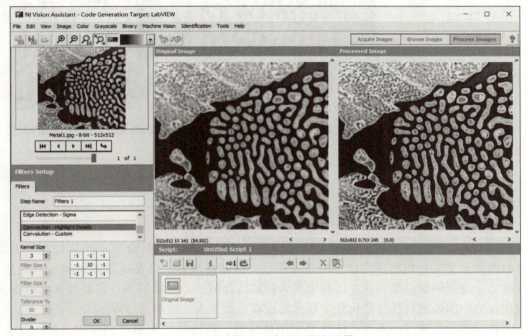

图 4－51　卷积－高亮细节滤波器

13. 卷积－自定义滤波器：Convolution – Custom

使用用户指定的内核系数和内核大小自定义滤波器。这个与卷积高亮细节滤波器基本一致。

在 3×3 的内核中，自定义滤波器与高亮细节滤波器是完全一样的。不同的是，在 5×5 以后的内核上。卷积－高亮细节滤波器内核增加内核大小到 5×5 以上时，外面系数默认使用的是 －1，而卷积－自定义滤波器当扩大到 5×5 以上的内核时，外面的系数默认使用的是 0，而且将原有的系数置于右下角。其效果如图 4－52 所示。

本节讲解的这些滤波器，可以根据实际情况考虑使用什么样的滤波器。这个得在实际环境中进行调试摸索。

滤波是图像预处理中的一个比较基本的过程。实际应用中，作为一名长期机器视觉、图像处理领域从业人员来看，首先考虑的不应该是滤波这样的图像预处理，而应该是从照明上改变图像质量。

如果图像质量非常好，那么图像处理的过程将会变得非常简单，可能连预处理都不需

151

要,直接进行相应的特征检测分析即可得到稳定的数据结果。只有在照明等硬件无法取得较好的图像质量时,才会考虑软件上进行图像的提升。

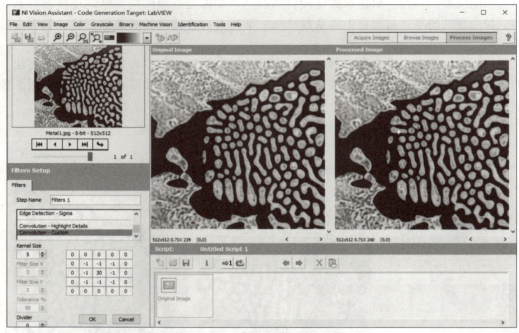

图 4-52　卷积-自定义滤波器

之所以先考虑硬件改善,再考虑软件提升,是因为硬件对图像的改善是物理层面的,质量的改善是实实在在地真实存在的物理信息。而软件改善,则是通过各种算子算法进行计算后估计得到的新结果。这个过程中有大量的估计值,最终结果不一定就是非常准确的,因为现在的图像处理软件智能化程度还远远没有达到与人类媲美的境界。

而且就算最终通过一系列算法提升了图像质量,其中的计算量也会是很大的,这会影响测试测量的效率。而将硬件提升的话,软件则可以非常快速地处理图像,对于测试测量系统的执行效率也是非常有利的。

4.3.4　模式匹配函数:Pattern Matching

模式匹配可以快速地定位一个灰度图像区域,这个灰度图像区域与一个已知的参考模式是匹配的,模式也叫模型(Model)、模板(Template)。

模板是图像中特征的理想化表示形式。这个可以在后面介绍一些模式匹配技术以供参考。

当使用模式匹配时,需要首先创建一个模板,这个模板代表了要搜索的目标。然后机器视觉应用程序会在采集到的每个图像中搜索模板,并计算每个匹配的分数。这个分值表示了找到的匹配对象与模板的相似程度。分值从 0~1 000 分,值越高表示越相似,1 000 分则是完美的匹配,通常也只有在提取模板的图像中才有 1 000 分的匹配高分。其在视觉助手中的位置如图 4-53 所示。

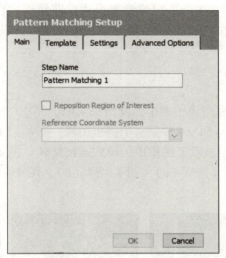

图 4-53　Pattern Matching（模式匹配）函数的位置

1. 什么时候使用模式匹配

模式匹配算法是机器视觉应用一些比较重要的功能，因为这些算法可以使用在多种不同的图像处理程序中。可以使用模式匹配用于以下 3 个常用的应用中：

（1）定位：使用模式匹配可以决定位置和方向，通过匹配一个已知的目标定位基准点。通过基准点可以作为目标的参考点，建立参考坐标系，从而完成其他的测试测量，如尺寸、粒子分析、字符识别等。

（2）测量：测量长度、直径、角度和其他关键尺寸。如果测量结果位于设置的公差范围外，被测组件为 NG 可以被拒绝。使用模式匹配来定位想要测量的目标。当然模式匹配本身不具备测量功能，但是它可以首先用于定位，然后可以更加准确地测量某些想要的参数。

（3）检查检测简单的缺陷：如零件的存在与否，不可读的打印等；又或者用于一些不严格的计数等。模式匹配可以输出被测图像中模板的数量以及位置。

寻找和发现图像是图像处理的关键任务，它可以决定许多测量应用的成功与否。但是在实时应用中，搜索速度是至关重要的。因为模式匹配的速度通常比较低，因此在实时系统中，可能搜索速度是最需要考虑的问题。

即使只在一般的应用中，如果需要考虑检测能力与生产效率，也是需要考虑模式匹配的搜索速度的。复杂的搜索可能需要几十、几百毫秒的时间，这对于实时或高速生产是比较要命的。因此在这样的应用当中，如果没有必要，可以考虑使用其他方法来代替模式匹配。

2. 从模式匹配工具中期望得到什么

因为模式匹配是许多机器视觉应用程序的第一步，因此它必须在各种条件下都可以可靠地工作。在自动机器视觉应用中，被测的材料或组件的视觉外观是会改变的——由于不同的因素影响，如零件的方向、比例变化、照明变化等。当这些因素的变化时，模式匹配工具必须保持其能力来定位参考模式。以下内容描述一般情况下模式匹配工具需要返回的正确结果。

一个模式匹配算法需要在图像中定位参考模式,即使模式在图像中会旋转或缩放。当图像中的模式旋转或缩放时,模式匹配工具可以在图像中检测以下的项目:
- 图像中的模式;
- 图像中模式的位置;
- 模式的方向;
- 如果适用,可以检测图像中多个匹配结果实例。

如图4-54所示。图4-54(a)显示了模板图像。图4-54(b)显示了图像中的模式匹配偏移。图4-54(c)中显示了图像中的模式匹配旋转。图4-54(d)则显示了图像中的模式匹配的缩放。同时图4-54(a)、图4-54(b)、图4-54(c)也说明了模板的多个实例。

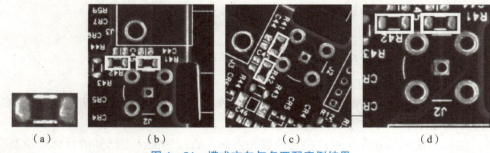

图4-54 模式方向与多匹配实例结果

一个模式匹配算法需要有在图像的均匀照明改变的情况下仍然能在图像中找到参考模式的能力。图4-55显示了在各种典型的情况下,模式匹配可以正常工作。图4-55(a)显示了原始模板图像。图4-55(b)显示了在亮光条件下匹配一个模板。图4-55(c)显示了在一个较暗的照明下匹配一个模板。

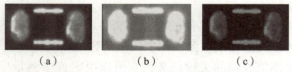

图4-55 不同光照条件下的模式匹配

一个模式匹配算法需要能够找到模板,因为模糊或噪声,这些模式已经经历了一些转换。模糊的发生,通常是由于不正确的对焦点或景深变化。图4-56展示了典型的模糊和噪声条件下,模式匹配可以正常工作。图4-56(a)显示了原始模板图像。图4-56(b)显示了由于模板引起的变化。图4-56(c)显示了噪声引起的变化。

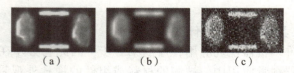

图4-56 模糊的噪声条件下的模式匹配

3. 模式匹配技术

模式匹配技术包括 Normalized Cross – Correlation(归一化互相关)、Scale – Invariant and

Rotation – Invariant Matching（比例不变与旋转不变匹配）、Pyramidal Matching（锥形匹配）以及 Image Understanding（图像理解）。

1）归一化互相关算法

归一化互相关是在图像中寻找模板最常见的方法。因为底层机制是建立在一系列乘法操作上的，所以相关的处理过程很耗时。例如 MMX 这样的技术允许并行乘法，可以降低整体的计算时间。为了增加匹配过程的速度，可以减少图像的大小和限制匹配存在的图像区域。锥形匹配和图像理解是增加匹配处理速度的两种方法。

2）比例不变与旋转不变匹配算法

当图像中的模式没有缩放或旋转时，归一化互相关是一个很好的技术，用于在图像中寻找模板。通常，互相关可以检测相同大小的模板，并且可以有 5～10 度的旋转角度。扩展相关来检测模板是不变的，对于比例变化和旋转变化是比较困难的。

对于比例不变的匹配，必须重复这个过程：缩放比例或重新调整模板大小然后执行相关操作。这会大量增加匹配过程的计算量。归一化对于旋转则更加困难。如果从图像中提取旋转有一个线索，可以简单地旋转模板并执行相关。然而，如果旋转性质未知，则寻找最佳匹配需要详细无漏的旋转模板。

也可以在频域中使用快速傅里叶变换（FFT）来执行相关。如果图像和模板有相关的尺寸，这种方法比在空间域执行相关更有效率。在频域，相关的获得是通过图像的傅里叶变换乘上模板的傅里叶变换的共轭复数得到的。而归一化互相关在频域中是相当难实现的。

3）锥形匹配算法

可以通过减小图像大小和模板大小来减少模式匹配的计算时间。在锥形匹配中，图像和模板都是重采样的，以得到较小的空间分辨率。例如，通过每隔一个像素采样，图像和模板可以减少到原始图像的 1/4 大小。匹配首先在减小的图像上执行，因为图像比较小，所以匹配速度是非常快的。当匹配完成后，只有较高匹配分值的区域需要被考虑为原始图像中的匹配区域。

4）图像理解算法

模式匹配特征是一个突出的像素模式，描述为一个模板。因为大多数的图像包含冗余信息，所以所有图像中的所有信息来匹配模式是时间不敏感和错误的。

NI 视觉使用非均匀抽样技术，集成了图像理解以便于彻底和有效地描述模板。这种智能抽样技术具体包括图 4-57 中的结合边缘像素和区域像素。

NI 视觉使用类似的技术，当用户表明模式在图像中可能会旋转时。这种技术使用特别选择的像素，其像素值或相对变化的值反映了模式的旋转。

智能采样模板不仅可以减小冗余信息，而且可以强调功能，从而允许一个有效的但仍然强壮的、互相关的执行。即使目标对象有 ±5% 的大小变化、0 到 360 度的可能方向以及有瑕疵的表面，NI 视觉的模式匹配也能够准确地定位目标。

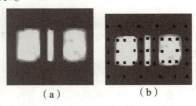

图 4-57　图像理解技术

4. 模式匹配函数的选项卡

模式匹配函数有 Main（主体）、Template（模板）、Settings（设置）、Advanced Options（高级选项）4 个选项卡。这里主要学习模板和设置两个选项卡。

其 Template（模板）选项卡如图 4-58 所示。

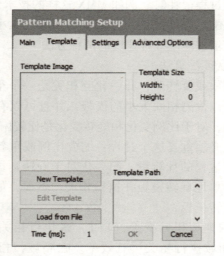

图 4-58　模式匹配函数 - Template（模板）选项卡

Template（模板）选项卡的各项选项和参数如表 4-5 所示。

表 5-5　Template（模板）选项卡的各项选项和参数

参数	说明
Template Image（模板图像）	即用户想在检测图像中搜索的模板图像。新建或加载了模板后，这里会显示模板图像
Template Size（模板尺寸）	选择的模板图像的宽和高，以像素为单位。没有选择模板时，宽和高为 0
New Template（新模板）	这是一个布尔按钮，点击后将会加载 NI Vision Template Editor Wizard 模板编辑向导，在模板向导里用户可以学习模板并且保存学习的结果为模板图像文件。这个在后面会进行学习
Edit Template（编辑模板）	如果已经加载了模板，可以使用此按钮重新调用模板编辑向导，对当前的模板进行重新编辑
Load from File（加载模板文件）	从文件夹中加载已经保存的模板图像文件
Template Path（模板路径）	显示模板图像文件的路径位置

其 Settings（设置）选项卡如图 4-59 所示。

项目四 机器人工件分拣系统的视觉识别与定位

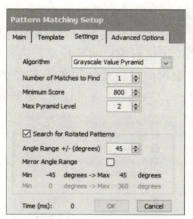

图 4-59 模式匹配函数 – Settings（设置）选项卡

Settings（设置）选项卡的各项选项和参数如表 4-6 所示。

表 4-6 Settings（设置）选项卡的各项选项和参数

参数	说明
Algorithm（算法）	指定要使用的模式匹配算法。其中 Low Discrepancy Sampling（低差异抽样）使用的是锥形匹配算法，Grayscale Value Pyramid（灰度值匹配）使用的是归一化互相关算法，Gradient Pyramid（梯度匹配）使用的是图像理解算法
Number of Matches to Find（查找的匹配数量）	用于指定模式匹配需要查找的匹配个数。默认情况下为 1 个。通常使用模式匹配做计数判断时，这个参数很重要，可以直接决定是否达到要求
Minimum Score（最小分数）	指定匹配结果的最小分数。如果匹配的实例的分数小于最小分数，则找到的匹配结果不被当成有效匹配实例。使用最小分数可以用来控制匹配的相似程度。分值越高，则相似度越高，但是找不到的情况也会越多。以实际应用经验来看，匹配需要分数达到 600 分以上，才能保证系统的稳定性，分值太低，容易引起错误匹配
Max Pyramid Level（最大匹配级别）	这个值越高，匹配的速度越快。如果值高于最大允许的匹配级别（创建模板时自动计算）会将其值强制更改为最大允许级别。默认值设置为匹配的最优级别
Search for Rotated Patterns（搜索旋转模式）	如果选择，则允许模式匹配寻找图像中有角度和位移的模板；而如果不选择，模式匹配仅寻找有位移的模板
Angle Range（角度范围）	当选择了搜索旋转模式时，角度范围变成可用的。可以在 Angle Range +/-（degrees）中直接设置改变角度范围。角度范围规定了模式匹配在多大的角度范围内寻找模板。对于大于角度范围的模板将不进行匹配。角度越大，搜索耗时越大。角度的取值范围为 0~180 度
Mirror Angle Range（镜像角度）	镜像角度是将当前的角度范围加 180 度后得到另一边的角度区域，如果使能此选项，则模式匹配函数会在指定的角度范围以及镜像的角度范围内查找模板。角度指定为 90 度使能镜像功能与角度指定为 180 时的效果是一样，虽然在下面提示的 Min -> Max 值不一样，但都会寻找 0~360 度范围内所有可能的模板 镜像角度的最下面有两排角度范围显示，第一排显示了当前的指定的角度范围，第二排则显示了镜像的角度范围

5. NI Vision Template Editor 模板编辑向导

使用模式匹配，首先需要建立模板。在 NI 视觉助手的模式匹配中，可以使用"New Template"（新模板）按钮，来调用模板编辑向导程序，进行模板编辑，也可以使用开始菜单中的快捷方式直接加载模板编辑向导。开始菜单中的位置一般为"开始"→"所有程序"→"National Instruments"→"Vision"→"Template Editor"。如图 4-60 所示。

图 4-60　开始菜单中的模板编辑应用程序快捷方式

单击视觉助手中的"New Template"（新模板）按钮后，会弹出如图 4-61 所示的模板编辑向导。

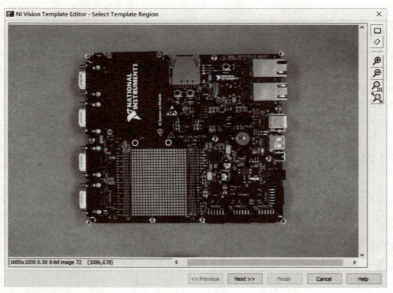

图 4-61　模式匹配-由视觉助手调用的模板编辑向导

从视觉助手中调用模板编辑向导与直接从开始菜单调用模板编辑向导，其界面会有一定的出入，不过其功能基本都是一样的。在后面会简单介绍一下从开始菜单中调用模板编辑向导。

图 4-61 的模板编辑向导第一步是选择模板区域。这里可以使用矩形或旋转矩形两种 ROI 工具，然后在图像中想要的模板上使用鼠标拖出一个矩形框，包含想要的目标特征，即可完成区域的选择，如图 4-62 所示。

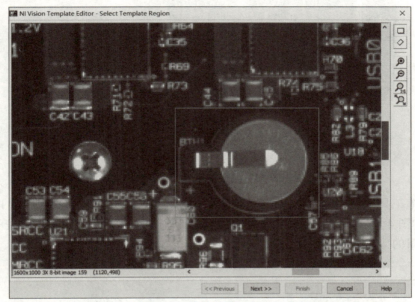

图 4-62　模式匹配 - 模板编辑向导 - 选择模板区域

选择模板区域时，当模板在图像中有旋转时，可以使用旋转矩形 ROI。如果目标无法看仔细，可以使用右边的缩放工具进行缩放操作，以方便更准确地选择模板区域。选择好区域后，单击"Next"按钮即可进入后面的模板编辑。单击"Previous"按钮可以返回前面步骤。单击"Finish"按钮可以完成当前的模板编辑。

只有当模板编辑程序认为模板的必需信息足够时，"Finish"按钮才有效。后面有些模板编辑，如几何匹配的模板，在中间很多步骤都是可以直接完成而不需要再下一步的。"Cancel"按钮为关闭当前的模板编辑向导，单击后退出模板编辑程序。"Help"为帮助按钮，单击后会弹出模板编辑向导的帮助文档（英文）。

另外，在图像窗口下面也有图像的基本信息显示，如分辨率、当前的倍数、图像的深度位数，以及当前坐标点的灰度值与 X、Y 坐标等。

选择好模板匹配区域后单击"Next"按钮，进入定义模式匹配掩模界面，如图 4-63 所示。

定义模式匹配掩模界面的右边是定义掩模的工具栏。最上面一排是缩放工具。第二排是绘制模板中需要忽略区域的画笔等工具（Draw Template Regions to Ignore）。第三排则为画笔的宽度（Pen Width），以像素为单位。这个参数只能用于画笔和橡皮擦工具。第四排则是一个布尔按钮，用于清除所有已经设置的忽略区域（Clear All Regions to Ignore）。第五排是用于选择显示忽略区域的颜色（Template Region to Ignore）。

159

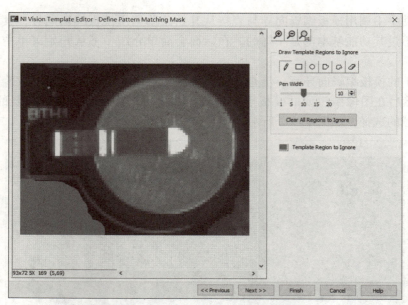

图 4-63 模式匹配-模板编辑向导-定义模式匹配掩模

使用画笔工具,在左边的图像定义模板需要忽略的区域(可以连线拖动,以定义不同的区域),如图 4-64 所示。下面图中有两块红色的掩模区域,左下的一块比较鲜艳,这是当前正在编辑的,右下的一块比较深红,这是已经定义了的掩模。

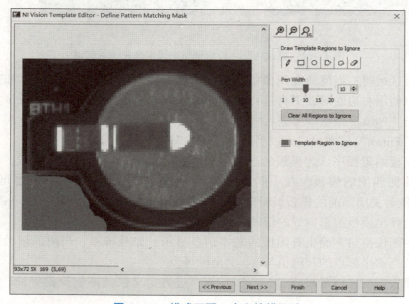

图 4-64 模式匹配-定义掩模区域

如果要清除掩模区域,可以使用工具栏中的"Clear All Regions to Ignore"按钮,也可以使用快捷键 Ctrl + Z 来清除最后一步的掩模。如果要清除多步,则可以多按几次。定义好掩模区域后(可能有些情况并不需要定义掩模区域,可以不做掩模动作),进入模板参数配置界面。如图 4-65 所示。

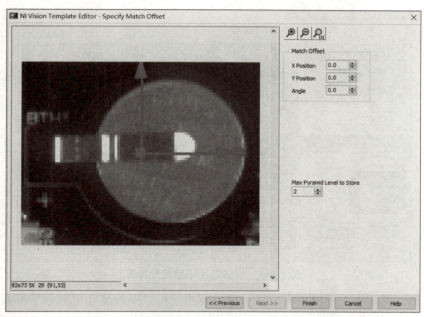

图 4-65 模式匹配-模板编辑向导-模板参数配置

模板坐标偏移量界面右上方的 Match Offset（区域偏移量）的作用是指定想要将模板的焦点从模板中心偏移的像素数量。模板的焦点是在检测图像中匹配得到的模板的坐标位置。右下方的 Max Pyramid Level（最大匹配级别）定义的是模板的匹配级别，匹配级别越高则匹配速度越快。

配置好模板参数后，单击"Finish"按钮，将会弹出保存模板文件对话框，如图 4-66 所示。

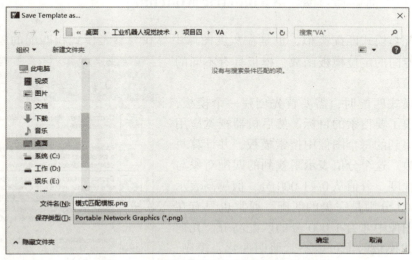

图 4-66 模式匹配-保存模板图像文件

模板图像文件只能保存为". png"类型。因为 png 图像文件可以保存图像的附加信息。选择好保存路径，设置好文件名，然后单击"确定"按钮，返回模板匹配函数配置界面，如图 4-67 所示。

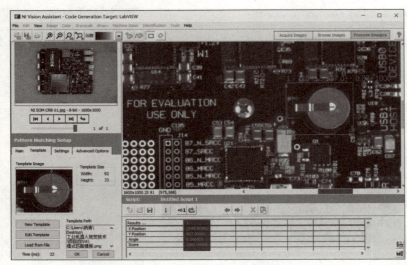

图 4-67 模式匹配函数配置界面

可以看到在图 4-67 中模板图像显示了当前的模板，模板尺寸也显示了模板大小信息，模板路径则显示了当前的模板路径。而在脚本区，则显示了当前的匹配结果。其中有 X Position（模板焦点 X 坐标）、Y Position（模板焦点 Y 坐标）、Angle（匹配模板的角度）、Score（匹配模板的分数）。

因为这是从当前图像中创建的模板，因此一般来讲可以找到一个满分（1 000 分）的最佳匹配。而在其他检测图像中，可能很难达到 1 000 分的满分要求。也可以使用脚本区右边的保存结果按钮将匹配结果保存到 TXT 文档或者是导出数据到 EXCEL。

4.3.5 几何匹配函数：Geometric Matching

几何匹配与模式匹配类似，也是在灰度图像中寻找与参考模式相匹配的模型或模板。几何匹配是专门的定位模板函数，模板具有不同的几何或形状信息。

当使用模式匹配时，需要首先创建一个模板，这个模板代表了要搜索的目标。然后机器视觉应用程序会在采集到的每个图像中搜索模板，并计算每个匹配的分数。这个分值表示了找到的匹配对象与模板的相似程度。分值从 0～1 000 分，值越高表示越相似，1 000 分则是完美的匹配，通常也只有在提取模板的图像中才有 1 000 分的匹配高分。几何匹配函数查找模板匹配可以不管照明变化、模糊、噪声、闭塞和几何变换，如位移、旋转、缩放的模板。其在视觉助手中的位置如图 4-68 所示。

图 4-68 Geometric Matching（几何匹配）函数的位置

1. 什么时候使用几何匹配

几何匹配可以帮助用户在检测图像中快速定位

具有良好几何信息的目标。图4-69显示了具有良好几何信息或形状信息的目标例子。

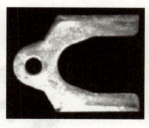
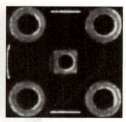

图4-69 几何匹配的目标

我们可以在表4-7提到的应用领域使用几何匹配。

表4-7 几何匹配的应用领域

匹配方式	说明
测量	测量长度、直径、角度和其他关键尺寸。如果测量值在设置的公差范围外，检测目标将被忽略。使用几何匹配来定位用户想要测量的目标或目标区域。使用目标的尺寸信息来排除几何匹配中找到的那些尺寸太大或太小的目标
检测	检测简单的缺陷，如目标上的划痕、目标不存在或是难以读取的打印目标。使用几何匹配返回的咬合（相互咬合在一起或部分重叠）分数来决定被测对象是否丢失。使用几何匹配返回的曲线匹配分数来比较检测到的目标与参考目标的边界或边缘
定位	通过定位一个已知的目标的参考点或特征点来确定目标的位置和方向
分类	基于形状或大小分类。几何匹配返回位置、方向以及每个目标的尺寸。可以使用目标位置信息来抓取目标然后旋转到正确的箱子或容器中。使用几何匹配来定位不同类型的目标，即使目标可能有部分被彼此挡住也可以区分

在检测图像中使用几何匹配定位到的目标可以旋转、比例缩放或相互咬合。几何匹配给应用程序提供了匹配目标的数量及其在检测图像中的位置。几何匹配同时还提供了每个匹配结果的尺寸变化百分比以及每个目标相互咬合的数量。

例如，我们可以在一个分类应用程序中搜索一幅图像中包含多个特定类型的汽车配件，如图4-70所示。其中图4-70（a）显示了想要定位的目标，图4-70（b）显示了包含多个零件的检测图像以及符合模板的零件位置。

2. 什么时候不应该使用几何匹配

几何匹配算法设计用于查找具有不同几何信息的目标。一些对象的基本特征可能使用其他的搜索算法比几何匹配要更好更快。例如，在某些应用程序中的模板图像主要可以定义为目标的纹理，或者是模板图像可能包含许多的边缘但是这些边缘并没有特别的几何信息。对应这些应用，模板图像并没有很好的特征集用作几何匹配的模型。相反，上节中讲到的模式匹配算法，可能是一个更好的选择。

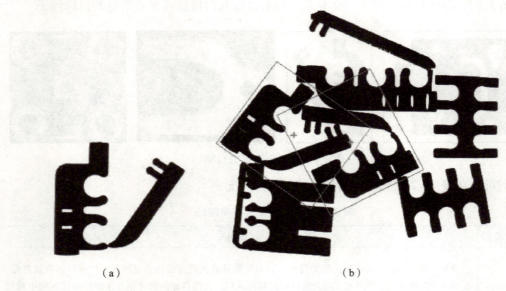

(a)　　　　　　　　　(b)

图 4-70　几何匹配用于分类

在另外一些应用程序中，模板图像可能包含了足够多的几何信息，但是检测图像也许包含了太多的边缘。在一幅检查图像中存在太多的边缘会降低几何匹配算法的性能，因为几何匹配算法会尝试使用检测图像中的所有边缘信息来提取特征。在这种情况下，如果我们并不期望匹配到有比例缩放或者是咬合的模板，可以使用模式匹配来解决这些应用案例。

3. 从几何匹配期望得到什么

因为几何匹配是机器视觉应用中一个比较重要的工具，它必须可靠地工作于各种苛刻的条件下。在自动机器视觉应用中，特别是那些纳入生产工艺的应用，检测的材料或组件的视觉外观是会变化的，因为诸如零件的方向、比例以及照明条件等因素是会变的。几何匹配必须保证它有能力在即使这些条件发生变化的情况下也能定位到模板。以下内容描述了常见的情况下，几何匹配工具需要返回的正确结果。

几何匹配算法可以检测图像中的以下内容：
- 一个或多个模板匹配；
- 模板匹配的位置；
- 模板匹配的方向；
- 与模板图像比较，模板匹配的大小变化。

可以使用几何匹配算法来定位模板匹配，匹配对象可以有旋转或有一定数量的比例变化，如图 4-71 所示。图 4-71（a）显示了模板图像，图 4-71（b）显示了模板匹配旋转并且有缩放的图像。

几何匹配算法可以用于整个图像非线性或不均匀的照明条件下定位被测图像中模板。照明条件的变化包含光源的飘动、眩光以及阴影等，如图 4-72 所示。图 4-72（a）显示了模板图像。图 4-72（b）显示了典型条件下几何匹配可以正确地找到模板。

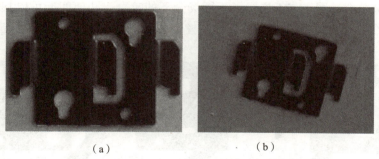

(a)   (b)

图 4-71 几何匹配用于旋转和缩放的对象

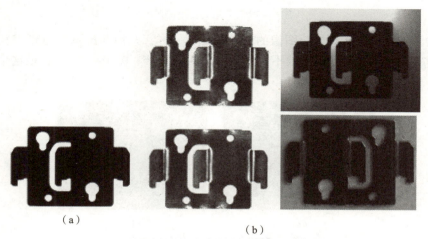

(a)   (b)

图 4-72 几何匹配应用于不均匀的照明条件

几何匹配算法可以在检测图像中找到模板匹配,即使匹配的对比度从原始模板图像反转了也可以。图 4-73 显示了典型的对比度反转。图 4-73(a)显示了原始模板图像。图 4-73(b)显示了拥有反转对比度的检测图像。几何匹配算法可以在图 4-73(b)中找到零件跟图 4-73(a)中找到零件的精度一样。

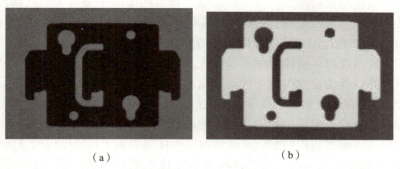

(a)   (b)

图 4-73 几何匹配用于对比度反转

即使匹配部分咬合,几何匹配算法也可以在检测图像中找到模板,如零件重合或零件没有完全在图像边缘范围内。除了定位咬合匹配,算法还会返回每个匹配的咬合百分比。

在许多机器视觉应用中,由于接触或彼此重叠被测零件可能部分咬合在一起,或者零件看起来会部分咬合。图4-74展示了不同场合下的咬合，几何匹配可以找到一个模板匹配。图4-74（a）代表了这个例子的模板图像。

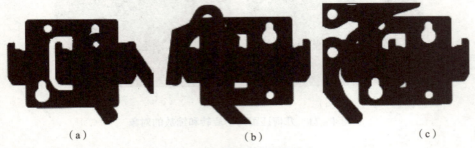

图4-74 不同场合下的咬合

即使检测图像的背景与模板图像的背景图像不一样，几何匹配算法也可以找到一个模板。图4-75显示了几何匹配查找不同背景下的匹配例子。图4-75（a）是这个例子中的模板图像。

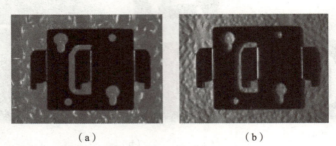

图4-75 几何匹配用于部分遮挡

4. 几何匹配技术

搜索和匹配算法，如模式匹配算法、几何匹配算法，用于在检测图像中找到一个区域，这个区域包含的信息与模板中的信息类似。这些信息，集成后成为描述图像的特征集。模式匹配或几何匹配算法使用特征集来查找检测图像中的匹配。

模式匹配算法使用模板图像的像素强度信息作为匹配的主要特征。几何匹配算法使用模板图像的几何信息作为匹配的主要特征，几何特征的范围可以从低级特征（如边缘或曲线）到高级特征（如通过图像的曲线得到几何形状）。

几何匹配过程包含两个阶段：学习和匹配。在学习阶段，几何匹配算法从模板图像中提取几何信息，并以帮助检测图像中快速搜索的方式组织并储存信息以及特征间的空间关系。在NI视觉中，在这个学习阶段学习到的信息将被保存为模板图像的一部分。在匹配阶段，几何匹配算法从检查图像中提取对应于模板图像信息的几何信息。然后，该算法通过定位检测图像中的区域来查找匹配，该区域的空间排列类似于特征模板的空间模式。

NI视觉包含两种几何匹配方法。这两种匹配技术都依赖从图像中提取曲线来执行匹配。这两种匹配技术的差别表现在怎么使用曲线信息来执行匹配。基于边缘的几何匹配方法计算边缘的梯度值，这些边缘是指沿着图像中找到的轮廓上的点的边缘，并且利用此梯度值和使用这些点的位置，从模板的中心执行匹配。基于特征的几何匹配从曲线中提取几何特征并且利用这些几何特征来执行匹配。

图 4-76 显示了模板图像的信息，几何匹配算法也许可以将其作为匹配特征。图 4-76（a）显示了模板图像的边缘对应的曲线，这些曲线形成了底层信息，可以用于基于边缘的几何匹配技术。图 4-76（b）显示了高级形状特征。

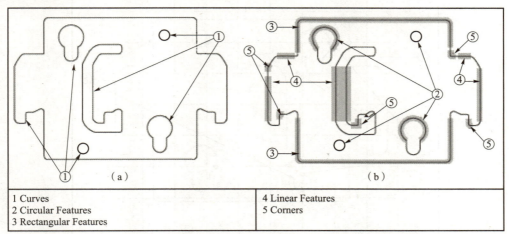

图 4-76　基于边缘的几何匹配方法与基于特征的几何匹配方法

5. 曲线提取

一条曲线是由一组边缘点连接起来形成的一个连续的轮廓。曲线通常代表了图像的边界。在几何匹配，曲线是用于表示一个模板和检测图像中匹配模板的底层信息。

种子点位于跟踪开始的曲线上（即拟合曲线的点）。要想成为一个合格的种子点，一个像素不能是已经存在的曲线上的一部分。同时，像素的边缘对比度必须大于指定的边缘阈值（Edge Threshold）。一个像素的边缘对比度，由该像素以及邻域的像素通过函数进行计算。如果 $P(i,j)$ 代表坐标 (i,j) 上的像素点 P 的强度，则坐标 (i,j) 上的边缘对比度定义为：

$$\sqrt{(P_{(i-1,j)} - P_{(i+1,j)})^2 + (P_{(i,j-1)} - P_{(i,j+1)})^2}$$

为了增加曲线提取过程的速度，该算法仅访问图像中有限的像素点来确定当前像素是一个有效的种子点。访问的像素点数量基于用户提供的行步长值（Row Step）和列步长值（ColumnStep）两个参数。这两个参数值越高，该算法搜索种子点的速度越快。但是，为了确保该算法找到曲线上足够的种子点，行步长值（Row Step）必须小于曲线 y 方向的最小值。列步长值（Column Step）必须小于曲线 x 方向的最小值。

该算法首先从图像上左上角开始扫描。从第一个像素点开始计算像素的边缘对比度。如果边缘对比度大于给定的阈值，则曲线从这个点开始跟踪。如果对比度小于阈值，或者像素已经存于一个预先计算得到的曲线上，则该算法分析行方向上的下一个像素是否有资格作为种子点。重复这个过程直到到达当前行的终点。然后算法跳过行步距（Row Step）指定的行，再重复执行这样的过程。

当发现一个种子点，曲线提取算法跟踪其他的曲线。跟踪过程如下：考虑当前曲线上的最后一个像素点的邻域像素（可能有多个像素点），如果某个像素在当前的邻域中有最强的边缘对比度而且边缘对比度大于曲线种子点的可接受的阈值时，则将此像素点添加到曲线上，这个过程将重复进行，直到没有更多的像素可以被添加到当前方向的曲线上。该算法返回种子点并试图跟踪曲线相反的方向。图 4-77 说明了这个过程。

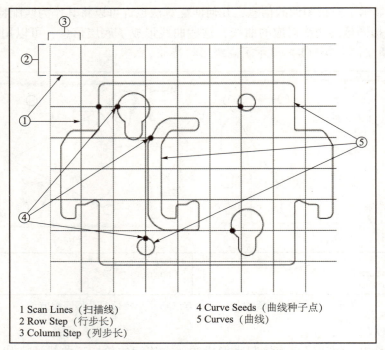

1 Scan Lines（扫描线）
2 Row Step（行步长）
3 Column Step（列步长）
4 Curve Seeds（曲线种子点）
5 Curves（曲线）

图 4-77　跟踪曲线

要注意的是，为了简化图示效果以及看得更清楚，行步长和列步长没有小于最小特征。即行步长没有小于 Y 方向的最小曲线，列步长没有小于 X 方向的最小曲线

在曲线提取的最后阶段，该算法执行以下的任务来细化提取的曲线：

- 合并那些终点比较近接的曲线为一条更大的曲线。
- 闭合曲线，如果曲线上的终点在用户定义的相互距离内。
- 删除那些低于用户指定阈值大小的曲线。

6. 基于边缘的几何匹配

基于边缘的几何匹配技术分为学习和匹配两个阶段。该技术利用广义霍夫变换方法来匹配（广义霍夫变换是一种用于检测任一形状的扩展霍夫变换）。

其中学习阶段包含了两个步骤，分别是边缘点提取以及 R 表（R-Table）生成。

在边缘点提取阶段：该算法在图像中检测曲线以及沿着轮廓在边缘点上计算梯度值 ϕ。梯度值指定沿着轮廓上边缘点的切线方向。

广义霍夫变换使用一种叫做 R 表的查找表来储存目标的形状。R 表允许广义霍夫变换表示任意形状并且不需要参数来描述目标。

该算法使用下面的步骤来计算一个给定形状的 R 表，给定形状由沿着形状边界检测到的曲线指定。

（1）算法选择模板图像的中心作为参考点。

（2）对于模板图像中沿着曲线的每个点，该算法从参考点开始计算距离和角度方向。如图 4-78 所示。

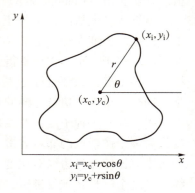

图 4-78　R 表生成

（3）该算法储存每个点的值在一个 R 表中作为一个函数 ϕ，如表 4-8 所示。

表 4-8　几何匹配的应用领域函数 ϕ 的值

梯度值 ϕ	r, θ 值
ϕ_1	$(r_1, \theta_1), (r_4, \theta_4)$
ϕ_2	$(r_2, \theta_2), (r_{10}, \theta_{10})$
ϕ_n	$(r_n, \theta_n), (r_i, \theta_i)$

该算法添加了模板图像中曲线上的所有点后，R 表代表了从模板中学习到的信息。R 表可以用于在匹配阶段的图像上的任何点生成轮廓缘点和梯度角度。

储存一个位移不变 R 表来表示模板目标，因为每个比例和旋转的组合需要一个不同的 R 表，一个模板允许不同的比例和角度则需要占用大量的内存。为了减小模板的大小以及提高匹配过程的速度，NI 视觉可能需要在计算 R 表之前先对模板进行采样。默认情况下，软件自动确定采样因子。使用高级学习选项可以拖动指定一个采样因子。

匹配阶段包含 3 个步骤。第一步是边缘点提取，这个类似于学习阶段的边缘点提取。剩下的两个步骤是广义霍夫匹配和匹配细化。

图像的边缘点提取使用在前面的学习章节中描述过的曲线提取过程。如果通过采样降低了图像的大小，则检测图像使用相同的采样因子进行采样缩小然后再进行曲线检测。梯度值会被计算以及沿检测曲线会保存每个点。

该算法在检测图像中找到边缘点以及它们的梯度值后开始匹配处理。匹配的过程包含以下步骤：

（1）该算法创建一个寄存器，用于储存检测图像的候选匹配位置。

（2）该算法为每个点 (x, y) 执行下面的动作：

①该算法使用梯度值 ϕ 在 R 表进行索引并且检索所有值。

②该算法计算每个值的候选参考点如下：

$$x_c = x - r\cos\theta$$
$$x_c = x - r\sin\theta$$

③该算法增加了寄存器中匹配位置候选参考点的数量。

（3）该算法在寄存器中寻找局部峰值。这些峰值代表可能的匹配位置。

（4）如果匹配针对旋转或比例变化的情况，该算法会为每个可能的旋转和比例组合创建一个寄存器，并为每个寄存器执行步骤（1）~（3）。

（5）该算法处理每个寄存器中的峰值来找到最佳匹配。

匹配细化是匹配阶段的最后一步。该算法使用来自模板和检查图像提取的曲线，来确保提高位置、标量以及角度的精度。

7. 基于特征的几何匹配技术

基于特征的几何匹配技术同样分为学习和匹配两个阶段。

其中学习阶段包括两个步骤，分别是特征提取和特征之间的空间关系表现。

特征提取是一个从曲线中提取高级特征的过程，曲线可以由曲线提取方法获得。这些特征可以是直线、矩形、角落或圆。

首先，算法使用多边形近似每个曲线。然后，该算法使用这些多边形线段创建线性的角落特征。这些性能特征用于构成高级矩形特征。该曲线或曲线段不能很好地与多边形或直线来创建圆形特征。

在该算法提取模板图像的高级特征之后，特征会基于以下标准排序：

(1) Type（经典）：直线、矩形、角落或圆。

(2) Strength（强壮）：如何准确地描述一个给定的几何结构的特点。

(3) Saliency（突出）：如何很好地描述模板特征。

给定两个特征，该算法学习两个特征之间的空间关系，它包括第一特征到第二特征的向量。这些空间关系描述了模板中各特征是如何安排的。该算法使用这些关系来创建一个描述模板特征模型。在匹配阶段该算法使用模板模型来创建匹配候选者和验证匹配的发现是正确的。

匹配阶段包含5个主要的步骤。前两个步骤在检查图像上执行曲线提取和特征提取，类似于学习阶段的曲线提取和特征提取。后面的三步是特征对应匹配、模板模型匹配以及匹配细化。

特征对应匹配的过程就是在检查图像中匹配与给定的模板特征相似的特征类型，叫做目标特征。该算法使用特征对应匹配需要做到下面几点：

- 在检查图像中创建一组初始的、可能的匹配。
- 使用附加信息或精确参数更新可能的匹配，如位置、角度或比例。

模板模型匹配的过程就是叠加从学习步骤得到的模板模型到检查图像的可能匹配之上，验证潜在匹配存在或改善匹配。在潜在匹配上叠加模板模型后，按照已经存在的模板模型及其空间关系，存在额外目标特征的匹配会被发现。确认潜在的匹配存在并且生成额外信息来更新和改进匹配算法的准确性和匹配细化是匹配阶段的最后一步。匹配细化精细地改进匹配结果，如增强位置、标量以及角度的精度。匹配细化使用从模板图像和检查图像中得到的曲线来确保匹配可以准确及精确地完成。

8. 选择正确的几何匹配技术

基于边缘的几何匹配技术可以适用于任意形状的图形，并且可以保证在检查图像中找到目标的很大一部分形状与模板目标相似即可，其不会限制目标模板的形状。只要在检查图像中检测到的目标曲线与模板中抽取的曲线类似，则基于边缘的几何匹配就可以找到匹配。

基于特征的几何匹配技术适用于模板中模式形状可以准确可靠地表示为一组几何特征集的假设条件下。只有当模板中的模式以及检查图像中的模式可以始终并准确的表示为圆、矩形或线等几何形状时这种技术才可以使用。

内存以及应用程序的性能要求可能会影响几何匹配技术的使用。一般来讲，基于边缘的几何模板相对于基于特征的几何模板使用更多的内存。两种模板的大小差距与允许的比例变化有关。相匹配的比例变化越多，基于边缘的模板尺寸越大。当匹配在不同的比例范围内时，基于边缘的几何匹配技术也比基于特征的几何匹配技术要慢。

参考下面的建议，可以为应用程序选择最好的几何匹配技术：

（1）总是从基于边缘的几何匹配方法开始。基于边缘的几何匹配算法提取了最好的识别结果。

（2）如果基于边缘的几何匹配算法的模板和性能、内存无法满足应用程序的需求，可以仔细地调整比例和方向的匹配范围。例如，如果在检测图像中匹配目标的大小总是相同的，而且旋转角度只在±10度范围内，则学习模板时仅需要将比例设置为100%，旋转范围从－10度到10度即可。基于边缘的匹配方法的性能也可以通过设置采样因子提高。设置采样因子后模板和检查图像在匹配前会进行重采样。使用高级学习选项可以指定采样因子。

（3）如果仍然不能满足应用程序的性能或内存需求，同时需要匹配的目标包含比较靠谱的可以提取的几何特征时，可以考虑使用基于特征的几何匹配算法。

9. 几何匹配函数的选项卡

几何匹配函数有 Main（主体）、Template（模板）、Curve Settings（曲线设置）、Settings（设置）4 个选项卡。这里主要学习模板和设置两个选项卡。

几何匹配函数的模板选项卡如图 4 - 79 所示。模板选项卡中的内容与模式匹配中的基本一样。如 Template Image（模板图像）、Template Size（模板尺寸）、New Template（新模板）、Edit Template（编辑模板）、Load from File（加载模板）、Template Path（模板路径）等参数，与模式匹配都是一样的，作用、方法都是一样的。要注意的是 New Template（新模板）按钮的向导对话框，它与模式匹配的模板编辑向导是有一点不一样的地方，这个我们在后文会进行介绍。

几何匹配函数的曲线设置选项卡如图 4 - 80 所示。

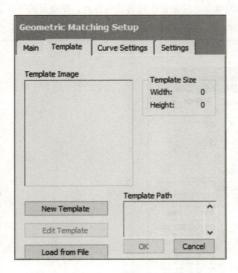

图 4 - 79　几何匹配函数 – Template（模板）设置选项卡

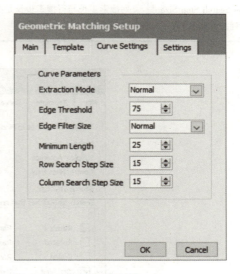

图 4 - 80　几何匹配函数 – Curve Settings（曲线设置）选项卡

曲线设置选项卡的各项选项和参数如表 4 - 9 所示。

几何匹配函数的设置选项卡如图 4 - 81 所示。

表 4-9　曲线设置选项卡的各项选项和参数

参数	说明
Extraction Mode（提取模式）	指定曲线的提取模式。有 Normal（普通）、Uniform Regions（均衡区域）两种方式。Normal 方法不会对图像中的目标或者图像背景进行均匀性的假设，提取的曲线会比较简单粗糙，但是算法上会快一些。而 Uniform Regions（均衡区域）法则会假设图像中的目标以及背景图像都是由均匀的像素值组成的，使用这种模式计算物体的外部曲线会精细准确许多
Edge Threshold（边缘阈值）	这里的边缘阈值与其他函数的阈值是一个概念，用于指定边缘像素的最小对比度从而决定边缘可以作为曲线的一部分。取值范围为 0~255，默认值为 75
Edge Filter Size（边缘滤波器尺寸）	在几何匹配模板编辑中，边缘滤波器尺寸不像其他函数一样，可以设置内核大小之类的。这里只能选择使用 Normal（普通）或者是使用 Fine（好）
Minimum Length（最小长度）	指定需要提取的曲线的最小长度。如果图像中有一段曲线小于指定的最小长度，则不算是曲线不进行提取。默认值为 25，以像素为单位。从效果上来看，如果图像中有较多的短小曲线干扰，建议将最小长度曲线设置的较大一些，这样可以有效避免短小曲线的干扰
Row Search Step Size（行搜索步长）	在前面的内容中，有关于寻找曲线种子点的内容。这里就是用于设置寻找曲线种子点两行之前的距离，即寻找种子点时 Y 方向的间距。有效范围为 1~255，默认值为 15。在前面的章节内容中了解到，这个值需要小于曲线在 Y 方向的最小值。在这里看，则应该小于上面的 Minimum Length（最小长度）
Column Search Step Size（列搜索步长）	列搜索步长与行搜索步长是类似的概念，只是它针对的是列方向，即指定的是 X 方向的间距

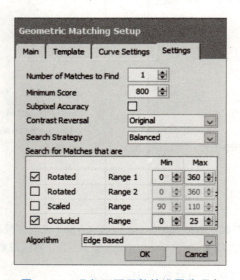

图 4-81　几何匹配函数的设置选项卡

设置选项卡主要用于控制匹配结果，其各项选项和参数如表 4-10 所示。

表 4 – 10　设置选项卡

参数	说明
Number of Matches to Find（查找的匹配数量）	用于指定需要查找的目标匹配数量，默认为 1 个
Minimum Score（最小分数）	指定匹配的最小分数，默认为 800 分。如果匹配的实例的分数小于最小分数，则找到的匹配结果不被当成有效匹配实例
Subpixel Accuracy（亚像素精度）	是否使能亚像素精度。使能可以提高匹配精度，但是会更耗时
Contrast Reversal（对比度反转）	指定几何匹配函数怎样使用模板的对比度值来识别匹配目标。其中有 Original（原始）、Reversed（反转）、Both（两者）等三种方法。这个参数仅限基于边缘的几何匹配。使用原始，则查找到模板对比度相同的匹配。使用反转，则查找与模板相反的对比度匹配。使用两者时，则与模板对比度相同或相反的匹配都会查找
Search Strategy（搜索策略）	指定用于搜索匹配的搜索策略。主要分为 Conservative（保守）、Balanced（平衡）、Aggressive（积极）3 种方式。Conservative（保守）将在图像上执行大量的处理来查找模板匹配。这是最慢的一种搜索策略。Balanced（平衡）策略使用一个适度的采样速度和一个适度的处理水平来查找模板匹配。速度介于保守与积极之间。Aggressive（积极）使用一个很高的采样速度来查找模板匹配。这是最快的一种搜索策略
Rotated（角度）	当使用时，函数在用户指定的范围内搜索模板图像。如果不使能，函数则只在 X 轴和 Y 轴方向平移搜索模板图像。如果有需要，可以指定第二个角度范围。如第一个为 180 ~ 200 度，第二个为 20 ~ 50 度
Scaled（比例）	当使用后，函数会搜索检查图像中与模板比例缩放的匹配。通过在 Min 和 Max 中指定搜索的百分比范围。如果匹配目标有大小变化时，需要使能这个参数
Occluded（咬合）	当使用时，函数会搜索检查图像中咬合的模板图像。可以指定咬合的百分比来限制什么样的咬合可以被匹配。当图像中有多个相同的目标且有可能重叠或超出视野范围时，可以使能这个参数
Algorithm（算法）	选择几何匹配所使用的算法。在前面的介绍中我们知道，几何匹配的算法分为两种，一种是基于边缘的，另一种是基于特征的。因此这里也是这两种算法。默认情况下，并不需要使用基于特征的算法，使用基于边缘的算法即可

10. 模板编辑向导

要进入模板编辑向导，首先单击"Template"（模板）选项卡的"New Template"（新模板）按钮或者也可以使用"开始"菜单中的快捷方式直接加载模板编辑向导，如图 4 – 82 所示。

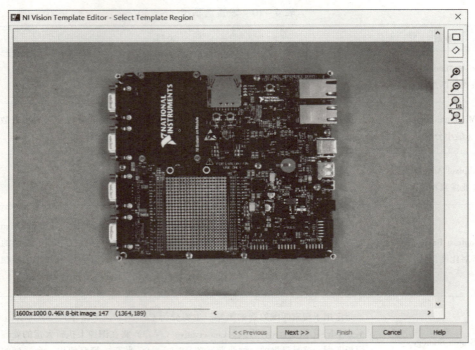

图 4 – 82 几何匹配 – 模板编辑向导

在模板编辑向导中,第一步还是选择模板区域,选择好模板区域之后单击"Next"按钮,如图 4 – 83 所示。

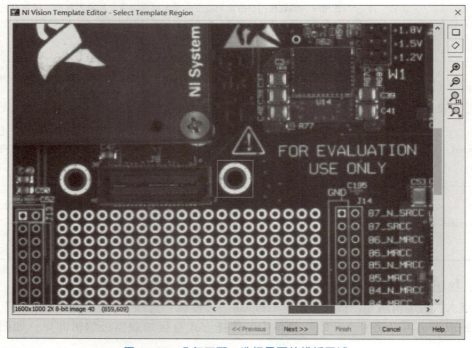

图 4 – 83 几何匹配 – 选择需要的模板区域

定义曲线向导界面如图 4-84 所示。

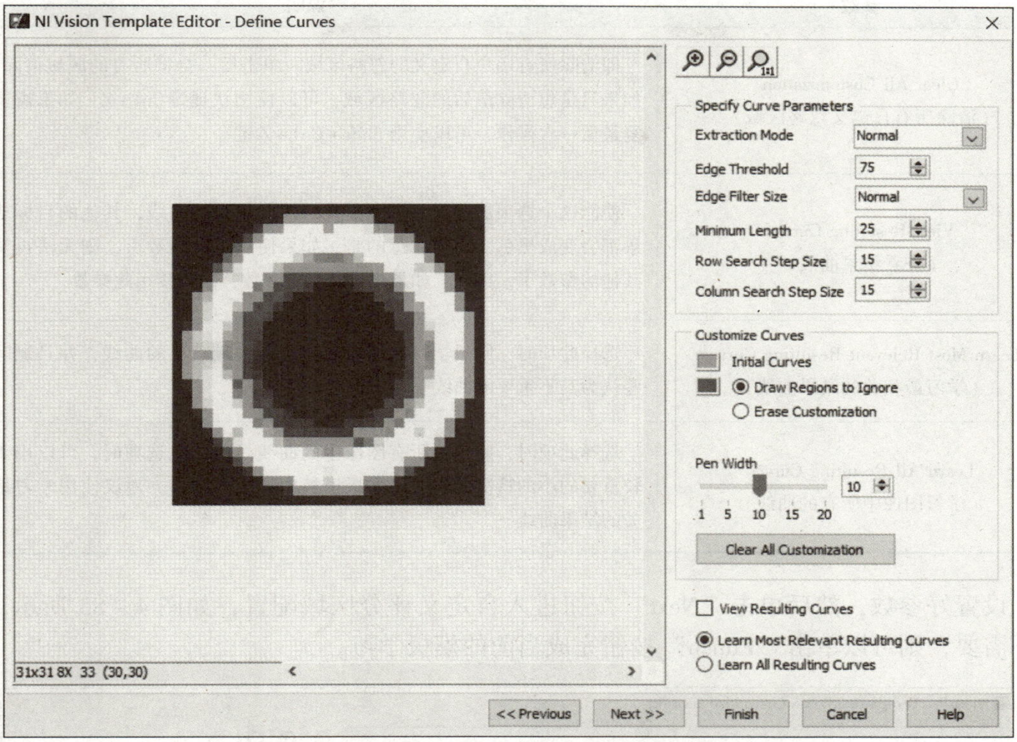

图 4-84 几何匹配-定义曲线

在定义曲线这一步，有许多的参数选项需要设置，如表 4-11 所示。

表 4-11 定义曲线的参数选项

参数	说明
Specify Curve Parameters（指定曲线参数）	指定曲线参数中的参数，与曲线设置选项卡（见前文）的参数是一样的，这里就不再介绍
Initial Curves（初始曲线颜色）	用于显示在当前的曲线参数下使用几何匹配算法找到的曲线的颜色。默认为绿色且不可更改
Draw Regions to Ignore（画忽略区域）	当使能这个选项时，则可以在图像中选择一个区域，用于指定匹配算法需要忽略的区域。前面也有一个颜色框，用于显示需要忽略的颜色，默认为红色且不可更改
Erase Customization（擦除自定义忽略区域）	指定匹配算法需要忽略的区域后。有时候可能某些忽略区域是设置错误的，如果这时可以使用这个选项，对其进行擦除。擦除时颜色为黑色，擦除之后，则变成原始图像
Pen Width（画笔宽度）	用于指定画忽略区域或擦除自定义的橡皮擦的宽度，以像素为单位。如果需要画的面积很大，则可以使用较大的宽度，而如果需要较精细、较小的面积时，则使用较小的宽度

续表

参数	说明
Clear All Customization （清除所有自定义忽略区域）	即清除所有用户自定义的忽略区域。单击后，会将所有的区域清除掉。如果只是想清除最后的忽略区域，可以使用快捷键Ctrl+Z。如果需要恢复最后一次操作，可以使用Shift+Ctrl+Z键
View Resulting Curves （查看结果曲线）	使能这个选项后，则只观察由几何匹配得到的曲线，其他的目标或背景都会变成黑色。需要注意的是，如果使用了此参数后，则无法再调整其他的参数了。因此，如果想重新调整参数，需要禁用此参数
Learn Most Relevant Resulting Curves （学习最相关的结果曲线）	选择此项时，则只学习几何匹配算法认为最重要的曲线，并且删除那些认为其不重要的曲线
Learn All Resulting Curves （学习图像中所有的曲线）	选择此项时，则学习所有图像中的曲线。使用此选项时，可以用于比较重要的小的特征的学习。如果模板中特征非常多，建议使用学习最相关的结果曲线

设置好参数，然后单击"Next"按钮进入自定义评分区域配置，如图4-85所示。如果不需要，则可以单击"Finish"按钮完成当前的模板学习。

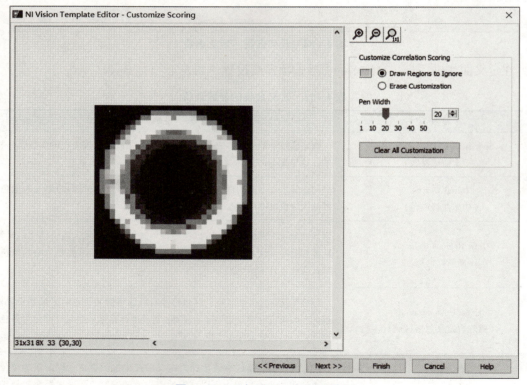

图4-85 几何匹配-自定义评分

默认情况下，几何匹配算法使用整个模板来计算匹配分数。可以使 Customize Correlation Scoring（自定义相似评分）在图像中指定想要忽略的区域，这些忽略的区域将不参与相似分数的计算。Customize Correlation Scoring（自定义相似评分）中的参数如表4-12所示。

表4-12 自定义相似评分中的参数

参数	说明
Draw Regions to Ignore（画忽略区域）	用于设置忽略相似计算的图像区域
Erase Customization（擦除自定义忽略区域）	用于擦除一些已经画了的忽略区域
Pen Width（画笔宽度）	用于指定画忽略区域或擦除自定义的橡皮擦的宽度

设置好自定义区域后，单击"Next"按钮进入匹配设置，如图4-86所示。

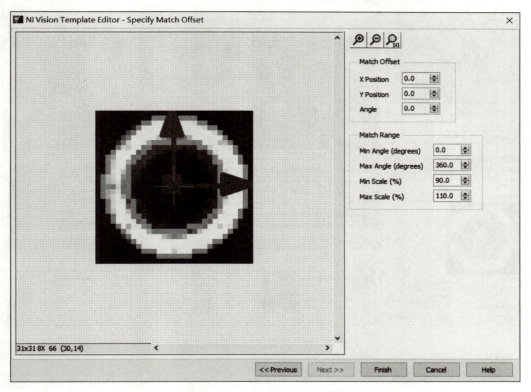

图4-86 几何匹配-匹配设置

默认情况下，几何匹配算法返回的有效匹配位置是以模板有中心位置为参考的。为了偏移这个参考，可以在 Specify Match Offset（指定匹配偏移）中进行设置。Match Offset（匹配偏移）可以直接在模板图像中点击一个点，也可以在 X Position（X 位置）、Y Position（Y 位置）、Angle（角度）中直接指定。

调整 Match Range（匹配范围）中的参数，使比例和旋转搜索范围达到应用程序所预期的范围。这里的参数主要用于指定匹配与模板之间允许的误差，如匹配与模板的角度、匹配与模板的比例。

从前面的几何匹配概念中了解到,如果匹配的大小基本一致,可以将 Scale(比例)设置成 100%,即 Min Scale(最小比例)设置成 100,Max Scale(最大比例)也设置成 100。如果匹配的目标方向都比较确定,可以限制在某个角度范围内,如 Min Angle(最小角度)为 -5,Max Angle 为 5 之类的。限制的范围越窄,匹配的速度越快,当然是要在保存能匹配到目标的情况下。

当匹配目标方向不确定,大小也会有变化时,则需要将角度、比例设置的比较大。当然这里还需要注意一些细节,最小角度、最大角度的值可以设置成 -360 度到 360 度之间,而最小比例和最大比例,则能设置成 10 到 1 000,即模板大小的 10% 或者是 1 000%。

11. 匹配结果

加载或创建好模板后,几何匹配主界面的右下方会显示匹配结果,如图 4-87 所示。

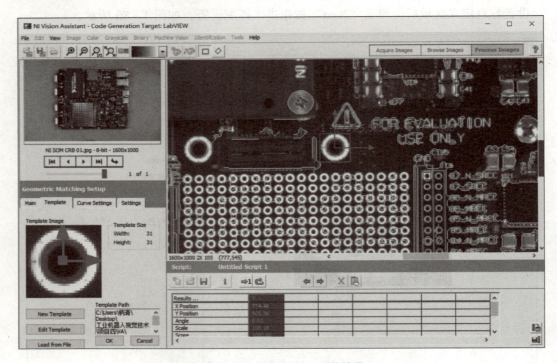

图 4-87 几何匹配 - 匹配结果

匹配的结果,主要有 X Position(水平位置)、Y Position(垂直位置)、Angle(角度)、Scale(比例)、Score(分数)、Occlusion %(咬合百分比)、Template Target Curve Score(模板目标曲线分数)、Correlation Score(相关分数)等一些输出指标。

其中位置、角度、比例、分数、咬合百分比这些输出都非常好理解,因此只介绍一下 Template Target Curve Score(模板目标曲线分数)和 Correlation Score(相关分数)。

Template Target Curve Score(模板目标曲线分数)指定了检查图像或目标图像中匹配区域的曲线匹配与模板中的曲线的紧密程度。分值同样是 0 到 1 000,1 000 分表示检查图像中匹配区域里的所有曲线与模板图像中的曲线完全对应。

模板目标曲线分数是通过结合匹配分数计算出来的,匹配分数则通过比较目标匹配区域中曲线与模板中的对应的每条曲线得到。一个较低的分数意味着以下一种或者两种情况：
- 检查图像中的一些曲线或曲线的一部分在模板中没有找到（如检查图像中有划痕、污染等）。
- 在检查图像中找到的曲线是变形的或与模板曲线并不完全匹配。

可以在检查任务中使用模板目标曲线分数来决定定位的零件是否因为一些异常原因有缺陷，如工艺变化或印刷错误等。这些缺陷表现为检查图像中变形或丢失曲线。

Correlation Score（相关分数）是通过计算模板图像的像素强度与匹配目标的像素强度的相关值得到的。相关分数范围从 0 到 1 000 分。1 000 分意味着完美的匹配。

4.4 任务实现

本任务的目的是从工件图像中使用视觉进行大六边形的识别与定位。

首先打开 Vision Assistant，并选择 Open Image 打开图像，再将所有的摄像头拍摄的分拣工件图像打开。如图 4-88 所示。

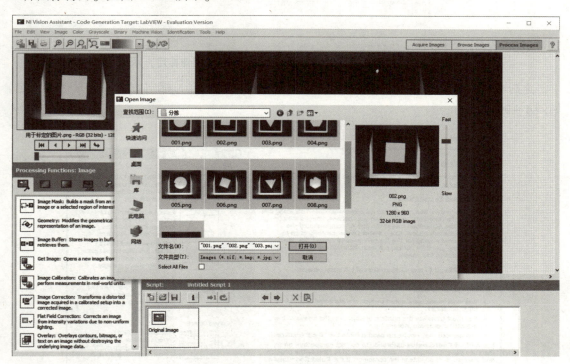

图 4-88 打开分拣工件图像

任务一 添加标定信息

首先打开标定图片并选择 Image Calibration（图像标定）函数，如图 4-89 所示。

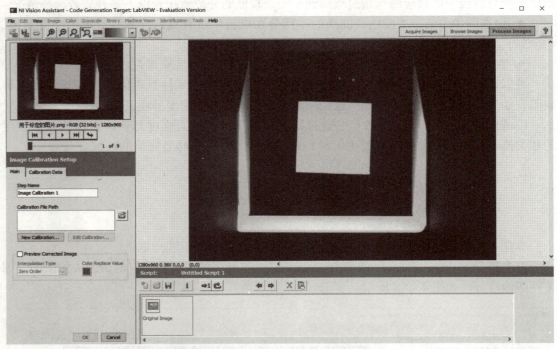

图 4-89 打开标定图像和 Image Calibration（图像标定）函数

之后单击 New Calibration（新建标定）创建新的标定信息，标定方式用的是透视标定。如图 4-90 所示。

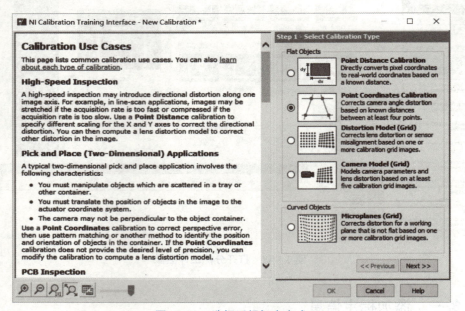

图 4-90 选择透视标定方式

之后再单击"Next"按钮，进入标定图像选择界面。选择当前打开的图像即可。如图 4-91 所示。

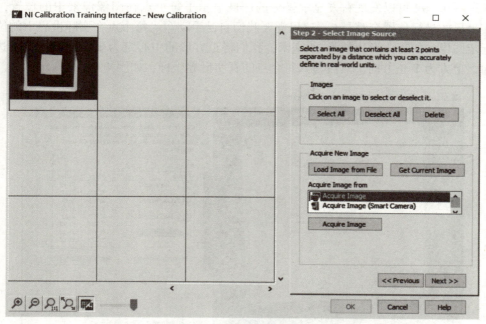

图4-91 选择标定图像

之后再将图片中正方形的四个角标识出来，如图4-92所示。

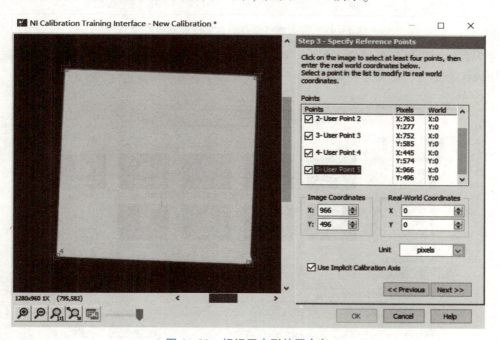

图4-92 标识正方形的四个角

在使用更复杂的标定图像时，我们可以不用把所有的特征点都标识出来，只要根据任务对精度的需求进行标定，标定的点越多，精度越高，标定的点越少，精度越低。但最少不能少于4个点。

通过图4-92可以发现右方显示坐标的区域显示了每个点在图像像素中的位置，但是在真实世界的坐标位置全都是0。这里需要我们自己手动写入每个点在实际世界中的位置。

标定图像中的正方形边长为26毫米，我们将正方形的中心定为坐标原点，其右边为X正方向，上方为Y正方向。然后写入每个点的真实世界坐标，如图4-93所示。

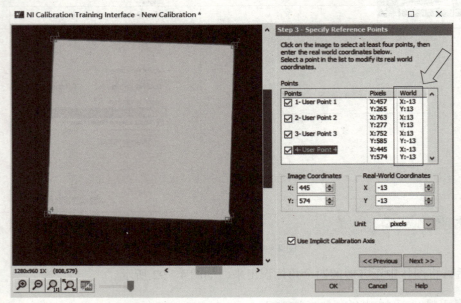

图4-93 写入栅格交点的真实世界坐标位置

写入真实世界坐标位置后，单击"OK"按钮，将会弹出图像保存界面框。将带标定信息的图像保存即可，如图4-94所示。

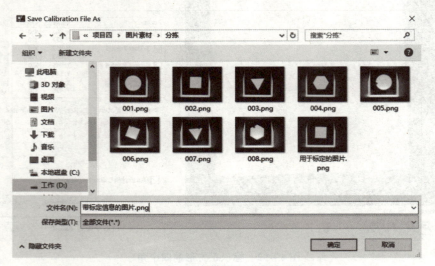

图4-94 保存带标定信息的图像

加入标定信息后，将打开的图像切换为工件图像。通过图4-95我们可以看到打开的工件图像中有一个平面直角坐标系，这里显示的就是标定函数根据标定图像中的信息自动生成的真实世界坐标系的原点和 X、Y 方向。最后我们再单击"Main"选择卡的"OK"按钮，图像标定信息便添加完成了。

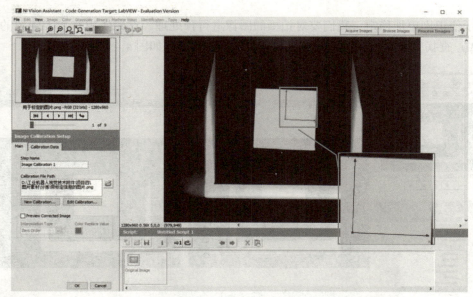

图 4-95　图像中的真实坐标平面直角坐标系

任务二　将图像转换为灰度图

首先打开 Color Plane Extraction（彩色平面抽取）函数，选择抽取 Green（绿色平面）。如图 4-96 所示。

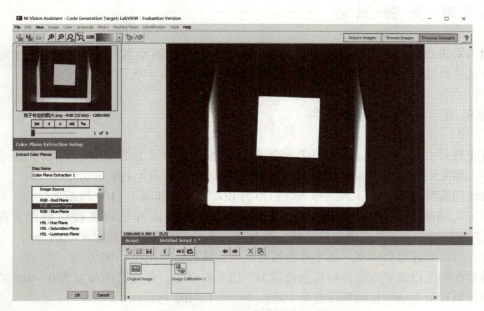

图 4-96　将图像转换为灰度图

183

任务三　提高图像对比度

为了使识别更加稳定，我们要对拍摄的图像进行预处理。首先使用查找表函数的 Power X（幂 X）查找表来增加图像的对比度，幂值设置为 1.5。如图 4-97 所示。

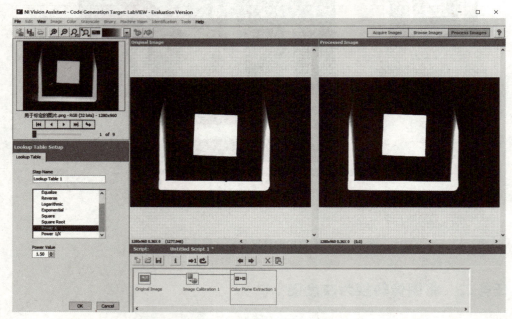

图 4-97　提高图像对比度

任务四　图　像　滤　波

因为要进行工件的识别与定位，所以使用 Filters 滤波函数中不会破坏图像轮廓的 Smoothing-Median（平滑-中值）滤波器进行滤波，如图 4-98 所示。

任务五　识别和定位工件

首先打开 Geometric Matching（几何匹配）函数并选择六边形图像，再在"Template"（模板）选项卡中选择"New Template"（创建新模板），如图 4-99 所示。

再使用旋转矩形 ROI 工具选择大六边形为 ROI 区域，如图 4-100 所示。

在定义曲线界面，首先调整边缘阈值，使六边形的所有轮廓都被识别到，再使用"Draw Regions to Ignore"（画忽略区域）将所有多余的轮廓擦除。如图 4-101 所示。

再在自定义评分界面将六边形外的所有区域涂抹掉。如图 4-102 所示。

最后在匹配设置界面将模板焦点设置为六边形的中心，角度范围设置为 0~360 度，最小缩放比例和最大缩放比例都设置为 100%。如图 4-103 所示。

项目四 机器人工件分拣系统的视觉识别与定位

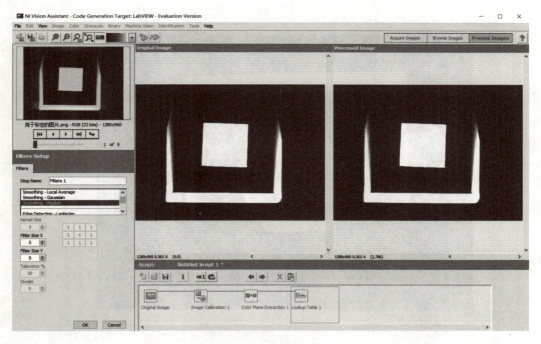

图 4-98 图像滤波

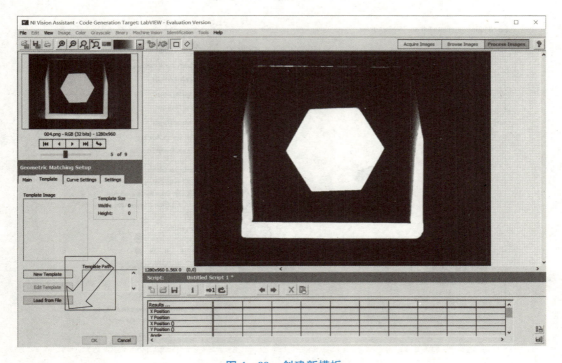

图 4-99 创建新模板

185

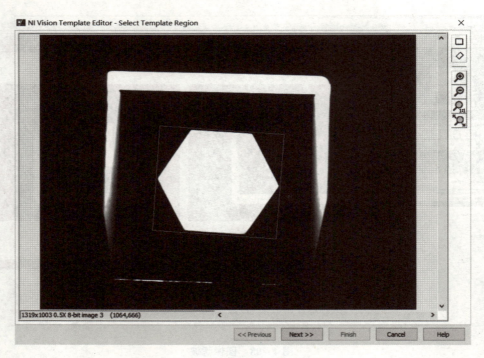

图 4-100　选择 ROI 区域

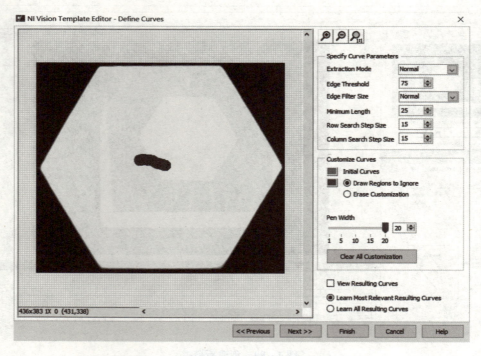

图 4-101　调整边缘阈值并擦除多余轮廓

项目四 机器人工件分拣系统的视觉识别与定位

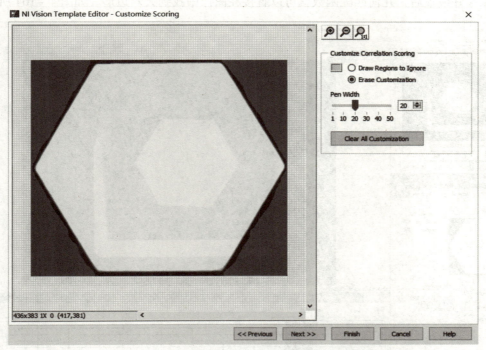

图 4-102 涂抹掉六边形外的区域

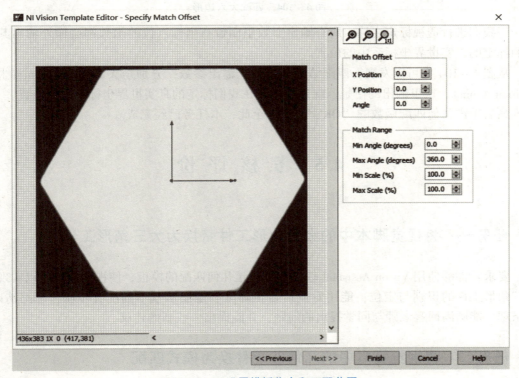

图 4-103 设置模板焦点和匹配范围

187

保存好模板后,几何匹配函数就可以直接在图像中找到大六边形。如图4-104所示。

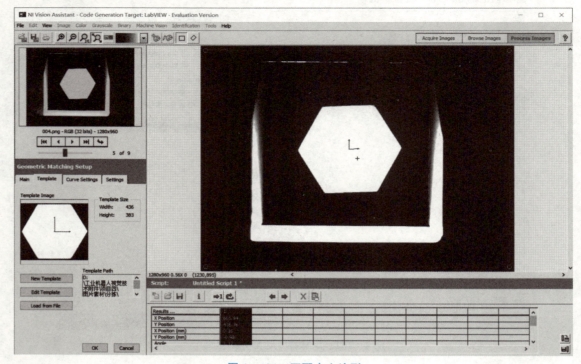

图4-104 匹配大六边形

当我们进行透视标定之后,所有输出参数里面带有坐标点位的函数都会额外输出其在我们标定的真实世界坐标系中的位置。

从图4-104中可以发现,匹配结果多了两个输出参数,分别是 X Position(mm)和 Y Position(mm)。这里输出的便是匹配到的工件在我们标定的真实世界坐标系中的位置。

最后单击几何匹配函数的"OK"按钮。至此,本任务已经完成。

4.5 考核评价

任务一 将视觉脚本中的大六边形工件替换为大三角形工件

要求:能够使用 Vision Assistant 软件熟练创建几何匹配的模板,使视觉脚本可以实现对大三角形工件的识别与定位;能用专业语言正确流利地展示基本的配置步骤,思路清晰、有条理,能圆满回答老师与同学提出的问题,并能提出一些新的建议。

任务二 将视觉脚本中的几何匹配替换为模式匹配

要求:能够使用 Vision Assistant 软件设置模式匹配,也可以实现对工件的定位和识别。

请大家将几何匹配函数替换为模式匹配函数并重新创建工件模板，使脚本依然可以实现工件的定位与识别；能用专业语言正确流利地展示基本的配置步骤，思路清晰、有条理，能圆满回答老师与同学提出的问题，并能提出一些新的建议。

4.6 拓展提高

任务　同时对多个工件进行识别与定位

要求：如果要实现对多个工件的识别与定位，有两种方式：一种是在视觉脚本中使用多个匹配函数使用不同的模板进行匹配。这种方式的缺点是工件的匹配是一个一个进行的，因此比较耗费时间；另一种方式是在 LabVIEW 中修改自动生成的代码，将匹配部分的代码单独提取出来做成一个 VI，将模板图像设置为 VI 的输入参数。在使用不同的模板时多次调用匹配 VI，即可实现同时匹配多个工件。

项目五

手机尺寸测量应用

5.1 项目描述

本项目的主要学习内容包括通过学习与搭建一个工业现场的手机尺寸测量视觉系统，使学生掌握如何在 NI 视觉中进行物件的测量，为后续进一步学习打下坚实的基础。

5.2 学习目标

通过本项目的学习掌握 Vision Assistant 软件边缘检测函数、建立坐标系函数、查找直边函数、最大卡尺函数、测径器函数，并使用学习的函数完成对图像中手机的尺寸测量。我们可以按照本项目所讲步骤逐一操作，熟悉所有的操作方法，同步操作，为后续学习更加复杂的内容打下坚实的基础。

5.3 知识准备

5.3.1 边缘检测函数：Edge Detector

边缘检测（Edge Detector）在图像中沿着像素直线查找边缘。使用边缘检测工具来识别和定位图像中像素强度的间断不连续点。间断点通常与像素强度值的突变相关，表示了某个场景中的目标的边界。其函数在处理函数面板中的位置如图 5-1 所示。

在图像中检测边缘，需要指定一个搜索区域来定位边缘。用户可以交互式指定搜索区域或通过编程方式指定搜索区域。当使用交互式指定方式时，可以使用线型 ROI 工具来选择想要分析的搜索路径。也可以通过编程解决搜索区域，基于常量值或前面的处理步骤的结果。例如，可能希望沿某零件的特定部分查找一个边缘，零件在前面的步骤中使用了粒子分析、模式匹配等算法已经定位出来了。边缘检测软件分析了沿着区域来检测边缘的像素。可以配置边缘检测工具来查找所有的边缘（Find All Edges）、查找第一个点（Find First

Edge)、最好的边缘或查找区域中第一个和最后一个边缘点。

NI 的边缘检测器以及后面的查找直边、最大卡尺等等测量函数，都是基于边缘检测的，因此我们先了解一下边缘检测。

1. 什么时候可以使用边缘检测

对于许多机器视觉应用程序来讲，边缘检测是一个非常有效的工具。它提供了应用程序关于目标边界的位置信息和存在的间断点信息。在下面的三个应用领域，可以使用边缘检测，它们是 Gauging（测量）、Detection（检测）和 Alignment（定位）。

1）测量：Gauging

测量应用程序可以用于关键尺寸测量，如长度、距离、直径、角度、数量，以判断检测的产品制造是否正确。根据测量的参数在超出用户定义的公差范围内或者超出公差范围，元件或零件会被分类或拒绝。

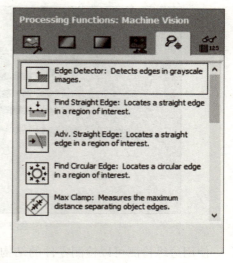

图 5-1 Edge Detector（边缘检测）函数的位置

测量经常用于在线和离线生产中。在在线处理中，每个产品都需要检查，因为它们是人工制造的。视觉在线测量检查是一种被广泛应用的检查技术，如机械装配验证、电子包装检验、集装箱检验、玻璃小瓶检查、电子连接器检查等。

同样的，测量应用程序经常用于离线产品的质量测量。首先，从生产线提取一个样本产品。接下来，对被测目标之间的距离特征进行研究，确定该样本在公差范围内。你可以测量一个图像上分隔的边缘之间的距离，以及使用粒子分析、模式匹配技术来测量位置。边缘也可以组合得到最佳拟合直线、投影、交叉点和夹角。使用边缘位置来计算形状测量的估计量，如圆、椭圆和多边形。图 5-2 显示了一个测量应用，使用边缘检测来测量火花塞的间距的长度。

图 5-2 边缘检测测量火花塞间

2）检测：Detection

在电子连接器组装和机械装配应用中，零件存在性检测应用是非常典型的。这类应用的目标是确定零件是否存在，使用的方法是线剖面图和边缘检测。根据沿线剖面图上的背景和前景的对比度水平以及过渡区域的斜率来定义边缘。使用这种技术，可以计算出沿线剖面图方向上的边缘数量，然后与期望的边缘数量进行比较。这种方法提供了更少的计算量以替代其他的图像处理方法，如图像相关性和模式匹配。

图 5-3 显示了一个简单的检测应用，沿线剖面图方向进行边缘检测并得到边缘的数量，并据此确定连接器是否组装正确。检测到 8 个边缘表明有四条线，则组装正确，而任何其数量的边，意味着部分装配不正确。当然前提条件是需要图像只有线的边缘，而没有其他的噪声干扰，同时线不能连接在一起，因此线连接在一起时，也会少边。这种连接器线材检测，还可以利用彩色图像进行线序检查，即确定线的颜色有没有装配正确。

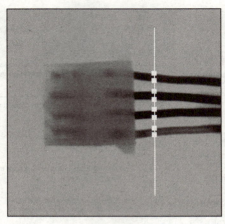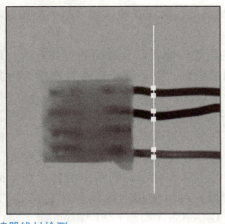

图 5-3 连接器线材检测

使用边缘检测可以检测零件的结构缺陷，如裂缝或外观缺陷如划痕。如果零件的照明强度是均匀的，则这些缺陷在强度剖面图上有急剧的变化，边缘检测可以识别这些变化。

3）定位：Alignment

定位可以确定零件的位置和方向。在许多机器视觉应用中，想检测的目标可能会在图像中的不同位置。边缘检测在执行检查前找到目标在图像中的位置，这样就可以只在兴趣区域进行检查。零件的位置和方向可以针对定位装置提供反馈信息，如水位。

图 5-4 显示了检测图像中的磁盘的左边界。可以使用边缘的位置来确定磁盘的方向。

图 5-4 检测图像中的磁盘的左边界

2. 边缘检测函数的选项卡：Edge Detection

图 5-5 为边缘检测的选项卡，图 5-5（a）为主体选项卡，有常规的步骤名、旋转 ROI、参考坐标系等选项。图 5-5（b）则是默认的边缘检测的参数设置页面，相对比较复杂，参数比较多。

边缘检测器分为两种类型，通过设置选项卡的 Edge Detector 进行选择。一种是 Simple Edge Tool（简单边缘工具），另一种是 Advanced Edge Tool（高级边缘工具），检测边缘函数默认使用的是高级边缘工具。

简单边缘工具是一种基于搜索路径上的灰度阈值的查找边缘方法。可以返回图像中搜索路径上的第一边缘点、第一边缘点和最后边缘点、所有边缘点等。这里所说的搜索路径，不一定是直线，也可以是其他的 ROI 工具，如曲线、矩形、徒手绘线等。

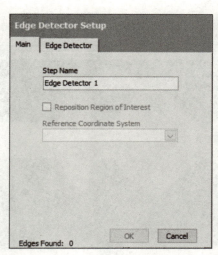 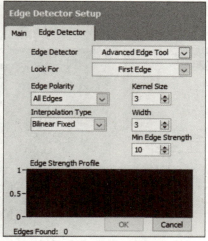

(a)   (b)

图 5–5　边缘检测函数的选项卡

高级边缘工具则是在搜索路径上基于内核算子的一种边缘查找工具。其准确性要比简单边缘工具要强，但是因为使用了内核算子，需要考虑邻域中的像素值，因此计算量会增加，耗时也就会增加。

3. 简单边缘工具

简单边缘工具选项卡界面如图 5–6 所示。

1）寻找对象：Look For

Look For（寻找对象）的选项如图 5–7 所示。Look For（寻找对象）共有 First Edge（第一边缘）、First & Last Edge（第一和最后边缘）、All Edges（所有边缘）三个选项可用，Best Edges（最佳边缘）为不可用，Best Edges（最佳边缘）只能用于高级边缘工具。

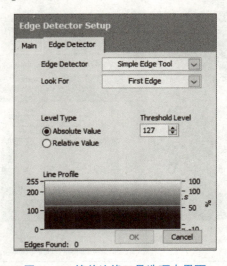 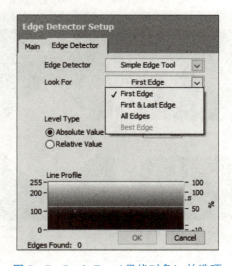

图 5–6　简单边缘工具选项卡界面　　　　图 5–7　Look For（寻找对象）的选项

First Edge（第一边缘）：发现并标记 ROI 工具中找到的第一个边缘点，如图 5–8 所示。

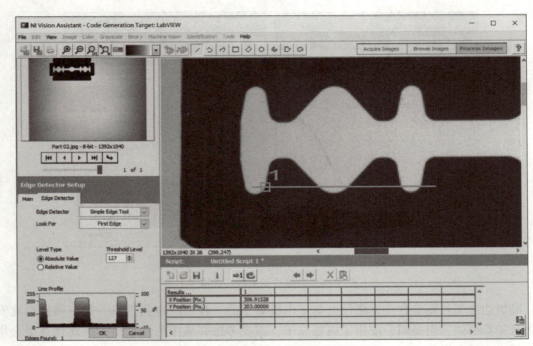

图 5-8　First Edge 第一边缘的效果

First & Last Edge（第一和最后边缘）：发现并标记 ROI 工具中找到的第一个和最后一个边缘点，如图 5-9 所示。

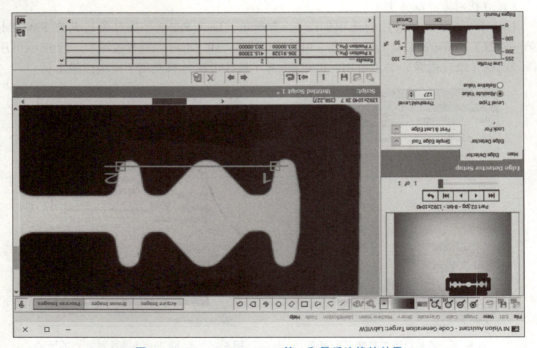

图 5-9　First & Last Edge 第一和最后边缘的效果

All Edges（所有边缘）：发现并标记 ROI 工具中找到的所有边缘点，如图 5-10 所示。

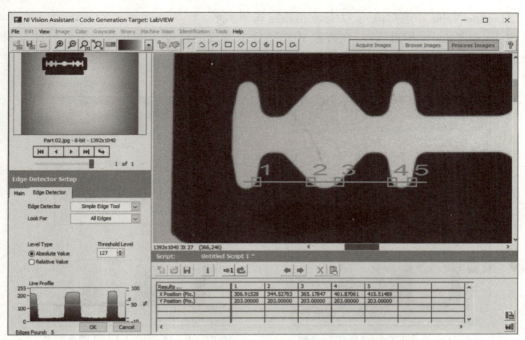

图 5-10　First & Last Edge 第一和最后边缘的效果

Best Edges（最佳边缘）：发现并标记搜索区域中最强最好的边缘点（只能在高级边缘工具中使用），如图 5-11 所示。

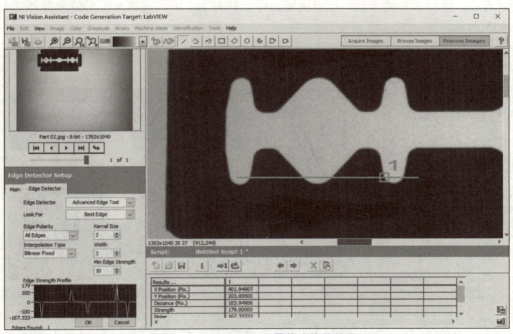

图 5-11　Best Edges 最佳边缘的效果

2）（阈值）类型：Level Type
（阈值）类型如图 5-12 所示。

Absolute Value（绝对值）：为像素值指定阈值水平。

Relative Value（相对值）：在搜索 ROI 路径上发现的强度范围并映射成百分比（像素值/最大像素值×100%），指定阈值作为一个百分比。

Threshold Level 阈值水平如图 5－13 所示。

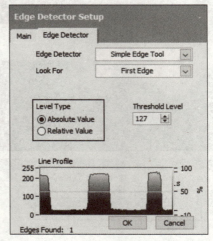

图 5－12　Level Type（阈值）类型

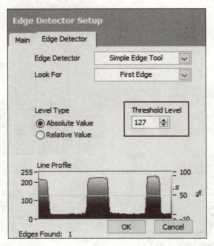

图 5－13　Threshold Level 阈值水平

指定强度水平，无论是用像素绝对值还是用百分比相对值表示，是期望在图像在构成一个边缘的值。例如，当设定为绝对值 128 时，这时在从小于 128 到大于 128 的转变处就会有一个边缘存在。阈值水平的高低，可以决定边缘点的有无。不同阈值水平的效果如图 5－14、图 5－15 所示。

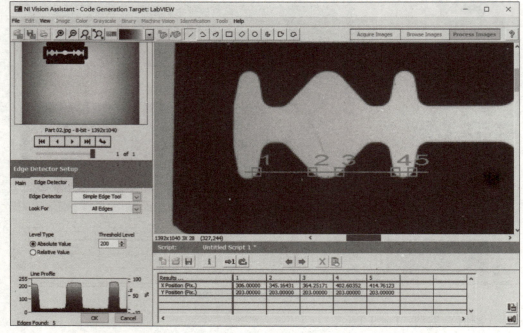

图 5－14　阈值为 200 时找到的边缘

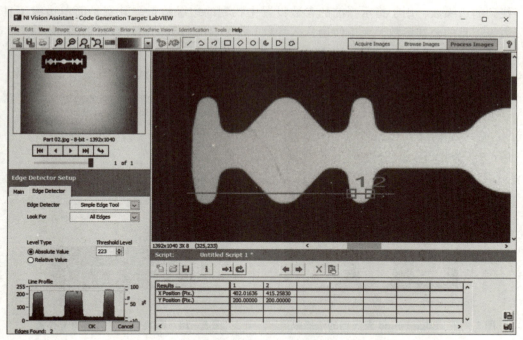

图 5-15 阈值为 223 时找到的边缘

3）线剖面：Line Profile

线剖面界面如图 5-16 所示。

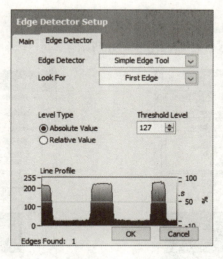

图 5-16 Line Profile 线剖面

线剖面图与前面的高级边缘工具中的强度剖面图类似。只不过其相对要简单直观一些。左边表示了 ROI 上对应点的灰度值，右边则是灰度值对应的百分比。红色的轮廓线表示了当前的灰度值或百分比大小。而黄色的线，则表示了阈值水平，这个黄色的线同样可以使用鼠标拖动来更改阈值水平的大小。

Edge Found（查找到的边缘数）如图 5-17 所示：

找到的边缘数,用于指示当前的参数设置中找到的边缘数量。其实是简单边缘工具和高级边缘工具的公共参数。无论使用什么参数,都是会有找到的边缘数量返回的。

4. 高级边缘工具:Advanced Edge Tool

图 5-18 为使用高级边缘工具时的参数。当使用高级边缘工具时,这些参数才可用。

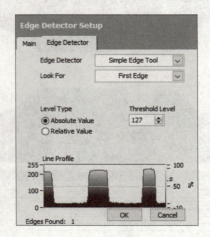

图 5-17 Edge Found 查找到的边缘数

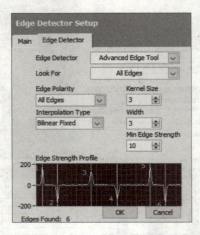

图 5-18 高级边缘工具选项卡界面

1) 寻找对象:Look For

Look For(寻找对象)界面如图 5-19 所示。

高级边缘工具的 Look For 寻找对象与简单边缘工具的 Look For 寻找对象是相同的,因此此处不再详细介绍。

2) 边缘极性:Edge Polarity

Edge Polarity(边缘极性)选项如图 5-20 所示。

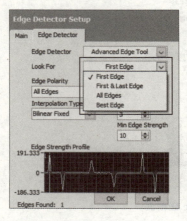

图 5-19 高级边缘工具的
Look For(寻找对象)界面

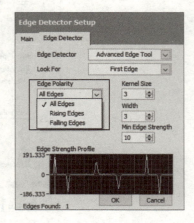

图 5-20 Edge Polarity
(边缘极性)选项

边缘极性选项有三类,即 All Edges(所有边缘)(这里的所有是指上升和下降边缘)、Rising Edges(上升边缘)、Falling Edges(下降边缘)。其效果分别如图 5-21、图 5-22、图 5-23 所示。

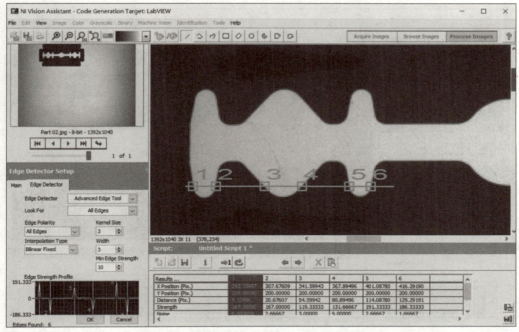

图 5-21 All Edges（所有边缘）的效果

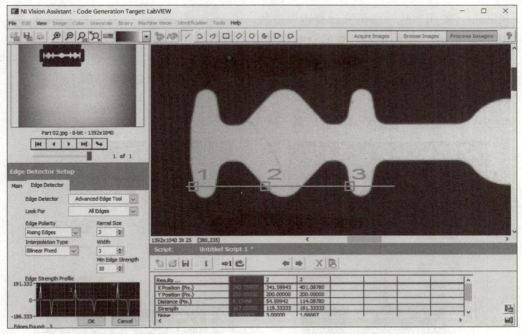

图 5-22 Rising Edges（上升边缘）的效果

3）插值类型：Interpolation Type

Interpolation Type（插值类型）选项如图 5-24 所示。

Zero Order（零阶）：发现最近的积分边缘位置。

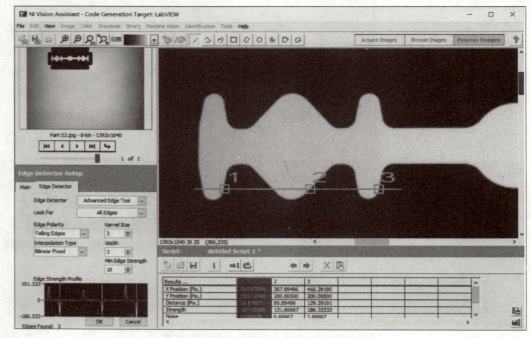

图 5-23 Falling Edges（下降边缘）的效果

Bilinear：使用双线性插值来计算边缘位置。

Bilinear Fixed：使用定点计算的双线性插值来确定边缘位置。

三类插值方法的差别不是非常大，找到的边缘位置几乎是一样的。可能需要在一些特殊的场合才能发现细小的差别。因此这个参数相对来讲并不是十分重要。

4）内核尺寸：Kernel Size

Kernel Size（内核尺寸）选项如图 5-25 所示。

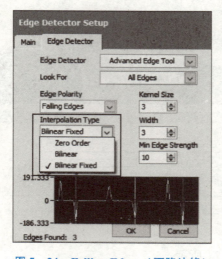

图 5-24 Falling Edges（下降边缘）

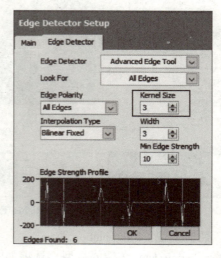

图 5-25 Kernel Size（内核尺寸）

高级边缘工具会考虑搜索方向上的像素。内核尺寸越大，则需要考虑的像素越多，噪声干扰也就会越少。因此当图像比较干净无噪声时，可以将内核尺寸设置的比较小，这样可以回忆提取边缘的速度，而如果有干扰信号时，则需要将内核尺寸加大，以避免噪声的干扰。其效果如图 5-26、图 5-27 所示。

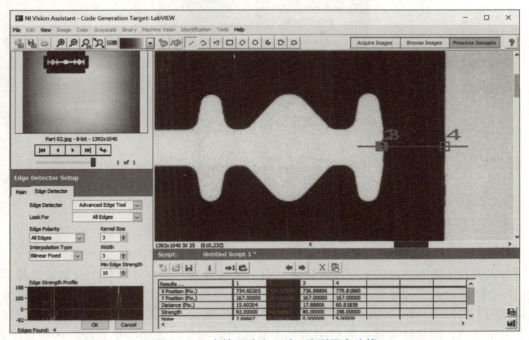

图 5-26　内核尺寸为 3 时，找到四个边缘

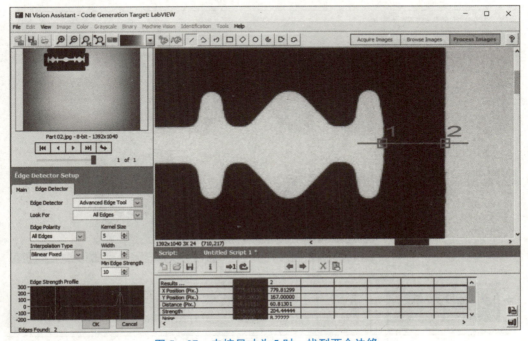

图 5-27　内核尺寸为 5 时，找到两个边缘

5) 宽度：Width

Width（宽度）选项如图 5-28 所示。

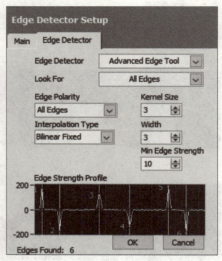

图 5-28　Width（宽度）

指定垂直于搜索方向的平均像素数量，用于沿搜索 ROI 方向计算每个点的边缘轮廓强度，即在前面的高级边缘界面中介绍的 Thickness（厚度）。这个参数考虑的是沿搜索方向垂直方向上的像素。作用内内核尺寸的作用类似，值越大，则需要考虑的像素越多，抗干扰能力则越强，但是计算量与耗时会增加。其比较适用于避免那些孤立较窄的噪点干扰。其效果如图 5-29、图 5-30 所示。

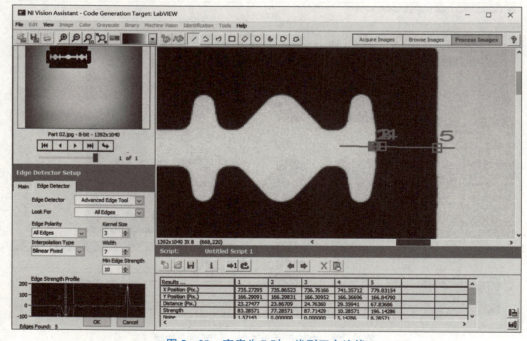

图 5-29　宽度为 7 时，找到五个边缘

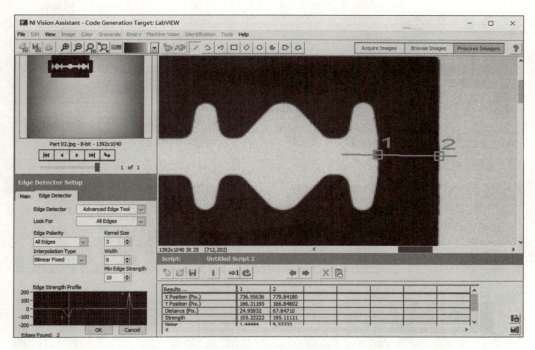

图 5-30 宽度为 7 时，找到两个边缘

6）最小边缘强度：Min Edge Strength

Min Edge Strength（最小边缘强度）选项如图 5-31 所示。

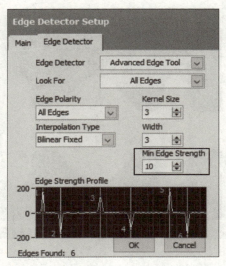

图 5-31 Min Edge Strength（最小边缘强度）选项

指定检测边缘所需要的最小边缘强度。将边缘灰度值转换为等效边缘强度后，会得到一个边缘强度剖面图，可以在边缘强度剖面图中指定一个阈值——即最小边缘强度，来决定哪样的边缘强度可以当作是边缘。其效果如图 5-32、图 5-33 所示。

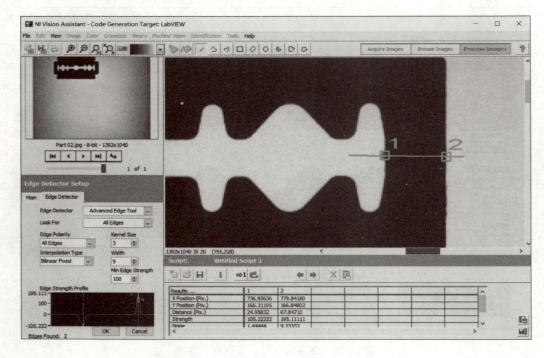

图 5-32　最小边缘强度为 100 时，找到两个边缘

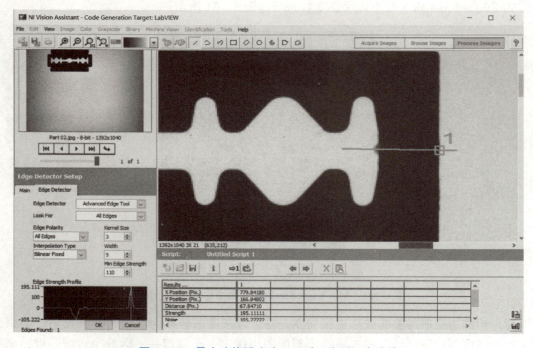

图 5-33　最小边缘强度为 110 时，找到一个边缘

7）边缘强度剖面：Edge Strength Profile

Edge Strength Profile（边缘强度剖面）选项如图 5-34 所示。

边缘强度剖面是将搜索 ROI 上的灰度值转换为一个等效的边缘强度剖面。可以直观地反映搜索 ROI 上可能存在的边缘。

边缘强度剖面图中，白色的线为等效的边缘强度，蓝色的线为最小边缘强度阈值，黄色的线，则表示边缘点。其中蓝色的最小边缘强度阈值可以使用鼠标拖动，将鼠标放置在线上变成上下鼠标状态时，则可以拖动阈值的线，从而改变最小边缘强度的大小。边缘强度剖面图只是为了方便设置最小边缘强度，提供一个更加直观的图示。

8）找到的边缘数：Edges Found

Edges Found（找到的边缘数）选项如图 5-35 所示。

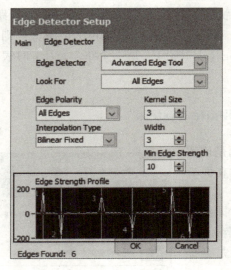

图 5-34　Edge Strength Profile
（边缘强度剖面）选项

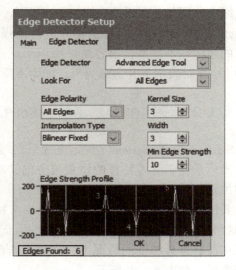

图 5-35　Edges Found
（找到的边缘数）选项

找到的边缘数，用于指示当前的参数设置中找到的边缘数量。其实是简单边缘工具和高级边缘工具的公共参数。无论使用什么参数，都是会有找到的边缘数量返回的。

5. 边缘检测的结果

边缘检测的结果如图 5-36、图 5-37 所示。

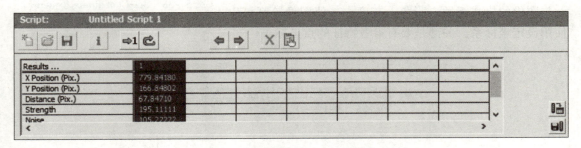

图 5-36　边缘检测的结果（1）

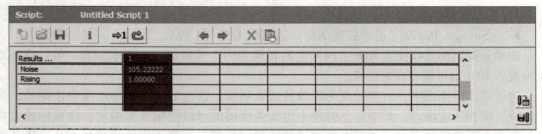

图 5-37　边缘检测的结果（2）

边缘检测的结果相对来讲，也是很简单的，其中：有 X Position（Pix.）：X 位置（像素）、Y Position（Pix.）：Y 位置（像素）、Distance（Pix.）：距离（像素）、Strength 强度、Noise 噪声、Rising 上升沿等几个输出结果。X 坐标位置、Y 坐标位置非常好理解，即找到的边缘点在图像中的坐标。Distance 距离，则为找到的边缘点距离 ROI 起点的像素距离。Strength 强度为对应的边缘点实际的边缘强度值。Noise 为边缘处的噪声，值越大，则表示当前的边缘越不靠谱，很容易被噪声干扰。Rising（上升沿），是一个布尔量，1 时表示上升为真，0 时表示上升边缘为假，即为下降边缘。

5.3.2　设定坐标系函数：Set Coordinate System

Set Coordinate System（设定坐标系），其作用是创建一个坐标系基于参考特征的位置与方向，其函数在面板中的位置如图 5-38 所示。

要使用这个函数首先是需要一个参考特征（即前面的函数有坐标信息输出），这样才能用于建立坐标系。如果在没有参考特征的情况下，直接点击函数，是会提示警告的，如图 5-39 所示。

从图 5-39 中的警告信息看到，坐标系基于其他步骤的点位置，例如找边缘、找模板、粒子分析等。如果在脚本中没有相关的点可以使用，则无法建立坐标系，即如果脚本区中有直方图、线剖面图、测量等函数也是不能用作参考特征来建立坐标系的。

设定坐标系函数因为只相关于点的位置与方向，因此与图像的格式无关，彩色、灰度、二值图像等都可以使用设定坐标系，关键是要有参考特征的点坐标。

图 5-38　Set Coordinate System
（设定坐标系）函数的位置

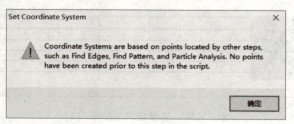

图 5-39　Set Coordinate System（设定坐标系）必须基于参考特征

1. 什么时候使用设定坐标系函数

设定坐标系函数,在实际测量中是非常有用的,特别是一些生产线上或大视野中的目标的定位测量上,如尺寸测量、条码识别、OCR、粒子分析等函数,当目标特征在视野的位置不确定时,这里就需要建立参考坐标系,使测量目标的 ROI 跟随参考点运动。而参考点的选择,通常是需要保证其在视野中一定存在且清晰,容易识别,不会造成不确定性的特征,一般使用匹配等方法进行参考特征的提取,再建立参考坐标系,然后再做目标特征的测量。

2. 设定坐标系函数的选项卡

设定坐标系函数的选项卡如图 5 – 40 所示。

设定坐标系的设置选项卡也比较简单,只有一个 Settings(设置)选项卡。其中有一个类似步骤名的 Coordinate System Name(坐标系名称)。这个坐标系名,既充当了步骤名,又充当了坐标系名。坐标系名是需要区别对待的。因为一个图像处理检测系统中,是可以设置多个不同的参考坐标系的。

1)坐标系的类型:Mode

接下来是 Mode(坐标系的类型)。默认的是 Horizontal Motion(水平运动),此外还有 Vertical Motion(垂直运动)、Horizontal and Vertical(水平和垂直运动)、Horizontal、Vertical and Angular Motion(水平、垂直带角度的运动)。如图 5 – 41 所示。

从图 5 – 41 中看到,最后一个水平、垂直带角度运动的类型是灰色不可用的。这是因为前面是使用

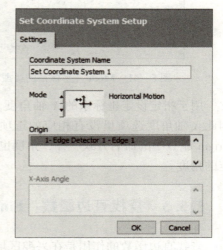

图 5 – 40 设定坐标系函数的选项卡

边缘检测函数输出的点,其并没有角度信息,因此坐标系没有相应的角度方向参考,因此带角度的运动是不可用的。

2)原点:Origin

Origin(原点)选项如图 5 – 42 所示。

用于指定需要设定的坐标系的原点。图 5 – 42 中可以使用的是 Edge Detector 函数找到的 1 – Edge Detector 1 – Edge 1 边缘点。原点中的名称有两个" – "横线隔开三段。

其中,最前面的数字是可以使用的坐标系原点编号,中间一部分是某个可以找到点的函数名,后面是此函数找到的具体的点名称与编号。

不同的函数可以找到的点是不一样的,而且相同的函数针对不同的图像使用不同的设置方法时,找到的点位置、数量也是不一样的。因此在建立坐标系时,需要对点有一个比较好的把握。理论上比较好的点是那种具有唯一性,且容易寻找,不容易找错的点。因此一旦这个原点找错了,那么坐标系的位置与方向就不正确了,那么如果后面有 ROI 需要跟随这个坐标系运动,那么 ROI 就不会在预期的特征上面从而造成测量的不正确。

3)X 轴角度:X – Axis Angle

X – Axis Angle(X 轴角度)如图 5 – 43 所示。

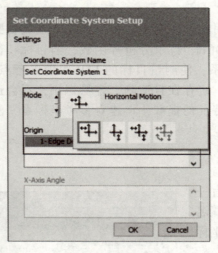

图 5-41　Mode（坐标系的类型）　　　　图 5-42　Origin（原点）选项

用于指定设定坐标系的 X 轴角度。在上面的例子中，因为没有可以使用的角度特征，因此 X 轴角度选项里没有相应的选项，是灰色禁用的。如果有相应的角度选项，那么与 Origin 原点中的命名方式一样，角度也是选择具体的特征测量得到的角度，而不是由用户指定的角度。

5.3.3　查找直边函数：Find Straight Edge

查找直边函数的作用是在兴趣区域中定位一条直的边缘或直线。其函数在面板中的位置如图 5-44 所示。

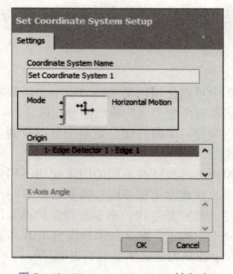
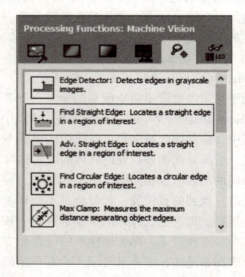

图 5-43　X-Axis Angle（X 轴角度）　　　图 5-44　Find Straight Edge
　　　　　　　　　　　　　　　　　　　　　　（查找直边）函数的位置

1. 设置选项卡：Settings

Settings（设置）选项卡如图 5-45 所示。

查找直边函数的参数数量相对来讲，是以前所有函数中最多的一个了。不过大部分是很好理解的，在前面也都有讲解过。下面具体了解一下。

1）方向：Direction

这个方向是指兴趣区域中想要查找一条直边的搜索线的方向。可以使用方向如图 5-46 所示。

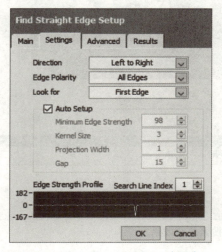

图 5-45　Settings（设置）选项卡

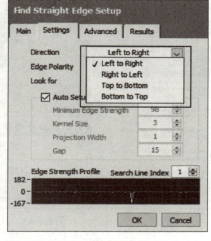

图 5-46　Direction（方向）

Left to Right（从左到右）的作用是使查找直边函数从左到右搜索直边，如图 5-47 所示。

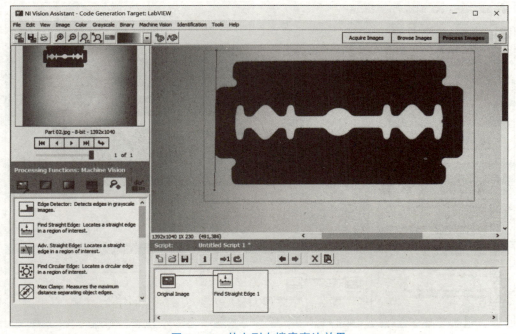

图 5-47　从左到右搜索直边效果

Right to Left（从右到左）的作用是使查找直边函数从右到左搜索直边，如图 5–48 所示。

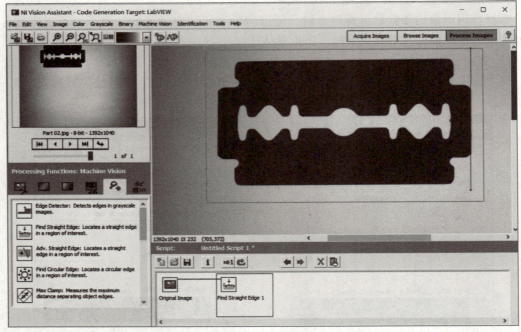

图 5–48 从右到左搜索直边效果

Top to Bottom（从上到下）的作用是使查找直边函数从上到下搜索直边，如图 5–49 所示。

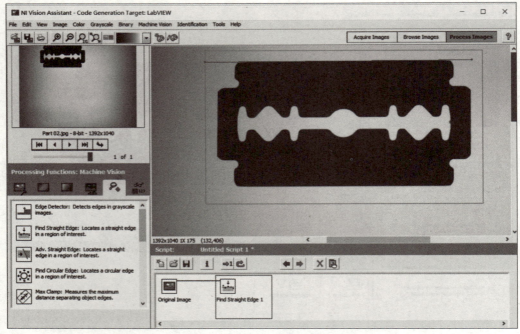

图 5–49 从上到下搜索直边效果

Bottom to Top（从下到上）的作用是使查找直边函数从下到上搜索直边，如图 5 – 50 所示。

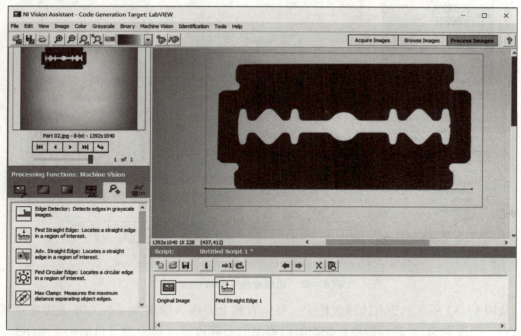

图 5 – 50　从下到上搜索直边效果

2）边缘极性：Edge Polarity

指定像素亮度的转换方式用于确定边缘。可用的选项有 All Edge（所有边缘）、Dark to Bright Only（仅黑到白）、Bright to Dark Only（仅白到黑）三个，如图 5 – 51 所示。

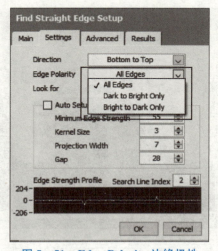

图 5 – 51　Edge Polarity 边缘极性

All Edge（所有边缘）使用依靠像素强度变化从黑到白和从白到黑的方式查找边缘特征，如图 5 – 52 所示。

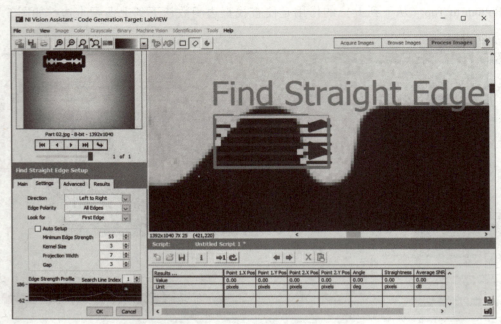

图 5-52 边缘极性 – 所有边缘

从图 5-52 所示的所有边缘极性中,可以看到上面四条搜索线(与 ROI 上边框重复部分也有一条搜索线),找到的点是左边的白到黑的下降边缘(图中为黄色的小点表示)。而其他的几条搜索线找到的是右边的黑到白的上升边缘。

Dark to Bright Only(仅黑到白)沿着搜索线方向,只发现那些亮度是从黑变为白的边缘特征,如图 5-53 所示。

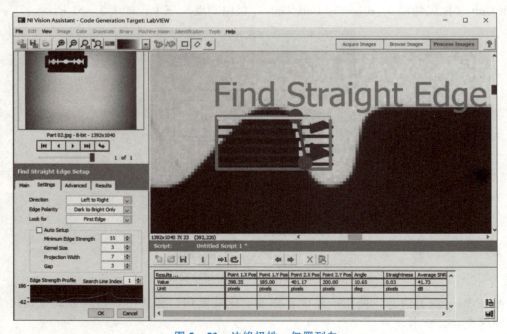

图 5-53 边缘极性 – 仅黑到白

从图 5-53 中看到，从黑到白时，左边是没有找到边缘点的。

Bright to Dark Only（仅白到黑）沿着搜索线方向，只发现那些亮度是从白变为黑的边缘特征，如图 5-54 所示。

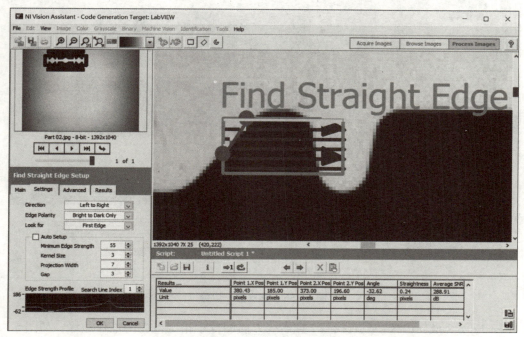

图 5-54　边缘极性 – 仅白到黑

从图 5-54 中看到，从白到黑时，最右边是没有找到边缘点的。

3）寻找边缘类型：Look For

Look For（寻找边缘类型）如图 5-55 所示。

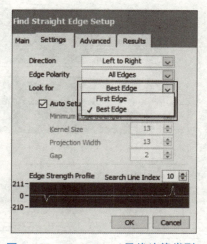

图 5-55　Look For（寻找边缘类型）

First Edge（第一边缘）只查找基于搜索线方向图像中指定极性的第一个边缘，如图 5-56 所示。

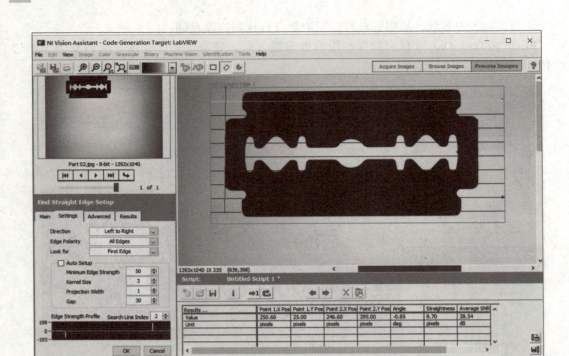

图 5-56 查找第一边缘

Best Edge（最佳边缘）只查找基于搜索线方向图像中指定极性的最佳边缘，如图 5-57 所示。

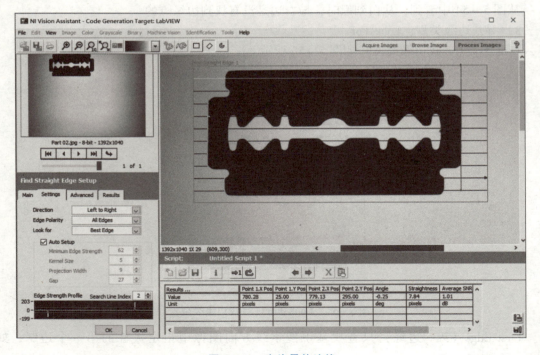

图 5-57 查找最佳边缘

4）自动设置：Auto Setup

Auto Setup（自动设置）如图 5-58 所示。

图 5-58　Auto Setup（自动设置）

当使用时，函数将自动定位到 ROI 中的最强边缘并返回查找到的边缘参数。自动设置的参数主要有 Minimum Edge Strength（最小边缘强度）、Kernel Size（内核尺寸）、Projection Width（投影宽度）、Gap（间距）等。一般来讲，可以最开始时使用一次自动，然后再使用手动，然后微调一下参数即可完成直边查找。其效果如图 5-59 所示。

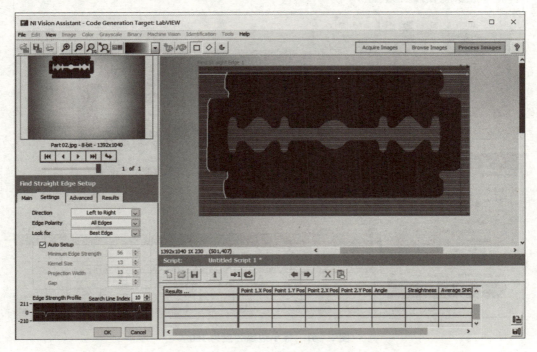

图 5-59　自动设置使能

5）最小边缘强度：Minimum Edge Strength

Minimum Edge Strength（最小边缘强度）如图 5-60 所示。

图 5-60　Minimum Edge Strength（最小边缘强度）

这个与上节中介绍的最强边缘强度是一个概念，这里就不多介绍了。不同的最小边缘强度对边缘的位置有影响。效果如图 5-61、图 5-62 所示。

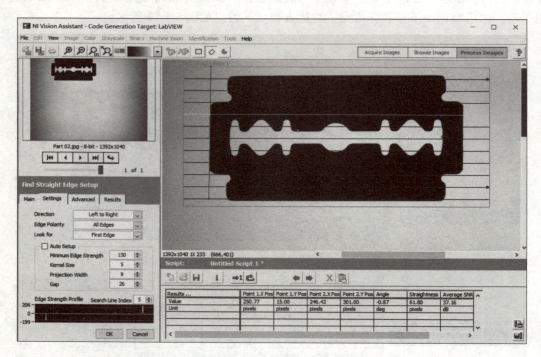

图 5-61　最小边缘强度为 150

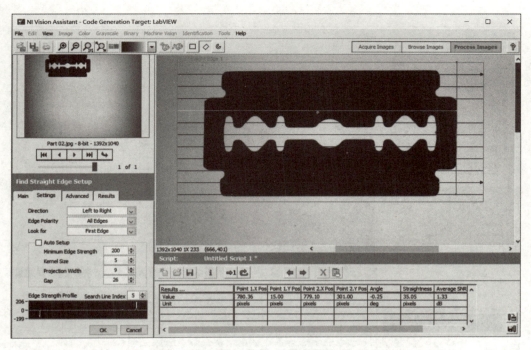

图 5-62 最小边缘强度为 200

6）内核尺寸：Kernel Size

Kernel Size（内核尺寸）如图 5-63 所示。

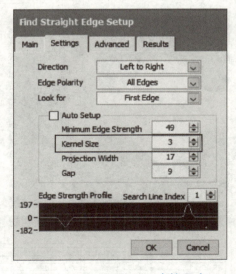

图 5-63 Kernel Size（内核尺寸）

内核尺寸的概念前面也讲过很多次了。两个不同的内核尺寸的效果如图 5-64、图 5-65 所示。

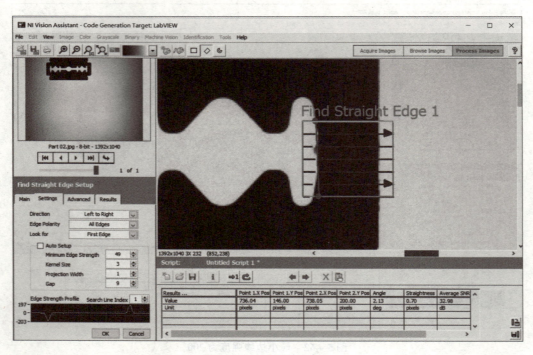

图 5-64　内核尺寸为 3

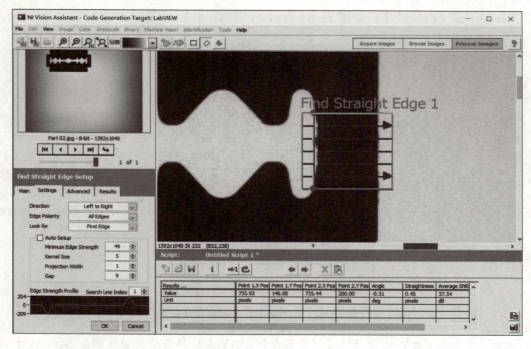

图 5-65　内核尺寸为 5

7) 投影宽度：Projection Width

Projection Width（投影宽度）如图 5-66 所示。

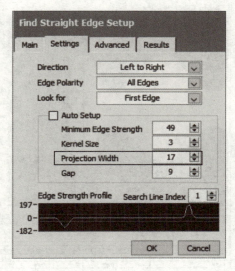

图 5-66　Projection Width（投影宽度）

投影宽度，其实就是上节中介绍的 Width（宽度），影响与搜索方向垂直的方向上的像素。投影宽度越大，抗噪能力越强。其效果如图 5-67、图 5-68 所示。

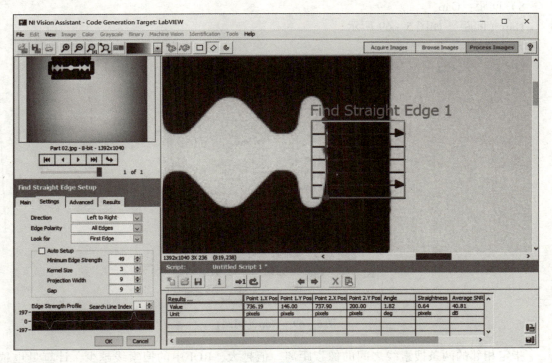

图 5-67　投影宽度为 9

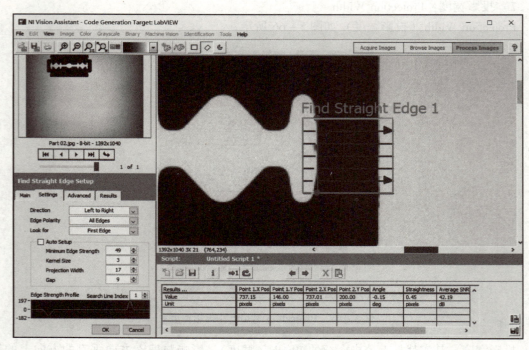

图 5-68 投影宽度为 17

8）间距：Gap

Gap（间距）如图 5-69 所示。

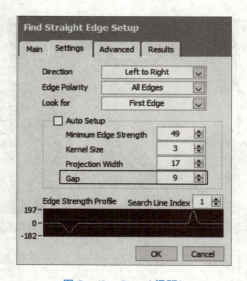

图 5-69 Gap（间距）

指定相邻的两条搜索线之间的像素距离。值越大，ROI 中的搜索线越少，计算量也越少，但是拟合的精度会下降。其效果如图 5-70、图 5-71 所示。

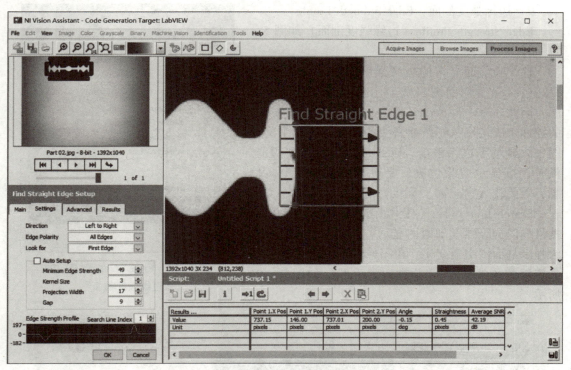

图 5–70　间距为 9

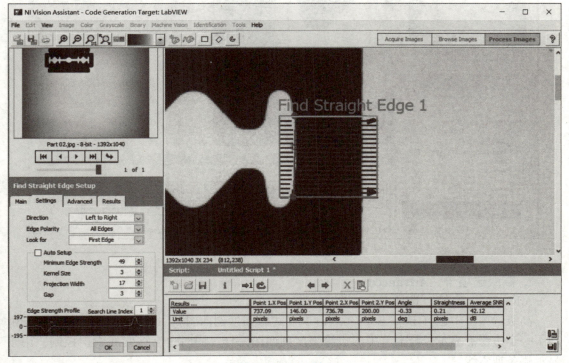

图 5–71　间距为 3

9）边缘强度剖面：Edge Strength Profile

Edge Strength Profile（边缘强度剖面）如图 5 - 72 所示。

这个与前面介绍的边缘强度剖面是一个概念，只是边缘强度剖面图只能显示一个搜索线的剖面图，因此还有一个 Search Line Index（搜索线索引）的控件来决定显示哪条搜索线的剖面图。这个剖面图中只显示了边缘强度，以及最小边缘强度阈值。没有直接显示边缘位置，要想看到边缘或更多信息，需要在 Advanced（高级）选项卡中查看。

Search Line Index（搜索线索引）用于控制哪条搜索线的边缘强度剖面图显示，控制搜索线，在边缘强度剖面图中会变化，在图像的 ROI 上的搜索线会使用黄色线来表示当前的索引线，如图 5 - 73 所示。

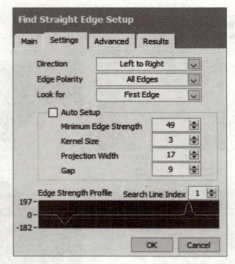

图 5 - 72　Edge Strength Profile
（边缘强度剖面）

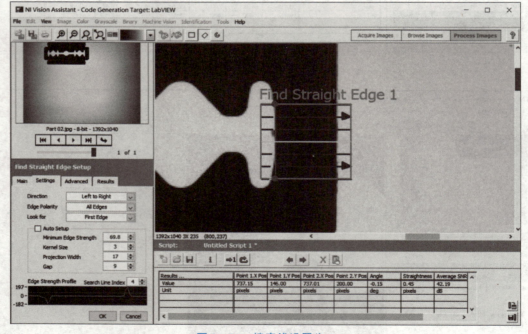

图 5 - 73　搜索线设置为 4

2. 高级选项卡：Advanced

Advanced（高级）选项卡如图 5 - 74 所示。

高级选项卡中也有 Edge Strength Profile（边缘强度剖面图），这里的图比设置选项卡中多了一个边缘点显示，与上节中的边缘强度剖面图一样。同时也有搜索线索引控制，用于显示哪条搜索线。

找到的边缘点：Edge Points Found，如图 5 - 75 所示。

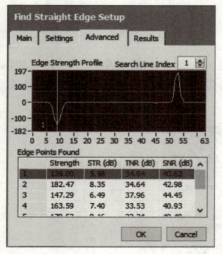 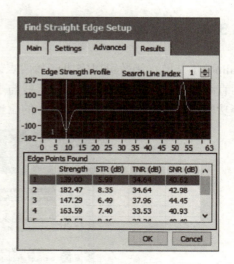

图 5-74　Advanced（高级）选项卡　　　图 5-75　Edge Points Found（找到的边缘点）

显示 ROI 中所有搜索线找到的边缘点的信息。其中可用的信息有 Strength（强度）、STR（信号阈值比）、TNR（阈值噪声比）、SNR（信号噪声比）。

STR（信号阈值比）：边缘的信号与阈值的比率，单位为分贝。STR 越低说明取的阈值与信号越接近，则表示阈值的选取比较恰当，对于系统稳定性有帮助。而 STR 比较大，则说明信号较强而阈值选择得太小，这样可能会造成系统的不稳定。

TNR（阈值噪声比）：边缘的阈值与噪声的比率，单位为分贝。TNR 反映了阈值与噪声的比，这个与 STR 是对立的，当 STR 变大时，TNR 则会变小，而 STR 变小时，TNR 则会变大。所以需要 TNR 是越大越好的。TNR 大了，说明阈值远大于噪声，系统抗干扰能力强。

SNR（信号噪声比）：边缘的信号与噪声的比率，单位为分贝。SNR 信噪比这个概念在许多领域都有，是一个比较好理解的概念，要求越大越好，值越大，则信号越强，噪声则越弱，系统越稳定。

3. 结果选项卡：Result

Result（结果）选项卡如图 5-76 所示。

结果选项卡中的内容在结果栏中同样也是有显示的，主要就是 Point 1. X Position（第 1 点的 X 坐标）、Point 1. Y Position（第 1 点的 Y 坐标）、Point 2. X Position（第 2 点的 X 坐标）、Point 2. Y Position（第 2 点的 Y 坐标）、Angle（查找到的直边的角度）、Straightness（直线度）、Average SNR（平均信噪比）这几个参数。

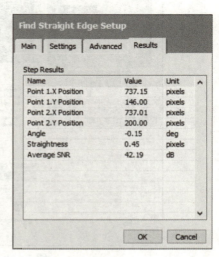

这些参数在这里是通过一个二维列表来显示的，有 Name（参数名）、Value（参数值）、Unit（参数单位）。点的坐标为像素值，角度的单位是度，直线度的单位也是像素值，平均信噪比的单位则是分贝。如果图像经过了标定，则会同时显示像素单位与标定单位。

图 5-76　Result（结果）选项卡

5.3.4 卡尺函数：Caliper

Caliper（卡尺）函数可以完成诸如两点之间的距离、两点之间的中点、点到直线的距离、两直线的中线、两直线的交点、直线与水平线的夹角或与垂线的夹角、两直线的夹角、拟合等功能。其函数在处理函数面板中的位置如图 5 – 77 所示。

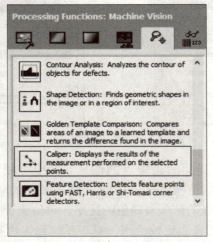

图 5 – 77　Caliper（卡尺）函数的位置

卡尺函数是基于选择的点的函数，其中最简单的测量功能都需要两个点，因此在使用此函数之前，至少需要前面的函数输出两个点，这样才能使用此函数，否则会弹出报警窗口，如图 5 – 78 所示。

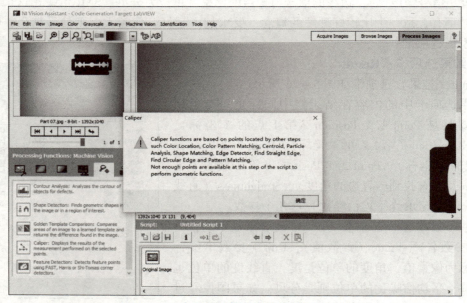

图 5 – 78　卡尺需要基于其他函数得到的点

1. 卡尺函数的设置选项卡：Caliper

卡尺函数的设置选项卡如图 5-79 所示。

卡尺函数的设置选项非常简单。因为卡尺函数是基于选择的点的，因此它不需要与坐标系关联。因此也就没有移动 ROI 与参考坐标系的选项了，只有 Step Name（步骤名）、Geometric Feature（几何特征）、Available Points（有效点）、Select（需要选择多少点）、Measure（测量）、Reset（重置）、Select All（选择所有）等几个参数。

1) 几何特征：Geometric Feature

如图 5-80 所示，即为卡尺函数中可用的所有几何特征测量。从左到右从上到下其功能分别为 Distance（距离）、Mid Point（中点）、Perpendicular Projection（垂直投影）（垂足及点到直线的距离）、

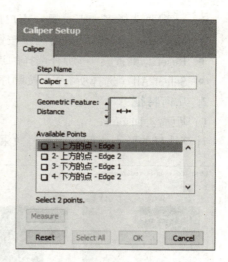

图 5-79　卡尺函数的设置选项卡

Lines Intersection（直线交点）、Angle from Horizontal（直线与水平线的夹角）、Angle from Vertical（直线与垂线的夹角）、Angle Defined by 3 Points（由三点测量角度）（两条相交的直线段）、Angle Defined by 4 Points（由四点测量角度）（两条未相交的直线段）、Bisecting Line（角平分线）（两直线间的中线）、Mid Line（点与直线之间的中线）、Center of Mass（质心）、Area（面积）、Line Fit（拟合直线）、Circle Fit（拟合圆）、Ellipse Fit（拟合椭圆）等功能。

2) 有效点：Available Points

这里是前面的测量函数中得到的可以使用的点。可以选择这些点中的某些用于几何特征测量。需要注意的是，有些几何特征的点是有编号的，因此在选择点时，也需要注意选择的顺序。不然，有可能测量得到的结果可能会不一样。如图 5-81 同样的 1、2 两点（查找垂线上的两点）与水平线的夹角，首先选择 1 再选择 2 时，得到的角度应该在 270 度，而先选择 2 再选择 1 时，则角度应该是 90 度左右。

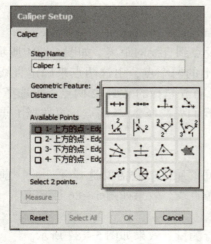

图 5-80　几何特征

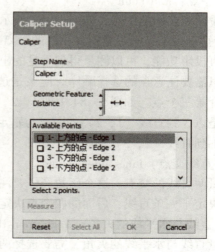

图 5-81　Available Points（有效点）

Select 需要选择多少点：提示用户当前的几何特征函数需要选择几个点。
- Measure（测量）：单击测量按钮，则使用选择的点对当前的几何特征进行测量。
- Reset（重置）：将所有选择的点释放掉，不选择任何点。
- Select All（选择所有）：按顺序选择所有点。

2. 几何特征

1）距离：Distance

计算选择的两点之间的距离，效果如图 5-82 所示。

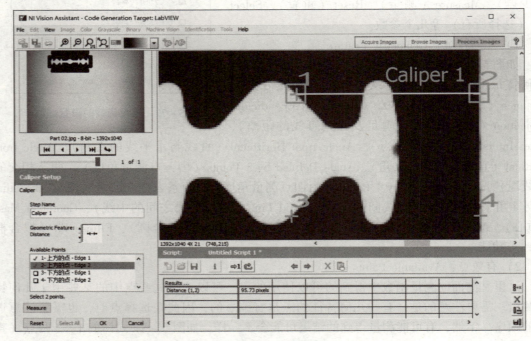

图 5-82　距离测量

2）中点：Mid Point

测量两点之间的中点，如图 5-83 所示。

3）垂直投影（垂足及点到直线的距离）：Perpendicular Projection

垂直投影功能，可以测量得到垂足的坐标点以及点到直线的距离，如图 5-84 所示。

这里需要注意点的选择顺序。应该是选择直线上的两个点，由这两点来确定直线，然后再选择第三个点。如图 5-84 中的 1、2、3 三点，首先选择的是 1、2 两点，再选择 3 点，得到的是点 3 到直线（1，2）的距离与垂足。如果我们先选择 2、3 两点，再选择 1 点，则变成了 1 到直线（2，3）的距离，如图 5-85 所示。

4）直线交点：Lines Intersection

测量两直线的交点。这个函数同样要注意点之间的顺序。它需要选择 4 个点，前面的两个点决定了一条直线，后面的两个点决定另外一条直线。效果如图 5-86 所示。

5）直线与水平线的夹角：Angle from Horizontal

测量直线与水平线的夹角，需要选择两个点进行测量。效果如图 5-87 所示。

项目五　手机尺寸测量应用

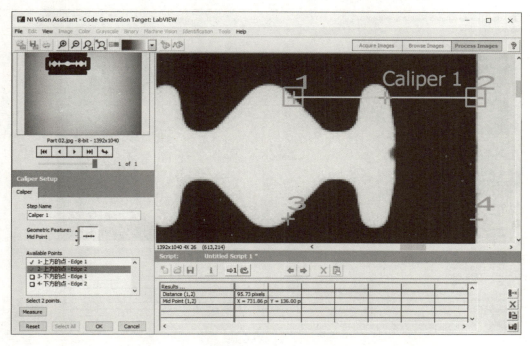

图 5-83　测量中点

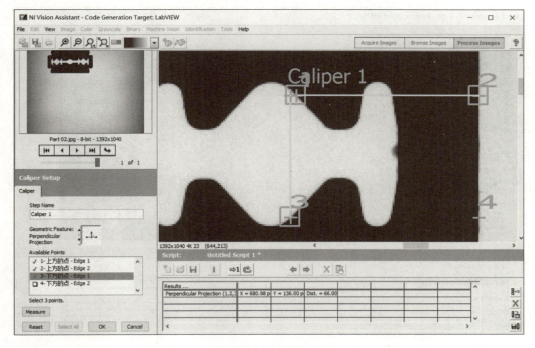

图 5-84　垂直投影

227

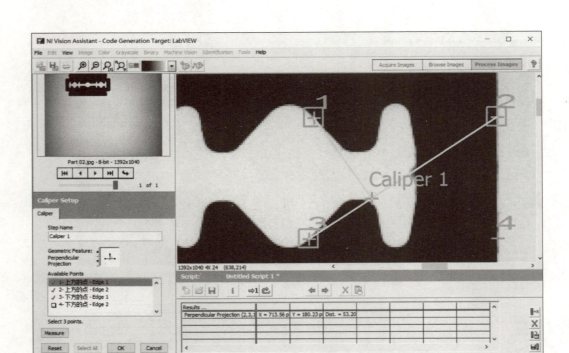

图 5 – 85　垂直投影 – 点顺序与测量结果有关

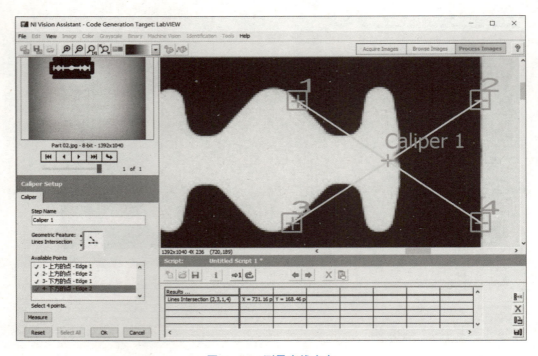

图 5 – 86　测量直线交点

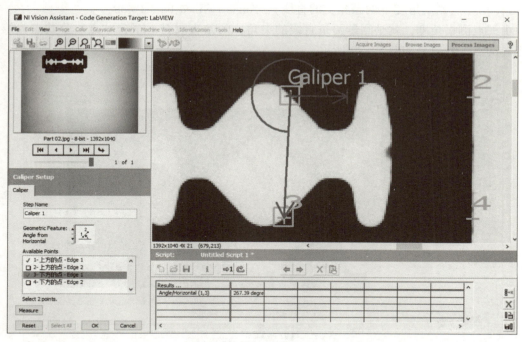

图 5-87 测量直线与水平线的夹角

6)直线与垂直线的夹角:Angle from Vertical

测量直线与垂直线的夹角,需要选择两个点进行测量。效果如图 5-88 所示。

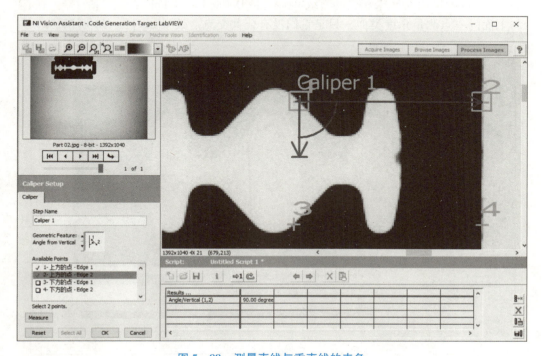

图 5-88 测量直线与垂直线的夹角

7) 由三点测量角度（两条相交的直线）：Angle Defined by 3 Points

由三点测量角度，就是测量两条直线的夹角，两条直线有一个公共点。公共点为第二个选择的点。其效果如图 5-89 所示。

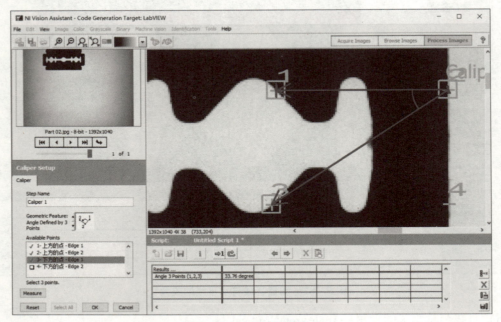

图 5-89　由三点测量角度

8) 由四点测量角度（未相交的直线）：Angle Defined by 4 Points

与上面的三点测量角度类似，只是它们没有公共交点。效果如图 5-90 所示。

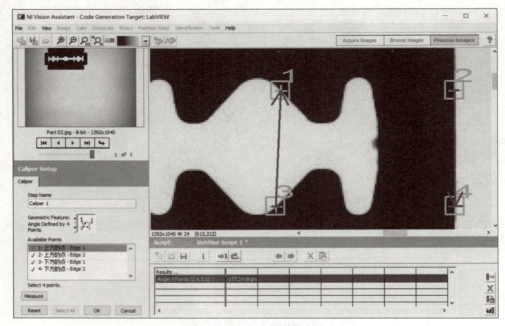

图 5-90　由四点测量角度

9）角平分线（两直线间的中线）：Bisecting Line

角平分线，测量两条直线夹角的平分线。效果如图 5 – 91 所示。

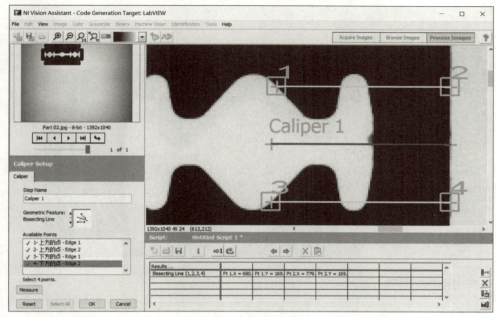

图 5 – 91　角平分线

10）点与直线之间的中线：Mid Line

测量点与直线之间的中线，中线与直线是平行的，点到中线两端的距离与中线到直线两端的距离是相等的。效果如图 5 – 92 所示。

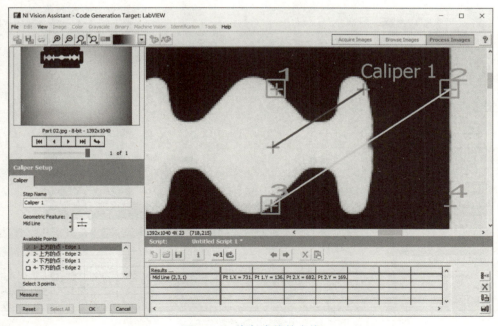

图 5 – 92　点与直线的中线

11）质心：Center of Mass

寻找多个点组成的几何形状的质心或两点的中点。效果如图 5-93、图 5-94、图 5-95 所示。

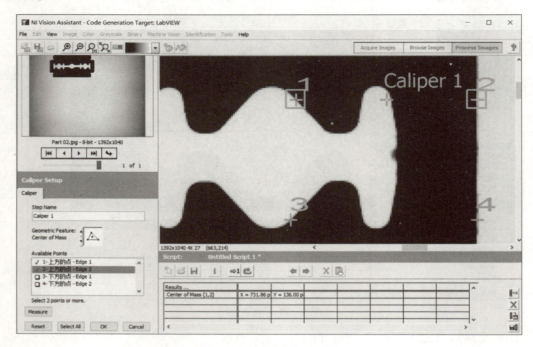

图 5-93 测量质心（2 点）

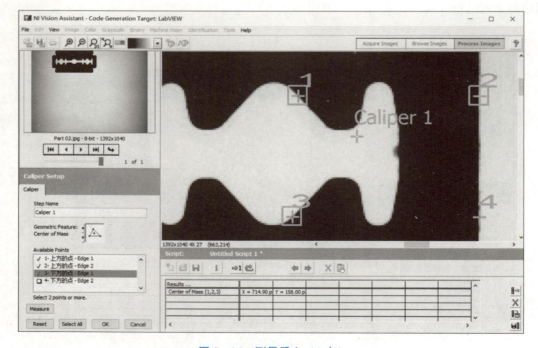

图 5-94 测量质心（3 点）

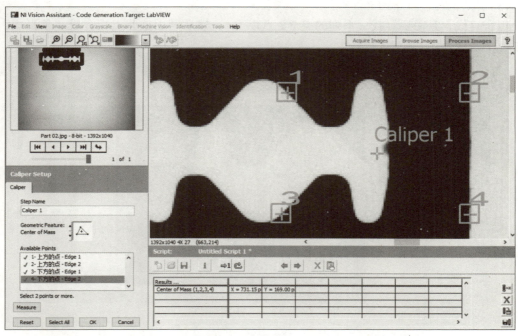

图 5-95 测量质心（4 点）

12）面积：Area

测量多点组合成的几何图像的面积，至少非共线三点以上。需要注意点顺序。效果如图 5-96 所示。

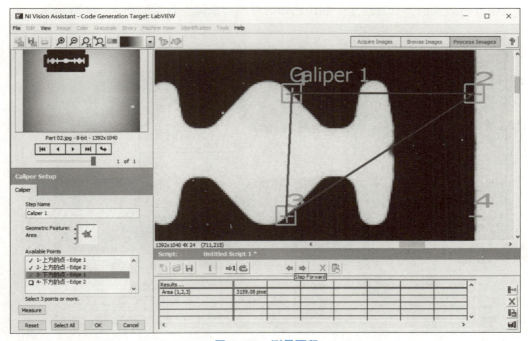

图 5-96 测量面积

13）拟合直线：Line Fit

拟合直线，是需要寻找一系列的点（2 点以上），然后利用这些点拟合成一条直线，如图 5 - 97 所示。

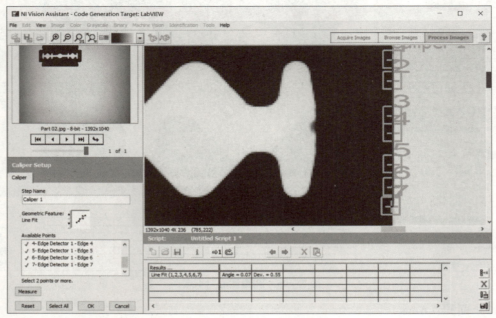

图 5 - 97　拟合直线

14）拟合圆：Circle Fit

与拟合直线类似，只是这里是利用已知的点拟合成圆。效果如图 5 - 98 所示。

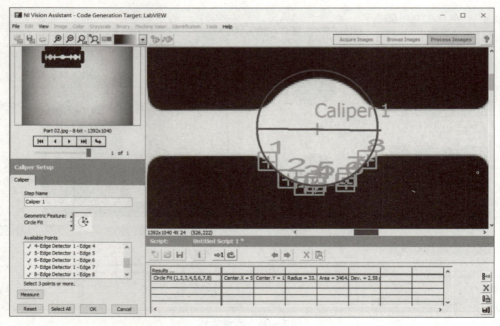

图 5 - 98　拟合圆

15）拟合椭圆：Ellipse Fit

与拟合圆类似，只是这里得到的是椭圆，效果如图 5-99 所示。

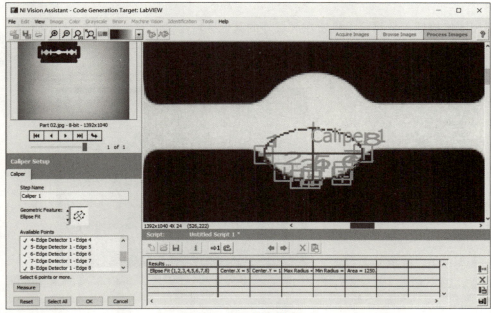

图 5-99 拟合椭圆

5.4 任务实现

本任务的目的是使用视觉测量手机测量图像中手机的尺寸。

首先打开 Vision Assistant，并选择 Open Image 打开图像。再将所有的摄像头拍摄的手机测量图像打开，如图 5-100 所示。

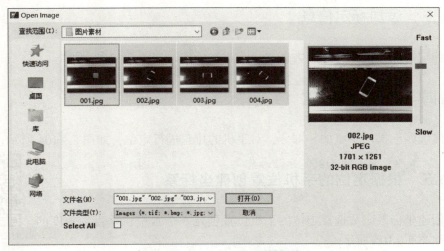

图 5-100 打开手机测量图像

任务一　过滤图像中无用的区域

使用图像掩模函数将除手机所在区域外的其他区域全部删除，如图 5-101 所示。

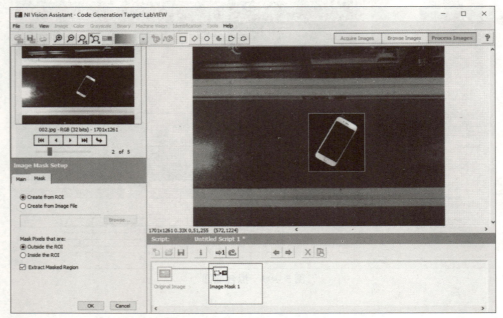

图 5-101　过滤图像中无用的区域

任务二　将图像转换为灰度图

使用彩色平面抽取函数抽取亮度平面，如图 5-102 所示。

任务三　添加标定信息

打开标定图像并使用标定函数创建一个透视标定，如图 5-103 所示。

任务四　定位手机位置

使用模板匹配提取手机的一部分，对手机的位置进行定位，如图 5-104 所示。

任务五　根据定位的手机位置创建坐标系

使用创建坐标系函数选择定位的手机位置创建一个水平、垂直带角度的坐标系，如图 5-105 所示。

对图像进行前期处理并创建移动坐标系

项目五　手机尺寸测量应用

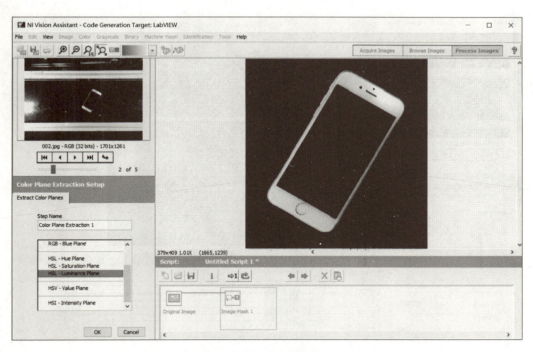

图 5-102　将图像转换为灰度图

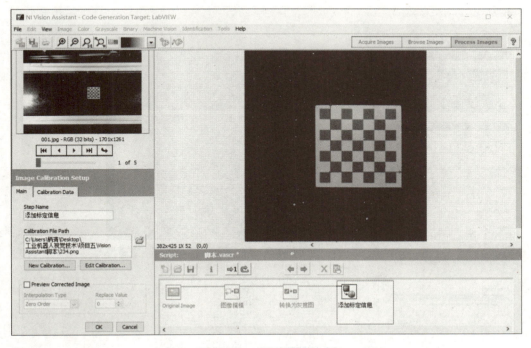

图 5-103　添加标定信息

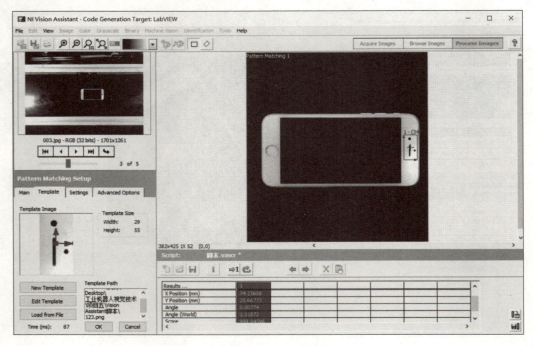

图 5-104　定位手机位置

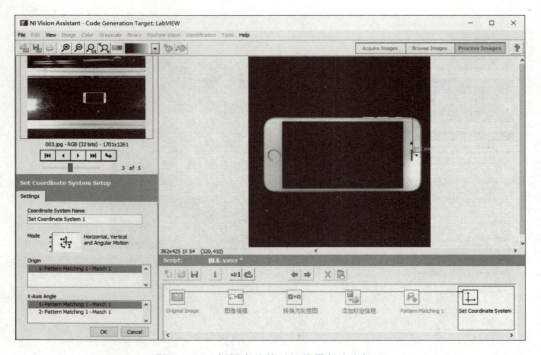

图 5-105　根据定位的手机位置创建坐标系

任务六　找寻手机上下左右四条边

使用四个查找直边函数查找手机的四条边,如图 5 – 106、图 5 – 107、图 5 – 108、图 5 – 109 所示。

找寻手机上下左右四条边

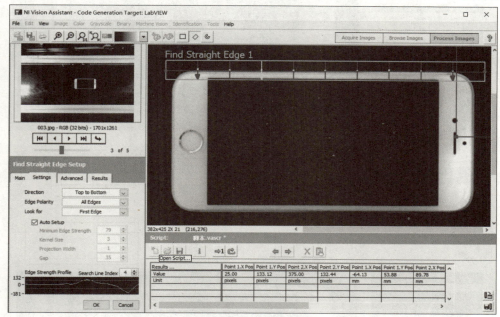

图 5 – 106　查找顶边

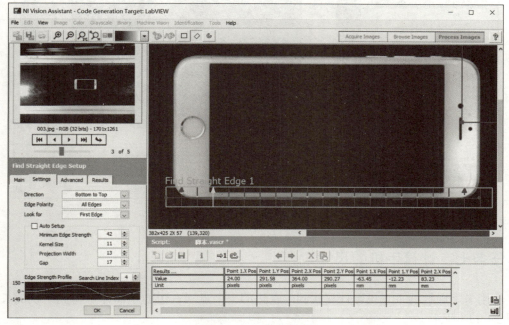

图 5 – 107　查找底边

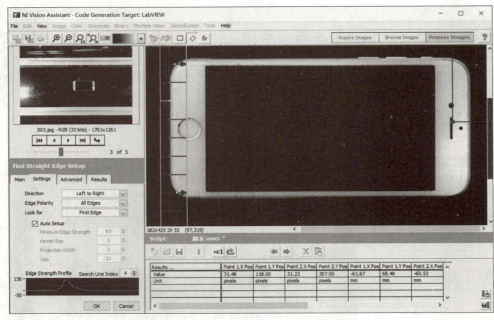

图 5-108 查找左边

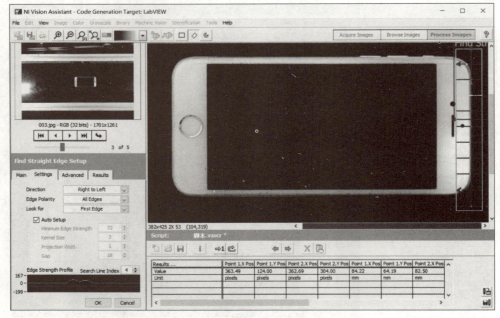

图 5-109 查找右边

任务七 计算手机的尺寸

使用卡尺函数的垂直投影计算找到的左边的一个点到右边的距离即可得到手机的长度，如图 5-110 所示。

项目五 手机尺寸测量应用

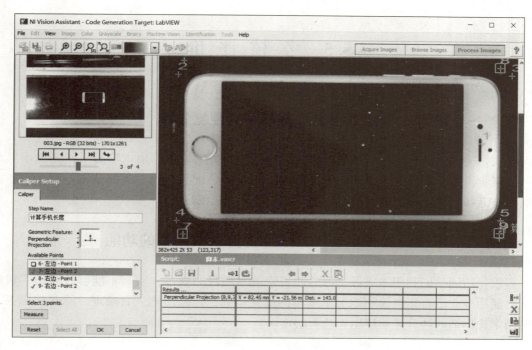

图 5-110 计算手机的长度

再使用卡尺函数的垂直投影计算找到的顶边的一个点到底边的距离即可得到手机的宽度，如图 5-111 所示。至此本任务完成。

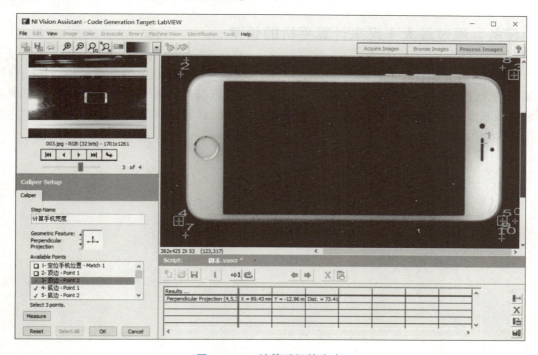

图 5-111 计算手机的宽度

241

5.5 考核评价

任务一　编写一个计算手机屏幕尺寸的视觉脚本

要求：请同学们利用本项目学习的知识自行编写一个能计算出本项目手机图像中屏幕尺寸的视觉脚本，能用专业语言正确流利地展示基本的配置步骤，思路清晰、有条理，能圆满回答老师与同学提出的问题，并能提出一些新的建议。

任务二　修改视觉脚本使脚本添加计算手机面积的功能

要求：请同学们利用本项目学习的知识修改本项目的脚本，使脚本能够计算出手机的面积，能用专业语言正确流利地展示基本的配置步骤，思路清晰、有条理，能圆满回答老师与同学提出的问题，并能提出一些新的建议。

5.6 拓展提高

任务　通过最大卡尺来计算手机的长宽

要求：Vision Assistant 的最大卡尺函数可以直接计算出两条边缘的距离。请同学们自行查阅资料，完成使用最大卡尺来计算手机的长宽的视觉脚本的编写，能用专业语言正确流利地展示基本的配置步骤，思路清晰、有条理，能圆满回答老师与同学提出的问题，并能提出一些新的建议。

项目六

自动检测手机参数应用

6.1 项目描述

本项目的内容为通过搭建一个自动扫描手机上的字符和条码上包含的参数信息的视觉程序，使学生掌握如何在 NI 视觉中进行字符识别、条形码识别、二维码识别。

6.2 学习目标

本项目的主要学习目标是：学习 OCR/OCV（字符识别验证）函数、Barcode Reader（条形码读取）函数、2D Barcode Reader（二维码读取）函数，并使用学习的函数完成对图像中手机上条码中包含的参数的读取。

6.3 知识准备

6.3.1 OCR/OCV 字符识别验证函数

OCR 的全称是 Optical Character Recognition，中文意思为光学字符识别，OCV 的全称则为 Optical Character Verification，意为光学字符验证。其在视觉助手中的位置如图 6-1 所示。

OCR 可以应用于一些需要字符识别的机器视觉应用中。OCR 是通过机器视觉软件在图像中读取字符与文本的处理过程。OCR 包含训练和读取/验证两个阶段。

训练字符是指教给机器视觉软件需要在图像中读取的字符或模式类型。可以使用 OCR 来训练任一数量的字符，然后创建一个字符集。存储这个字符集为一个字符集文件。这个字符集会在后面的读取和验证过程中用来和目标做比较。这个训练过程也许是一次性的处理过程，或者需要重复处理很多次，创建多个字符集来扩展想要在图像中读取的字符，即同样的一个字符也许要考虑学习多种情况下的字符集，如图像比较亮时，图像比较暗时，有一定的缺陷时，模糊不清时，不同的字体时，不同大小时等。

阅读字符是这样一个过程，通过创建的处理图像的机器视觉应用软件来决定目标是否与训练的字符相匹配。机器视觉应用程序会在图像中使用在训练过程中创建的字符集来读取字符。

验证字符是这样一个过程，通过你创建的检查图像的机器视觉应用软件来验证它读取到的字符的质量。应用程序在图像中使用训练过程中创建的字符集中的参考字符来验证字符。

1. Train：训练选项卡

Train（训练）选项卡如图 6-2 所示。

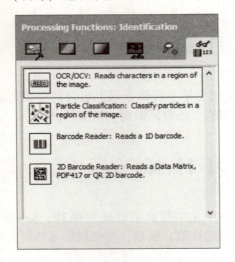

图 6-1　OCR/OCV（字符识别验证）函数的位置

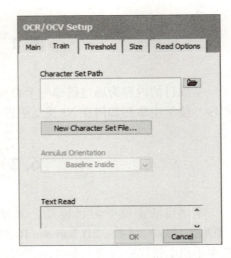

图 6-2　Train（训练）选项卡

1）字符集路径：Character Set Path

字符识别需要将训练的字符及其特征保存到一个字符集文件中。这里的字符集路径，就是指这个字符集文件的路径。可以使用右边的文件夹浏览按钮选择已经有的字符集文件，也可以使用下面的新建字符集按钮新建一个字符集。

2）新建字符集文件：New Character Set File

单击此按钮，则会加载 NI OCR Training Interface（光学字符训练接口）。

3）圆形方向：Annulus Orientation

当 ROI 使用环形工具时，在 Train/Read 选项卡中，Annulus Orientation（圆形方向）会变成可设置状态。这里可以使用里面的 Baseline Outside（基线在外边）或者是 Baseline Inside（基线在里边）两种方式。使用基线在外边时，则识别的字符在 ROI 中以逆时针排序，如果使用基线在里面，则识别的字符在 ROI 中以顺时针排序。

4）Text Read：阅读到的文本

显示当前 ROI 中识别到的字符。

2. NI OCR Training Interface：光学字符识别训练接口

单击"New Character Set File"（新建字符集文件）后将会打开光学字符识别训练接口，如图 6-3 所示。

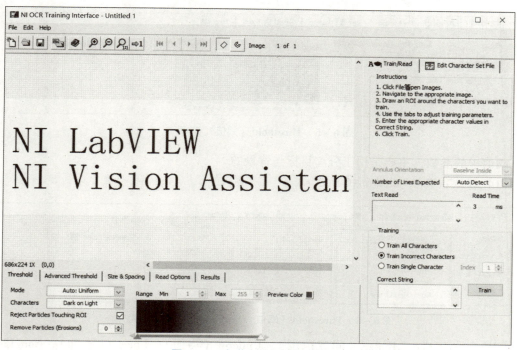

图 6-3　光学字符识别训练接口

3. 光学字符识别训练接口的 Train/Read（训练/阅读）选项卡

Train/Read（训练/阅读）选项卡如图 6-4 所示。使用训练/阅读选项卡，有一个大概的操作指导。

（1）第一步单击文件菜单再选择打开图像；
（2）打开适合的图像；
（3）围绕想要训练的字符画一个 ROI；
（4）使用训练阅读选项卡调整训练的参数；
（5）在正确字符串中输入合适的字符值；
（6）单击"Train"（训练）按钮训练字符。

当选择训练/阅读选项卡时，字符训练接口下面的参数选项卡是可用的，这些参考都是用于训练阅读的，而对于编辑字符集文件，则不需要这些参数，因此是灰色禁用的。

在训练/阅读参数中，共有 Threshold（阈值）、Advanced Threshold（高级阈值）、Size& Spacing（尺寸与间距）、Read Options（阅读选项）、Results（结果）等共 5 个选项卡。

1) Threshold：阈值选项卡

Threshold（阈值）选项卡如图 6-5 所示。

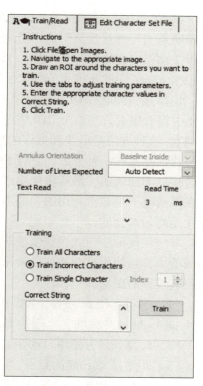

图 6-4　Train/Read
（训练/阅读）选项卡

图 6－5　Threshold（阈值）选项卡

阈值中的参数，主要是用于分离目标与背景的。

（1）模式：Mode 如图 6－6 所示：

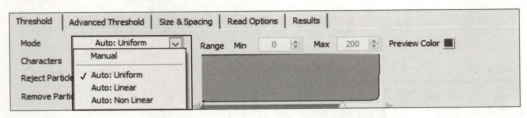

图 6－6　Threshold（阈值）选项卡 – Mode（模式）

阈值方法有 Fixed Range（固定范围）、Uniform（均衡）、Linear（线性）、Non Linear（非线性）等几个选项。

（固定范围）是用户手动设置阈值。该方法可以快速地处理灰度图像，但是要求在 ROI 内照明是均匀的并且从图像到图像是恒定不变的。使用固定范围时，后面的 Range（范围）可以手动指定，Min（最小值）、Max（最大值）分别代表了阈值的下限与上限。也可以直接根据 Range 中的灰度直方图来手动游标箭头来设置阈值上下限。

均衡是一种通过 OCR 计算单一阈值的方法，并且使用得到的这个阈值从部分到整体的 ROI 中提取像素。当整个 ROI 中照明仍然均匀时（即使不同图像之间有照明变化，但需要均匀），这种方法是最快和最好的选择。

线性是这样一种方法，它将 ROI 分成块（大于等于 4 块），然后分别计算 ROI 左边和右边块的不同阈值，最后再使用线性插值对块之间进行插值得到一个线性的阈值。这种方法在某情况下是非常有用的，即当 ROI 的一边比另一边更明亮，且横穿整个 ROI 其光强的变化是均匀渐变的。

非线性阈值法与线性阈值法非常类似，也是将 ROI 分成许多块，但是它是计算每个块的阈值，并且使用这个阈值结果来提取像素数据。这种方法更适用照明非常不均匀的、变化没有规律的图像。

（2）字符：Characters。如图 6－7 所示，这里的字符是指字符与背景的特征，即选择是 Dark on Light（白底黑字）还是 Light on Dark（黑底白字）。不同的特征，可能找到的对象不一样。此参数只有使用自动阈值时有效。

（3）拒绝接触 ROI 的粒子：Reject Particles Touching ROI，如图 6－8 所示。

删除那些与 ROI 边框接触的粒子，实际中，如果没有必要，可以尽量地将 ROI 设置得比较小，这样与其他伪像接触的机会也比较小。

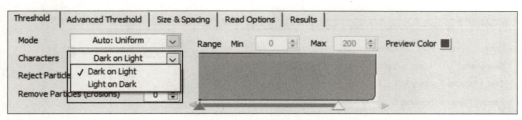

图 6-7　Characters（字符）

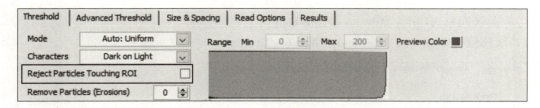

图 6-8　拒绝接触 ROI 的粒子

（4）删除粒子（腐蚀）：Remove Particles（Erosions）。

删除粒子（腐蚀）如图 6-9 所示，即使用腐蚀的方法，将小粒子删除掉，从而可以有效地避免伪像的干扰。

图 6-9　删除粒子（腐蚀）

（5）范围：Range。

当使用固定范围阈值模式时，这个范围是有效的，如图 6-10 所示，可以通过 Min（最小值）设置下限、Max（最大值）设置上限。

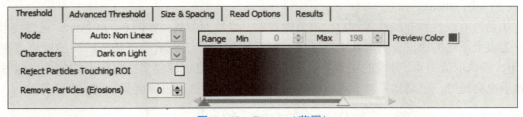

图 6-10　Range（范围）

（6）直方图：Histogram。

用于显示 ROI 中的灰度直方图信息如图 6-11 所示。如果使用手动阈值模式时，还会有两个可以设置的游标，分别对应于 Min 和 Max 两个值。使用自动阈值时，这个直方图仅提供显示参考。

247

图 6 – 11　Histogram（直方图）

2）高级阈值选项卡：Advanced Threshold

高级阈值（Advanced Threshold）如图 6 – 12 所示。

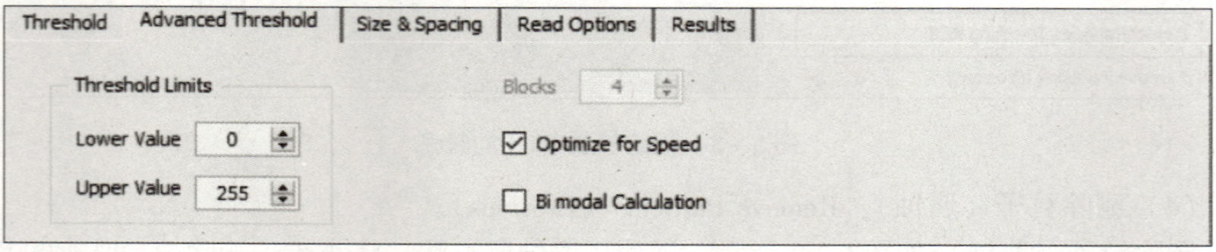

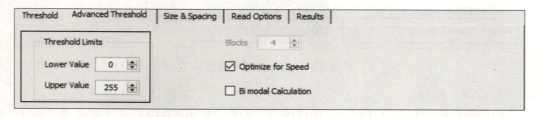

图 6 – 12　高级阈值（Advanced Threshold）

高级阈值是针对自动阈值模式的，固定宽度的手动阈值模式是没有高级阈值的。

(1) 阈值范围：Threshold Limits。

在这里可以设置阈值的范围，如图 6 – 13 所示。

图 6 – 13　Threshold Limits（阈值范围）

(2) 块：Blocks。

块是针对线性和非线性两种自动阈值模式的一个特别参数，如图 6 – 14 所示。可以将 ROI 划分为多个不同的块，分别求其中的阈值，然后再使用算法提取字符特征。块的取值范围是 4~50，默认取值为 4。分成的块越多，则求得的局部阈值也就越多，对于不均匀的图像提取的效果也会越好，但是如果对于比较均匀的图像使用此方法，可能会只找到一个字符。

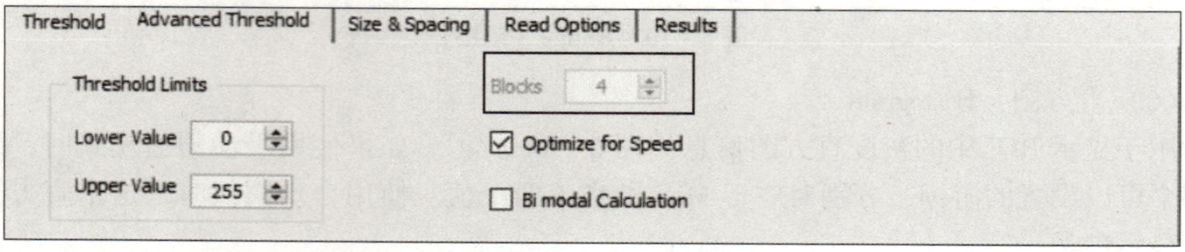

图 6 – 14　Blocks（块）

（3）速度优化：Optimize for Speed。

如图6-15所示，一般来讲，灰度图像的效果比较理想时，可以使用速度优化，而如果效果不是很理想，则建议不使用速度优化。

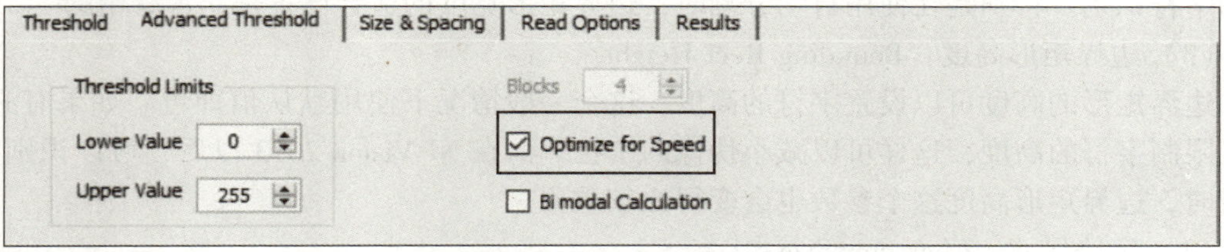

图6-15 Optimize for Speed（速度优化）

（4）Bi模式计算：Bi model Calculation。

如图6-16所示，Bi模式计算适合于字符灰度值在中间的字符特征。

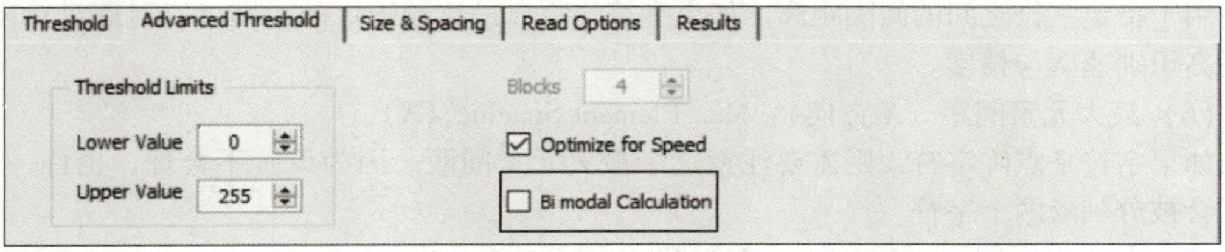

图6-16 Bi模式计算

3）尺寸与间距选项卡：Size & Spacing

尺寸与间距主要用来设置字符的字符大小、间距、元素间距等，如图6-17所示。

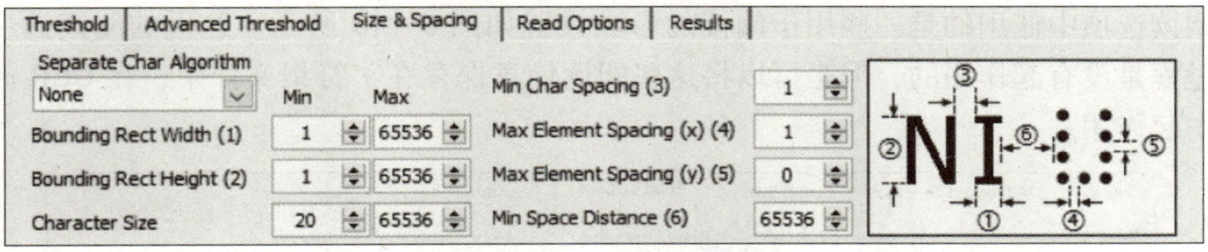

图6-17 尺寸与间距选项卡

（1）字符分割算法：Separate Char Algorithm。

字符分割算法如图6-18所示。

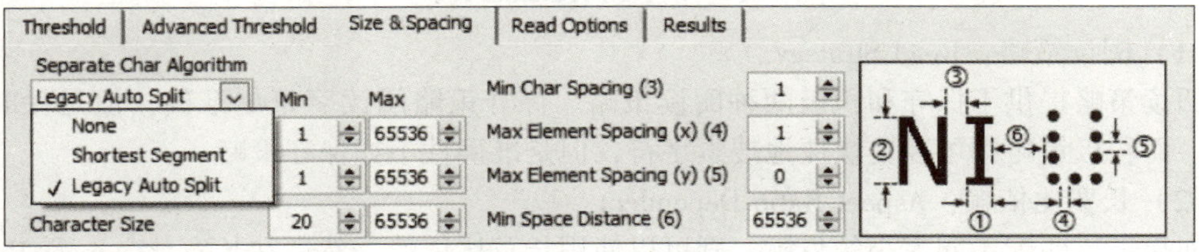

图6-18 字符分割算法

None（没有）表示不使用任何算法。Shortest Segment（最短部分）则将按照最小距离计算字符，当出现多个字符被识别成一个字符时可以使用此算法。Legacy Auto Split（自动分割）比较适合于字符宽度基本一致，但是有倾斜的字符识别。

(2) 边界矩形宽度：Bounding Rect Width。

在这里可以限制字符的最大宽度。如果字符分割得很宽，可以使用默认值 65536，而如果字符比较接近或有重叠，则建议设置合适的宽度，以限制每个字符的宽度，从而得到更好的字符识别。特别是在使用自动分割时，边界矩形宽度的适合设置是非常有用的。

(3) 边界矩形高度：Bounding Rect Height。

边界矩形的高度可以设置字符的高度，这个一般情况下使用默认值即可。如果有必要，可以限制字符的高度，这样可以减小伪像的干扰。而在 NI Vision 2013 以后，可以识别多行字符时，边界矩形高度这个参数也会变得比较重要。

(4) 字符尺寸：Character Size。

用于指定字符的尺寸大小。以像素为单位。如果能够确定字符大概的像素面积范围，也可以对此进行设置，以提高识别速度与准确性。

(5) 最小字符间距：Min Char Spacing。

用于指定字符之间的间隔距离。如果字符的距离是比较固定的，则可以对此进行限制，以提高识别速度与精度。

(6) 最大元素间距（X 方向）：Max Element Spacing (X)。

如果字符是点阵字符，则需要注意这个最大元素间距。因为设置不合理，也许一个字符就会被分割成两个字符。

(7) 最大元素间距（Y 方向）：Max Element Spacing (Y)。

设置点阵字符 Y 方向的最大元素间距。Y 方向的间距在单行字符中没有 X 方向的间距来的重要。

4) 阅读设置选项卡：Read Options

阅读选项中使用的是一些用于阅读的参数设置如图 6-19 所示。这里的阅读选项，对训练过程是没有起作用的，但是可以将这些阅读信息保存在字符集文件中，在 OCR 的识别过程中起作用。

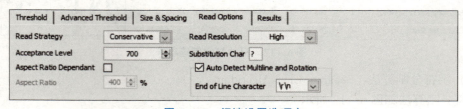

图 6-19 阅读设置选项卡

(1) 阅读策略：Read Strategy。

阅读策略提供了保守和积极两种阅读策略。保守策略阅读字符更准确，但是耗时也比较多。而积极策略则可以更快捷地搜索字符，但是准确性不如保守策略。

(2) 长宽比依赖：Aspect Ratio Dependent。

如果需要匹配不同大小的目标，则可以使用长宽比依赖，然后在长宽比 Aspect Ratio 中指定允许的误差范围。

(3) 长宽比：Aspect Ratio。

当使能长宽比依赖后，可以在长宽比中指定多大的长宽比误差可以被匹配为同样的字符。最小值为 100%，表示目标需要与匹配字符一样大小。长宽比越大，则允许与匹配字符的大小差距也越大。默认值为 400%。

(4) 阅读分辨率：Read Resolution。

用于指定阅读的分辨率。可选的参数有 Low（低级）、Medium（中级）、High（高级）。一般情况下使用低级就可以。

(5) 验收标准：Acceptance Level。

用于指定验收标准的值。可以直接控制字符的质量，如果字符太差，则验收标准分数太低，可以拒绝接受被测目标。

5) 结果选项卡：Results

在结果选项卡，会给出一个二维表格，如图 6-20 所示。其中报告内容有 Character（字符序号）、Class（类）、Left（左坐标）、Top（顶坐标）、Width（宽）、Height（高）、Size（大小）、Class. Score（分类分数）、Verif. Score（确认分数）等几个报告参数。

图 6-20 Results（结果）选项卡

6) 训练字符

了解了上面的这些训练参数后，根据具体的情况设置好参数。得到正确的字符数量后（每个字符上面都有一个小数字，默认情况下是一个问号），就可以进行训练了。如图 6-21 所示。

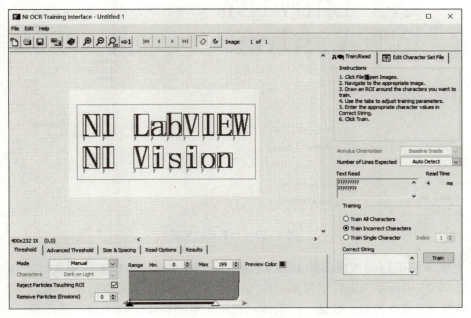

图 6-21 未训练的字符

在训练字符时，Text Read 显示控件中会显示当前阅读到的字符。没有训练时或阅读无法匹配时，则使用"?"表示，如果达到匹配要求，则使用字符集中的字符进行匹配。Read Time（阅读时间）为阅读字符所耗费的时间，单位为毫秒。

Training 选项是一个三选一的选择项，用于训练字符的方式。分为三种：

（1）Train All Character（训练所有字符）：此种方法，不管 ROI 中的字符是否已经被识别到，全部重新训练。

（2）Train Incorrect Character（训练错误的字符）：这种方法则只训练 ROI 中未识别到的字符，已经识别到的字符则不训练。

（3）Train Single Character（训练单一的字符）：这种方法则可以有针对性地对 ROI 中的某一个字符进行单独训练，可以通过后面的 Index（索引）项目进行控制需要训练哪个字符。

使用固定宽度阈值法得到三个比较理想的字符，使用训练错误字符或所有字符，然后在"Correct String"（正确字符）中输入"NILabVIEW"，再回车后输入"NIVision"，就已经完成了字符训练的准备了。单击"Train"（训练）按钮，则训练字符。训练后的字符如图 6-22 所示。

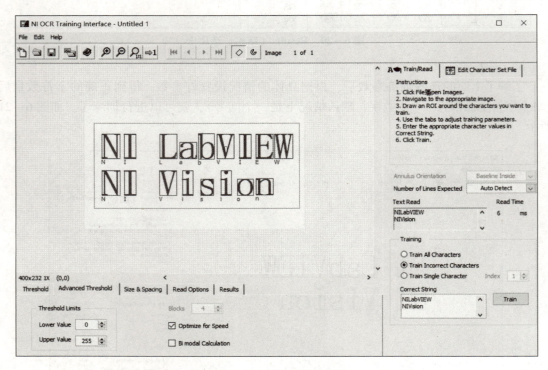

图 6-22　训练后的字符

4. 光学字符识别训练接口的 Edit Character Set File（编辑字符集文件）选项卡

如图 6-23 中所示为编辑字符集文件的界面。这个界面相对要简单许多。左边与视觉助手中的图像浏览器类似，也是一个图像浏览器。里面旋转了训练的字符图像。而编辑字符集文件的主要参数则在窗口的右边，如图 6-24 所示。

项目六　自动检测手机参数应用

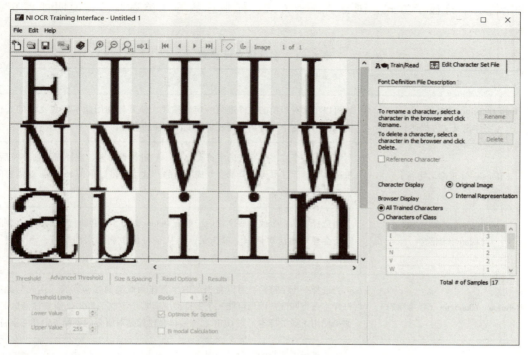

图6-23　编辑字符集文件

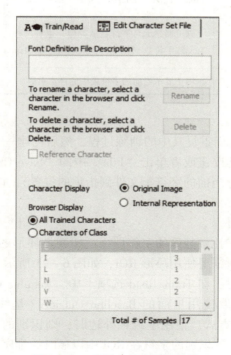

图6-24　编辑字符集文件参数

253

字符集文件右边的参数从上到下分别是字体定义文件描述、重命名字符、删除字符、参考字符、字符显示方式、浏览器显示方式、样本总数等几类参数，其说明如表 6-1 所示。

表 6-1　字符集文件参数

参数	说明
Font Definition File Description（字体定义文件描述）	可以用来对当前的文件进行一定的描述，使其他使用此字符集文件的人也能大概明白这个字符集里到底集成了什么样的字符
Rename（重命名字符）	可以对一个或多个字符的字符类（Class）进行重命名。选择需要的字符后，重命名与删除、参考字符都会变成可用的。这里就可以单击 Rename 对需要的字符进行重命名了
Delete（删除）	当选择了某一个或一些字符后，单击 Delete 按钮，将会执行删除操作。删除时将会弹出确认对话框。单击是，则从字符集中删除当前字符，点否则不动作
Reference Character（参考字符）	当选择一个字符后，可以将当前的字符作为此类的参考字符，优先与此字符样本进行匹配。因为可能一个字符类中有多个不同的样本。需要注意的是，如果使用了参考样本，则 OCR 训练接口会建议你对所有的类都指定参考字符
Character Display（字符显示）	字符显示方式分为两种，一种是 Original Image（原始图像），另一种是 Internal Representation（内部表示法），即只显示二值的图像
Browser Display（浏览器显示）	浏览器显示与字符显示类似，也有两种，一类为 All Trained Characters（所有训练字符），另一类为 Characters of Class（当前选择的类中的字符）
Total # of Sample（样本总数）	用于显示当前的字符集中的样本总数

5. 创建字符集文件

按照上面所介绍的，我们重复其中的训练过程，然后创建一个字符集文件。

单击左上角的保存工具按钮或者单击"File"中的"Save Character Set File"或"Save Character Set File As"（保存当前的字符集文件到指定的位置），以便于其他程序调用。字符集文件的后缀是 .abc 格式。

6. 环形 ROI 字符识别

OCR 训练中，还有一类比较特殊的字符训练。那就是环形的字符。即所要训练的字符在一个环形 ROI 上。这时就需要使用环形 ROI，如图 6-25 所示。

当 ROI 使用环形工具时，在 Train/Read 选项卡中，Annulus Orientation（圆形方向）会变成可设置状态。这里可以使用里面的 Baseline Outside（基线在外边）或者是 Baseline Inside（基线在里边）两种方式。使用基线在外边时，则识别的字符在 ROI 中以逆时针排序，如果使用基线在里边，则识别的字符在 ROI 中以顺时针排序。

环形 ROI 字符识别与矩形 ROI 字符识别除了 ROI 不同从而引起排序不同外，其他参数都是一样的，参考前面的即可。

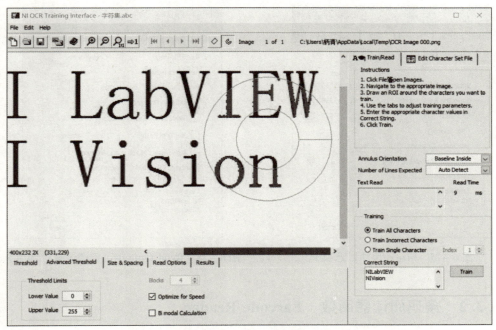

图 6-25 环形 ROI 的字符识别

7. Threshold：阈值选项卡

Threshold（阈值）选项卡如图 6-26 所示。

在 Threshold（阈值）选项卡中，几个参数与训练接口中参数的用法与作用是一样的，只是这里针对的是当前的图像，有可能与训练时的图像不一样。Mode 用于选择阈值模式。这里如果使用相同的参数，但是具体设置上如果不同的话，就算是同样的图片，可能匹配的结果也是不一样的。

而其他的参数如 Characters、# of Blocks、Range、Min、Max、直方图、Ignore Objects Touching Region Borders、Remove Small Objects（# of Erosions）与训练接口中的参数类似，这里将适应于阅读的参数全部集成在了阈值一个选项卡，而不再区分阈值与高级阈值。

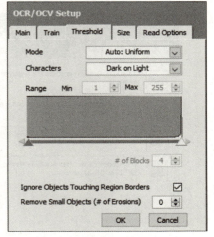

图 6-26 Threshold （阈值）选项卡

8. Size：尺寸选项卡

图 6-27 为 OCR 函数的尺寸选项卡。这个选项卡中的参数与训练接口中的尺寸与间距中的参数是一回事。如果训练中的参数已经熟悉了，这里基本没问题。要了解详细内容请参考本项目前面相关内容。

9. Read Options：阅读设置选项卡

图 6-28 为 OCR 函数的阅读设置选项卡。这个选项卡中的参数与训练接口中的阅读设置选项卡是一回事。这里不再介绍。

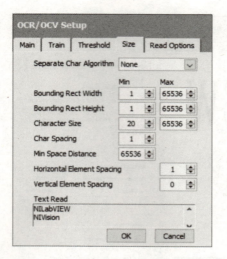

图6-27 Size（尺寸）选项卡

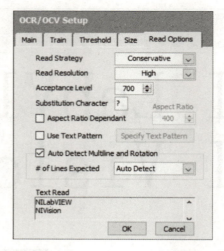

图6-28 Read Options（阅读设置）选项卡

6.3.2 条码阅读器函数：Barcode Reader

NI视觉助手中的条码阅读器的位置如图6-29所示，这个函数只能读取一维条码。

1. 读取一维条码选项卡：Read 1D Barcode

Read 1D Barcode 读取一维条码选项卡如图6-30所示。

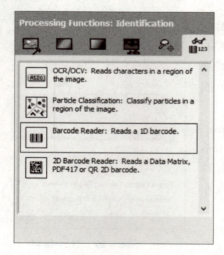

图6-29 Barcode Reader
（条码阅读器）函数

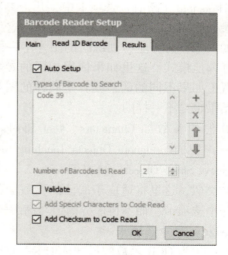

图6-30 Read 1D Barcode
（读取一维条码）选项卡

1）自动设置：Auto Setup

自动检测条码的类型和数量。

2）条形码类型设置：Types of Barcode to Search

关闭自动设置后该选项可用，在这里可以选择对应的条码类型。

3）验证：Validate

使用时，条码阅读器会验证条码数据。这个选项仅当条码类型是 Codabar、Code 39、Interleaved 2 of 5 几个类型时有效。这些条码内置了纠错信息以便验证结果。而对于其他条码，要么不需要验证，要么必须要验证而且验证是自动执行的。

4）添加特殊字符到代码阅读：Add Special Character to Code Read

当启用时，函数添加特殊字符到解码数据中。这个功能仅适用于 Codabar、Code 128、EAN8、EAN 13 及 UPCA 等几类包含特殊字符的条码。

5）添加校验和到代码阅读：Add Checksum to Code Read

当使用时，函数添加从读取的条码中得到的校验和值到解码数据中。参考表 6-2 中各种类型条码关于特殊字符、数据和校验和的格式。

表 6-2 条码格式

Barcode Type （条码类型）	Special Characters （特殊字符）	Layout （格式）
Codabar	Start character and stop character	< start char > < data > < checksum > < stop char >
Code 39	None	< data > < checksum >
Code 93	None	< data > < checksum >
Code 128	FNC Number	< FNC > < data > < checksum >
EAN 8	Country character 1 and 2	< country char1 > < country char2 > < data > < checksum >
EAN 13	Country character 1 and 2	< country char1 > < country char2 > < data > < checksum >
Interleaved 2 of 5	None	< data > < checksum >
MSI	None	< data > < checksum >
UPCA	System char	< system char > < data > < checksum >
Pharmacode	None	< data char >
GS1 DataBar Limited（previously referred to as RSS-14 Limited）	None	< left guard > < left data char > < check char > < right datachar > < right guard >

2. Results 结果选项卡

Results（结果）选项卡如图 6-31 所示。

1）最低分数：Minimum Score

可以用这个参数过滤分数不达标的条码。

2）条码等级：Grade Barcodes

在结果输出框中增加一个 Grade（等级）输出，其将会输出条码各项参数的等级。

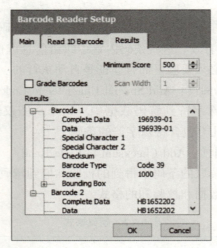

图 6-31 Results（结果）选项卡

3）扫描宽度：Scan Width

指定扫描线的宽度，以像素为单位。默认是 1。

4）Results：结果

Results（结果）如表 6-3 所示。

表 6-3 结果

结果	说明
Complete Data（完整数据）	完整的数据读取条形码，包括特殊字符 1、2 和校验
Data（数据）	读取条形码数据，但不包括特殊字符 1、2 和校验
Special Character 1（特殊字符 1）	若有，则显示特殊字符 1
Special Character 2（特殊字符 2）	若有，则显示特殊字符 2
Checksum（和校验）	若有，则显示和校验
Barcode Type（条形码类型）	显示匹配到的条形码类型
Score（分数）	显示匹配到的条形码的分数
Bounding Box（条码边界）	显示条码的四个边界坐标信息
Grading（等级）	显示条码的各项参数的等级

6.3.3 二维码阅读器函数：2D Barcode Reader

二维码通常有矩阵编码和多行条码两种模式。矩阵码是基于矩阵中方形、六边形或圆形的元素位置进行编码数据。多行条码编码数据是由多个堆叠的条码数据组成的。NI 视觉目前支持 PDF417、数据矩阵（Data Matrix）、QR 码（QR Code）以及微型 QR 码（Micro QR Code）等几种二维码格式。

二维码识别也包括两个阶段：

（1）粗定位阶段，用户可以在图像中指定一个 ROI，以帮助定位二维码占用的位置。这个阶段是可选的，但是它可以通过减少搜索区域的大小，提高第二阶段的性能。

（2）定位和解码阶段，在此期间软件在 ROI 中搜索一个或多个二维码并解码每个二维码的位置。

其在函数面板中的位置如图 6-32 所示。

1. Main（主体）选项卡

二维码的主体选项卡与其他函数的主体选项卡略有不同，它除了步骤名、移动 ROI、参考坐标系外，还有一个 Barcode Type（条码类型）及 Code Read（读取的条码）、Iterations（迭代次数）（数据矩阵专用）、Errors Corrected（纠错）（PDF 417 专用）、Elapsed Time（运行时间）等几个参数。

其界面如图 6-33 所示。

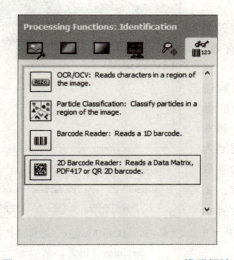

图 6-32　2D Barcode Reader（二维码阅读器）函数的位置

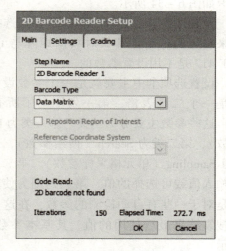

图 6-33　二维码阅读器函数的 Main（主体）选项卡

1）条码类型：Barcode Type

条码类型用于控制需要阅读的二维码的类型。二维码有 Data Matrix（数据矩阵）、PDF 417、QR 码等几种类型。因此需要根据二维码的类型手动选择相应的条码类型。函数并不能自动识别二维码类型。

数据矩阵条码没什么特征，如果看到正文形的，有许多点的，则为数据矩阵。PDF 417 码是许多一维条码堆叠起来的，因此其两边总是长条，而中间会有许多小点。QR 码则在三个角上有三个"回"字型的取景器模式，微型 QR 码也有一个"回"字型取景器模式。

2）条码阅读：Code Read

用于显示当前图像中阅读到的二维码信息。如果识别到了条码，则会显示条码信息。如果没有找到，则显示 2D barcode not found。

3）迭代：Iterations

这个参数是数据矩阵中专用的参数。用于显示函数查找定位到当前函数的重复次数。如果函数在达到最大重复次数时仍未找到二维码，则显示未找到。最大值在 Setting 选项卡中是可以设置的。这个参数还有一个有意思的地方：如果选择了 Setting 或 Grading 选项卡再返回 Main 选项卡，这个参考将会隐藏。除非重新更换一次条码类型，才有可能显示。

4）纠错：Errors Corrected

这个是参数是 PDF 417 码专用的参数，用于显示函数纠错的数量。

5）运行时间：Elapsed Time

表示函数在当前图像中查找定位指定类型的二维码耗费的时间。这个时间可以从 ms 到几百 ms 不等。在后面的参数设置中设置好比较理想的参数，可以大大减少阅读耗时。

2. Data Matrix（数据矩阵）的 Settings（设置）选项卡

Data Matrix（数据矩阵）的 Settings（设置）选项卡如图 6-34 所示。

设置选项卡，其中的参数是根据选择的条码类型来确定的。而且其只对数据矩阵与 QR 码有效，PDF 417 是不用设置参数的。

设置选项卡中主要就是一个参数设置，参数设置是一个二维表格，第一列罗列了所有支持的参数，这些参数主要分为三类。第一类为 Basic（基本参数），第二类为 Search（搜索参数），第三类则为 Cell Sampling（单元格采样参数）。第二列则为参数的输入值或可选择的值。第三列则为使用的值，主要是对于一些有自动检测的参数，在这一列会显示出搜索结果最后使用的值。其基本参数如表 6-4 所示。

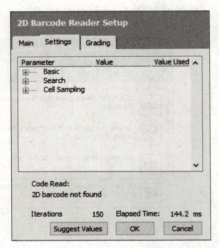

图 6-34 Data Matrix（数据矩阵）的 Settings（设置）选项卡

表 6-4 数据矩阵二维码的基本参数

参数	说明
Suggest Values（建议值）	在这里也可以使用下面的 Suggest Values（建议值）按钮。单击这个按钮后，程序会开始自动搜索二维码，并在 Value 栏中给出最优的建议值
Matrix Size（矩阵尺寸）	用于指定矩阵的大小，就是数据矩阵每行与每列有多少个黑/白点
Shape（形状）	用于指定单元格的形状，可用的选项有 Square（方形）与 Rectangle（矩形）
ECC（错误检查和纠正）	ECC 用于矩阵条码的检查与纠正，这个与条码印刷时选择的纠错等级有关
Barcode Polarity（条码极性）	条码极性用于控制二维码的极性。同其他函数的 Look for 类似。有 Auto-detect（自动检测）、Black on White（黑码白底）、White on Black（白码黑底）三个选项可用
Min Border Integrity %（最小边界完整性百分比）	设置条码边界的完整性百分比，如果设置的百分比过高，可能会找不到条码。如果设置得过低，又可能会读错。在定位阶段，函数会忽略达不到要求的候选条码

续表

参数	说明
Min Barcode Size（最小条码尺寸）	指定条码的最小像素尺寸。默认值是 50 像素。这个指的是方形条码的一个边长
Max Barcode Size（最大条码尺寸）	指定条码的最小像素尺寸。默认值是 250 像素。通过限制最小和最大条码尺寸，可以加快二维码的搜索定位速度

以上的参数就是数据矩阵二维码的基本参数，表 6-5 的参数则属于搜索类的参数。

表 6-5　数据矩阵二维码的搜索类参数

参数	说明
Rotation Model（旋转模式）	旋转模式用于确定条码在图像中的角度。其中有 Unlimited（无限制）、0 Degrees、90 Degrees、180 Degrees、270 Degrees 等五个选项。如果条码在图像中的角度方向不确定，则使用无限制，当然，如果知道条码的角度，指定角度可以加快搜索速度。不过一般来讲，都是使用无限制
Edge Threshold（边缘阈值）	这个边缘阈值与其他函数的边缘阈值是一样的概念，用于确定是白点还是黑点的分界值。对于好的条码，当然是希望黑白分明，边缘阈值可以设置得越大越好
Skew Degrees Allowed（允许倾斜度）	允许倾斜度将限制条码在某个角度范围内倾斜。可以应用一定的视角倾斜
Maximum Iterations（最大迭代）	用于控制函数查找二维码的重复次数。允许的值越大，则搜索得越仔细。视觉助手默认的值为 150 次，太大的值将会非常耗时。太小的值，又可能将存在的条码漏掉
Initial Search Vector Width（初始搜索向量宽度）	类似于查找边缘中宽度一样，用于确定边缘的位置。当数据矩阵码有较低的填充百分比单元时，你可能需要增加这个值。默认的宽度值为 5 像素
Aspect Ratio（宽高比）	数据矩阵中单元格的宽与高的比率，如果是方形的单元格，其比率应该接近于 1；如果指定这个值为 0，则表示函数应该确定宽高比，类似于自动检测
Quiet Zone Width（空白区域宽度）	指定以像素为单位的最小空白区域大小。默认值为 0。函数将忽略空白区域小于设置值的候选二维码。一般的二维条码空白区域都是非常大的，所以这里设置成 0 即可
Line Detection（线检测）	设置是否使用线检测。有 False 和 True 检查两种。一般情况下使用 False 即可。只有当图像有一个杂乱的背景时，才需要使用线检测
Highlight Filter（增亮滤波器）	设置是否使能增亮滤波器。如果图像比较模糊或对比度比较低时，可以使能增亮滤波器
Aggressive（积极）	使能积极搜索后（True），函数将立即返回解码结果，而没有最小检测到的错误输出。如果不使能这项，还会有最小检测到的错误
Read FNC1（阅读 FNC1）	使能这个选项后，函数将阅读 FNC1 字符（FNC1 = Function Symbol Character 1）。如果数据矩阵代码兼容 GS1 并且编码使用了 FNC1 以及 GS（Group Separators，一个不同于 ASCII 字符集的字符集）字符集则可以使用这个选项

续表

参数	说明
Refine Bounding Box（改善边界框）	使能此选项可以改善边界框的位置。使用这个选项可以得到更加一致和准确的条码位置

以上的参数就是搜索类的参数。表6-6的参数则是属于单元格采样的参数。

表6-6　数据矩阵二维码的单元格采样参数

参数	说明
Demodulation Mode（解调模式）	指定函数解调数据矩阵二维码的模式。解调过程是确定哪些单元是开、哪些单元是关的过程。下面的选项是可用的：Auto-detect（自动检测）、Histogram（直方图）、Local Contrast（局部对比）、Combination（联合）、All（全部） （1）使用自动检测时，函数会尝试使用每一个解调模式，然后使用最小迭代与最少纠错的模式 （2）使用直方图时，函数使用所有单元的直方图来计算阈值。这个阈值决定了一个单元是开还是关。这是最快的一种方法，但是它需要图像中的矩阵有比较均匀的对比度 （3）使用局部对比时，函数检查每个单元的邻域来决定它是开还是关。这种方法比较慢，但是适用于图像对比度不一致的情况 （4）使用联合时，函数联合使用直方图与局部对比检测法。首先使用直方图来计算单元的阈值。如果单元的像素值远大于或远小于这个阈值，则使用直方图来确定单元是开还是关。如果单元的像素值接近这个阈值，函数将使用局部对比来确定单元是开还是关。这种方法也比较慢，但是可以处理极低的单元填充百分比以及低质量的印刷增长错误的数据矩阵二维码 （5）使用全部时，函数会尝试使用直方图、局部对比、联合这几种方法，当一个成功时，则停止尝试
Cell Sample Size（单元样本大小）	以像素为单位指定样本的大小，函数将确定每个单元是开还是关。有自动检测、1×1、2×2……7×7等几个样本大小。自动时，会使用全部的样本进行尝试，最后使用的是最小迭代与最小纠错的样本大小。样本大小越小，则耗时越少。自动时耗时最多
Cell Filter Mode（单元滤波模式）	指定函数确认每个单元像素值的模式。这个参数还与单元样本模式有关。如果单元样本大小为1×1，则每个单元的值由样本像素的值决定。而其他的大小时，则会使用不同的滤波器 自动检测同其他参数一样，也是尝试所有方法，然后使用最少迭代与纠错的方法 （1）Average（平均值）：函数设置单元的像素值为采样像素的平均值 （2）Median（中值）：函数设置单元的像素值为采样像素的中值 （3）Central Average（中心平均值）：函数设置单元的像素值为样本单元中心的平均值 （4）High Average（高平均值）：函数设置单元的像素值为样本单元格中拥有最高值的一半像素的平均值 （5）Low Average（低平均值）：函数设置单元的像素值为样本单元格中拥有最低值的一半像素的平均值 （6）Very High Average（非常高平均值）：函数设置单元的像素值为样本单元格中采样像素最高值1/9的像素的平均值 （7）Very Low Average（非常低平均值）：函数设置单元的像素值为样本单元格中采样像素最低值1/9的像素的平均值 （8）All Filters（所有滤波器）：这种方法，函数尝试每种滤波器，开始于平均值，结束于非常低平均值。当有一次正确的解码时停止滤波器

续表

参数	说明
Cell Fill Percentage（单元填充百分比）	指定单元状态为开的百分比。下面的值是可以使用的：Auto - detect、<30%、≥30%。当单元的填充百分比小于30%时，则使用<30%。一般来讲，单元的填充百分比会大于30%，但是有一些非常低的填充比，也会小于30%。小于30%时，前面讲到的初始搜索向量宽度可能要加大一些，以便于找到边缘
Mirror Mode（镜像模式）	用于指定数据矩阵码的出现状态。可以是正常模式，也可以是镜像模式。可用的选项有 Auto - detect、Normal、Mirrored 三种选项。一般的数据矩阵码都是正常模式，但是不排除镜像模式的可能。这也意味着函数可以检查镜像模式的数据矩阵二维码

3. QR 码的 Settings（设置）选项卡

QR 码的 Settings（设置）选项卡如图 6-35 所示。

QR 码的参数。从这些参数中看到，矩阵尺寸、条码极性、搜索模式、边缘阈值、倾斜角度、解调模式、单元样本大小、单元滤波器模式、镜像模式等都是前面已经提到过的参数。

只有 Minimum Cell Size（最小单元尺寸）、Maximum Cell Size（最大单元尺寸）这两个参数是 QR 码特有的。不过这个参数与数据矩阵中的最小边界尺寸与最大边界尺寸类似，只是这个是用于指定 QR 码的单元尺寸的。搜索时，函数将只搜索单元在指定最小、最大范围内的 QR 码。

4. Grading（分级）选项卡

Grading（分级）选项卡如图 6-36 所示。

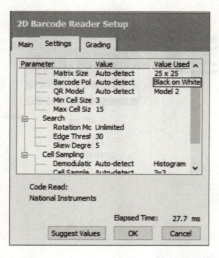

图 6-35　QR 码的 Settings（设置）选项卡　　图 6-36　Grading（分级）选项卡

分级的设置是只针对数据矩阵码而言的。所以只有在使用数据矩阵码时，分级选项卡才可以使用。

NI 视觉可以根据代码满足某些参数来评估数据矩阵的矢量。对于每个参数，NI 视觉返回以下字母等级：A、B、C、D 或 F。一个 A 表示代码满足一个特定参数的最高标准。一个

F 则表示对这个参数代码有最低的质量。

不同的图像其分级标准可能是不一样的。这与打印条码时使用的分级规范有关。有些可能只有 ISO 16022：2000 这种，有的则可能有 ISO 16022：2000、ISO15415：2004、AIM DPM－1－2006。

ISO 16022：2000 规范包含了整体分级、编码分级、符号对比度、印刷增长、轴向不均匀分级、未使用纠错分级等这些指标。

ISO 15415：2004 规范包含了整体分级、编码分级、符号对比度分级、印刷增长分级、轴向不均匀性分级、未使用纠错分级、栅格不均匀性分级、调制分级、固定模式损坏分级。

AIM DPM－1－2006 规范包含了整体、编码、单元对比度、印刷增长、轴向不均匀性、未使用纠错、栅格不均匀性、调制、固定模式损坏、最小反射率分级。分级不是必需的，但是可能使用分级报告中的某些参数，对条码的质量进行控制。如印刷增长分级之类的。

如果想了解 ISO 16022：2000、ISO15415：2004、AIM DPM－1－2006 这三个分级标准的详细信息，同学们可以自行查阅相关资料。

6.4　任务实现

本任务的目的是使用视觉扫描手机上的条码和字符读取手机的信息。

首先打开 Vision Assistant，并选择 Open Image（打开图像），再将所有的摄像头拍摄的手机测量图像打开。如图 6－37 所示。

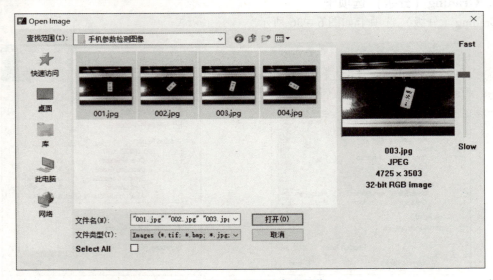

图 6－37　打开手机条码图像

任务一　过滤图像中无用的区域

使用图像掩模函数将除手机所在区域外的其他区域全部删除，如图 6－38 所示。

项目六　自动检测手机参数应用

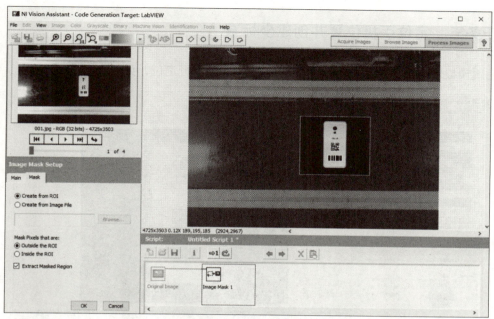

图 6-38　过滤图像中无用的区域

任务二　将图像转换为灰度图

使用彩色平面抽取函数抽取亮度平面。如图 6-39 所示。

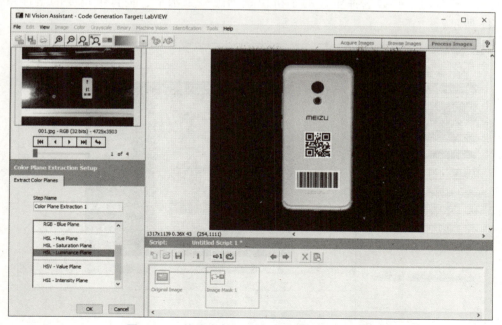

图 6-39　使用彩色平面抽取函数抽取亮度平面

265

任务三　定位手机位置并创建坐标系

使用模板匹配提取手机的一部分，对手机的位置进行定位，如图 6-40 所示。

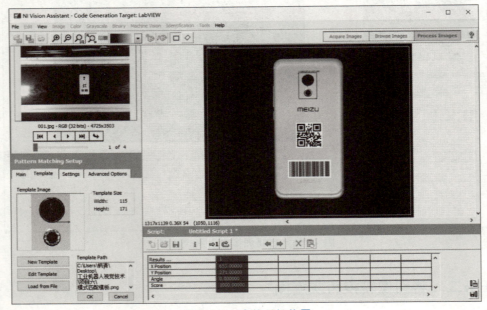

图 6-40　定位手机位置

使用创建坐标系函数选择定位的手机位置创建一个水平、垂直带角度的坐标系，如图 6-41 所示。

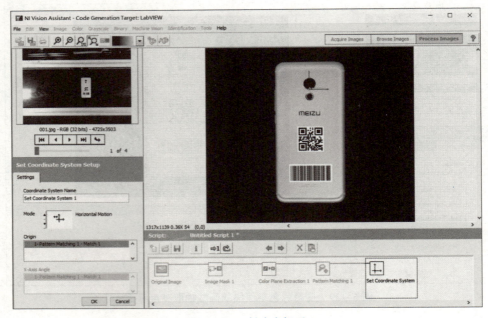

图 6-41　创建坐标系

任务四　读取手机 LOGO 信息

使用 OCR/OCV 字符识别验证函数读取将手机 LOGO 创建进一个字符集，即可识别手机 LOGO。如图 6-42 所示。

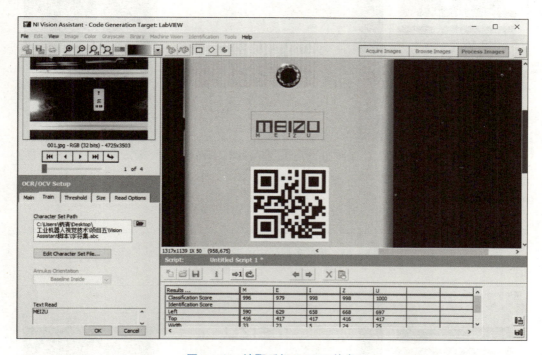

图 6-42　读取手机 LOGO 信息

任务五　读取条形码中的手机序列号信息

使用 Barcode Reader（条码阅读器）函数，各项参数不需要修改，即可直接读取出手机序列号。但是为了提高识别速度，我们将 ROI 范围设置成只框住条形码。如图 6-43 所示。

任务六　读取二维码中的手机型号信息

使用 2D Barcode Reader（二维码阅读器）函数，二维码方式选择 QR 码，即可直接读取出手机型号信息。同样，为了提高识别速度，我们将 ROI 范围设置成只框住二维码。如图 6-44 所示。本任务至此完成。

图 6-43 读取条形码中的手机序列号信息

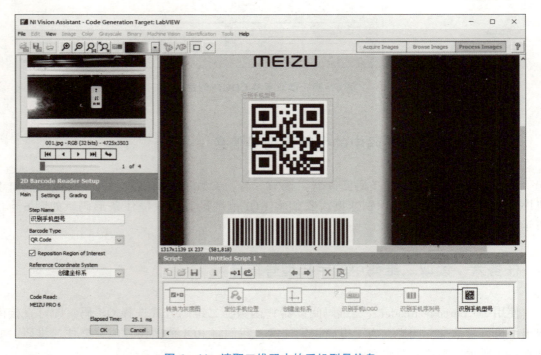

图 6-44 读取二维码中的手机型号信息

6.5 考核评价

任务一　编写一个简单的字符识别程序

要求：请同学们使用本项目学习到的知识编写一个能识别图像中英文的视觉脚本，能用专业语言正确流利地展示配置基本的步骤，思路清晰、有条理，能圆满回答老师与同学提出的问题，并能提出一些新的建议。

任务二　编写一个二维码识别软件

要求：请同学们使用本项目学习到的知识编写一个能识别图像中 QR 二维码、PDF417 二维码、数据矩阵二维码的视觉脚本，能用专业语言正确流利地展示配置基本的步骤，思路清晰、有条理，能圆满回答老师与同学提出的问题，并能提出一些新的建议。

6.6 拓展提高

任务　同时进行字符、条码、二维码的识别

要求：在视觉助手中编写的脚本，两个函数是不能同时并行运行的。因此，我们可以在视觉助手生成的代码中修改字符、条码、二维码的识别部分，使字符、条码、二维码识别同时进行，请同学们自己动手，实现同时进行字符、条码、二维码的识别，能用专业语言正确流利地展示配置基本的步骤，思路清晰、有条理，能圆满回答老师与同学提出的问题，并能提出一些新的建议。

附录

Vision Assistant 的菜单介绍

NI 视觉助手的菜单包含了所有的功能，主要功能有 File（文件）、Edit（编辑）、View（查看）、Image（图像）、Color（彩色）、Grayscale（灰度）、Binary（二值）、Machine Vision（机器视觉）、Indentification（识别）、Tools（工具）、Help（帮助）等。如附图 1 所示。

附图 1　Vision Assistant 的菜单

1. File（文件）菜单

File（文件）菜单如附图 2 所示。

（1）Open Image（打开图像）：即打开图像文件。单击这个的作用与欢迎界面中的 Open Image 按钮的作用是一样的。

（2）Open AVI File（打开 AVI 文件）：即打开 AVI 视频文件，提取其中的所有或部分图片用于后面的图像处理。

（3）Save Image（保存图像）：将选择的图像保存为图像文件或视频文件。

（4）New Script（新建脚本）：此项选项及后面的 Open Script（打开脚本）、Save Script（保存脚本）、Save Script As（另外脚本为）等几个选项，都需要在处理图像模式下才会有效。当前如果有正在编辑的脚本使用新脚本功能时，当前脚本会被替代掉，但是助手是会问你是否保存现在的脚本。如果当前已经是最新的脚本，那么单击新建脚本是没有反应的。

附图 2　File（文件）菜单

（5）Open Script（打开脚本）：打开一个已有的脚本文件。视觉助手的脚本文件后缀为 .vascr 或 .scr。

（6）Save Script（保存脚本）：保存脚本及另存为脚本，需要在新建脚本中进行了其他的编辑、处理操作步骤后，才会使能有效。即默认的新建脚本是无法保存的，即脚本文件不能保存空白文件，必须有实质的处理内容，哪怕只有一个处理函数。

（7）Save Script As（脚本另存为）：将当前脚本另存为其他的脚本。当前脚本可以是新建的脚本，也可以是已经存在的脚本。与系统其他软件中的另存为一样。与保存脚本功能也一样，仅仅只是可以在不修改当前脚本时，另外保存一个复本。

(8) Acquire Image（采集图像）：菜单中的采集图像，即选择此选项，会进入采集图像模式。

(9) Browse Images（浏览图像）：使用此选项，进入浏览图像模式。

(10) Process Images（处理图像）：使用此选项，进入处理图像模式。

(11) Print Image（打印图像）：将当前图像打印出来。

(12) Preferences（优先参数选择）：通过此选项，可以弹出优先参数选择对话框，可以在其中设置一些参数。

(13) Exit（退出）：单击此选项，退出视觉助手。

2. Edit（编辑）菜单

Edit（编辑）菜单如附图 3 所示。

编辑菜单主要是针对脚本进行操作的。因此也只能在处理图像模式下才有效。而且除了 Script Properties（脚本属性）可以在无步骤时进行设置外，其他的功能都是要有实际的步骤时才有效。同样的，除了脚本属性外，其他的几个菜单，都可以在脚本区域在步骤上通过鼠标单击弹出菜单的方式进行编辑。

附图 3　Edit（编辑）菜单

(1) Edit Step（编辑步骤）：即编辑脚本中的某一步。也可以在脚本区域中直接双击某个步骤完成此功能，而不需要使用菜单，大部分的应用都是基于双击步骤的方法，而较少使用菜单。亦可以使用脚本区最后一个编辑按钮进行编辑。

(2) Cut（剪切）：可以对选择的步骤进行剪切，然后在别的位置进行粘贴，从而达到调整步骤顺序的功能。

(3) Copy（复制）：可以对选择的步骤进行复制，然后在别的位置进行粘贴，从而达到重复某个功能的目的，也可以基于某个功能，进行一些修改后完成新的功能，比较常见的如开操作、闭操作等。

(4) Paste（粘贴）：将剪切、复制的步骤粘贴到当前选择的步骤后面。注意只能粘贴到当前位置的后面。如果没有剪切或复制的步骤，粘贴选项是灰色禁用的。

(5) Delete（删除）：可以对当前选择的步骤进行删除。也可以使用脚本区的红色 X 工具按钮进行删除。脚本区域中的第一步 Original Image（原始图像），是不能进行操作的，如复制、剪切、编辑、删除等。只能在当前步骤进行粘贴。

3. View（查看）菜单

查看菜单主要是对主窗口中的图像进行操作，因此在浏览模式下，这个菜单是无效的。如附图 4 所示。

(1) Zoom In（放大）：即放大图像，查看更多细节。

(2) Zoom Out（缩小）：即缩小图像，查看整体质量。

(3) Zoom 1∶1（原始图像）：即按图像原始比例显示。放大倍数为 1X。

(4) Zoom to Fit（适合窗口）：即图像适合当前的主窗口大小。

4. Image（图像）菜单

Image（图像）菜单如附图 5 所示。

附图 4　View（查看）菜单　　　　附图 5　Image（图像）菜单

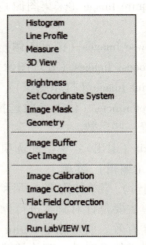

Image（图像）菜单及后面的 Color（彩色）、Grayscale（灰度）、Binary（二值）、Machine Vision（机器视觉）、Indentification（识别）等菜单，都是处理图像中可以使用的图像处理函数。因此这里只做一个字面意思解释。

（1）Histogram（直方图）：显示当前图像的直方图。

（2）Line Profile（线剖面图）：显示一条直线对应的灰度图。

（3）Measure（测量）：测量某个 ROI 中对应区域中的灰度平均值、最大值、最小值、标准偏差等。

（4）3D View（三维视图）：即查看基于灰度与坐标的三维视图。此函数仅限灰度图，不能查看彩色图像。

（5）Brightness（亮度）：调整图像的亮度、对比、伽马等。

（6）Set Coordinate System（设置坐标系）：设置参考坐标系，用于取代原始坐标系。一般用于跟踪测量。

（7）Image Mask（图像掩码）：创建图像掩码，可以屏蔽不需要的内容。

（8）Geometry（几何）：有关于几何的一些应用，如旋转、平移等操作。

（9）Image Buffer（图像缓存）：用于存储或恢复图像。如果需要临时使用其他图像，需要使用此功能。

（10）Get Image（获取图像）：从文件夹中获取其他图像。

（11）Image Calibration（图像标定）：用于将像素坐标系转换为世界坐标系（即人们日常使用的 mm、cm 等单位）。

（12）Image Correction（图像修正）：对有畸变的图像进行修改，使其变成正常的图像。

（13）Overlay（覆盖）：即在图像上覆盖一些信息，如结果数据、点、线、圆之类的，以方便人们查看。

（14）Run LabVIEW VI（运行 LabVIEW VI）：运行 LabVIEW 编辑的 VI 函数。VI 必须是比当前视觉助手低一个主版本的 LabVIEW 编写的 VI。

5. Color（彩色）菜单

Color（彩色）菜单如附图 6 所示。

（1）Color Operators（彩色运算）：即彩色图像进行运算，如加、减、乘、除、与、或、非等。

（2）Color Plane Extraction（彩色平面抽取）：彩色图像是由许多不同的颜色平面组成的。因此可以使用此函数抽取其相应的颜色平面，如 Red（红色）平面、Value（值）平面等。

（3）Color Threshold（彩色阈值）：对彩色图像进行阈值操作，使彩色图像成为二值图像。

（4）Color Classification（彩色分类）：依据颜色信息，对彩色图像进行分类。

（5）Color Segmentation（彩色分段）：根据颜色信息，对彩色图像进行分段。

（6）Color Matching（彩色匹配）：根据颜色信息，在图像中查找模板相似的目标进行匹配。

（7）Color Location（彩色定位）：根据颜色信息，在图像中查找定位与指定颜色相似的目标。

（8）Color Pattern Matching（彩色模式匹配）：彩色模式匹配，检查图像或 ROI 中模板是否存在。

6. Grayscale（灰度）菜单

Grayscale（灰度）菜单如附图 7 所示。

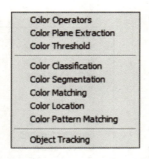

附图 6　Color（彩色）菜单

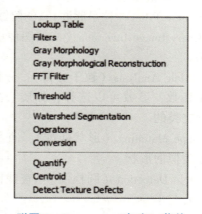

附图 7　Grayscale（灰度）菜单

灰度菜单中主要包含一些用于处理灰度图像的预处理函数。这里的函数以预处理函数为主，但是也有一些测量类的函数。

（1）Lookup Table（查找表）：利用查找表，可以改善图像的对比度与明亮度。

（2）Filters（滤波）：使用滤波对图像进行预处理，可以更好地得到想要的特征信息，而减少干扰。

（3）Gray Morphology（灰度形态学）：使用形态学，可以改变目标的形状，可以使目标更平滑。

（4）Gray Morphological Reconstruction（灰度形态学重建）：利用标记重建灰度图像。

（5）FFT Filter（快速傅立叶变换滤波）：对图像进行频域内的快速傅立叶变换。

（6）Threshold（阈值）：使用阈值功能，对图像进行二值化，将灰度图像转换为二值图像。

(7) Watershed Segmentation（分水岭分割）：对图像进行分水岭分割操作。

(8) Operators（运算）：对图像进行运算操作，如加、减、乘、除、与、或、非等。

(9) Conversion（转换）：将当前的图像转换为指定的图像类型。

(10) Quantify（量化）：量化整个图像或 ROI 中的内容，如平均灰度，最大值，最小值，标准偏差等，同 Image 选项卡中的 Measure 类似。

(11) Centroid（质心）：计算图像或 ROI 的能量中心。

(12) Detect Texture Defects（检查纹理缺陷）：检查纹理类图像的缺陷。

7. Binary（二值）菜单

Binary（二值）菜单如附图 8 所示。

二值菜单主要针对二值化以后的图像进行操作。也包含了许多的预处理函数及部分测试测量函数。

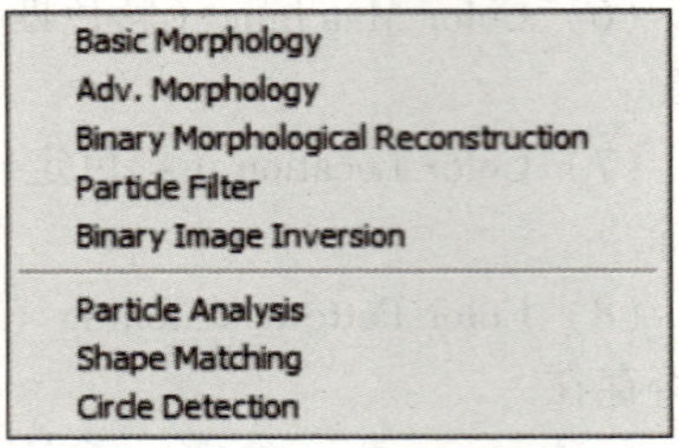

（1）Basic Morphology（基本形态学）：调整二值图像中的目标形状。

（2）Adv. Morphology（高级形态学）：在二值图像中执行一些高级运算，针对其中的粒子、斑点等。

（3）Binary Morphological Reconstruction（二值形态学重建）：利用标记重建二值图像。

附图 8　Binary（二值）菜单

（4）Particle Filter（粒子滤波）：滤除或保留图像中的粒子通过指定的滤波标准。

（5）Binary Image Inversion（二值图像反转）：将二值图像中对应的值反转，即 0 变成 1，1 变成 0。

（6）Particle Analysis（粒子分析）：分析整个图像中的粒子参数，参数可以选择，如质心坐标、面积、百分比之类的。

（7）Shape Matching（形状匹配）：查找图像中与指定模板类似的形状。

（8）Circle Detection（圆检测）：查找图像中圆形粒子的中心与半径。

8. Machine Vision（机器视觉）菜单

Machine Vision（机器视觉）菜单如附图 9 所示。

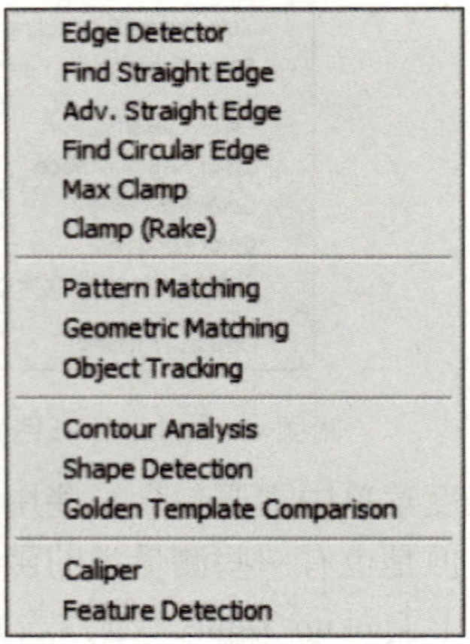

（1）Edge Detector（边缘检测）：检查 ROI 内有变化的边缘。

（2）Find Straight Edge（查找直边）：在 ROI 中寻找出直边。

附图 9　Machine Vision（机器视觉）菜单

（3）Adv. Straight Edge（高级直边）：在 ROI 中找出直边，使用一些高级的算法。

（4）Find Circular Edge（查找圆边）：在 ROI 中查找圆边。

（5）Max Clamp（最大卡尺）：测量边缘分开的目标的最大值。

（6）Clamp（Rake）（卡尺（耙子））：基于耙子的卡尺测量。

（7）Pattern Matching（模式匹配）：检查图像或 ROI 中是否有模板存在。

（8）Geometric Matching（几何匹配）：基于几何形状检查图像或 ROI 是否有模板存在。

（9）Contour Analysis（轮廓分析）：检查目标物体的轮廓缺陷。

（10）Shape Detection（形状检测）：在图像或 ROI 中查找几何形状。

（11）Golden Template Comparison（极品模板比较）：拿一个图像的部分区域与学习过的模板进行比较并返回在图像中查找到的差别。

（12）Caliper（测径器、卡尺）：显示选择不同点后的测量的结果。如两点之间的距离、两条线的夹角等。

9. Identification（识别）菜单

Identification（识别）菜单如附图 10 所示。

（1）OCR/OCV（光学字符识别）：读取 ROI 中的字符。

（2）Particle Classification（粒子分类）：将图像中不同的粒子进行分类。

（3）Barcode Reader（条码读取）：识别一维条码。

（4）2D Barcode Reader（二维条码读取）：识别二维条码。如数据矩阵、QR、PDF417 等二维条码。

10. Tools（工具）菜单

Tools（工具）菜单如附图 11 所示。

附图 10　Identification（识别）菜单 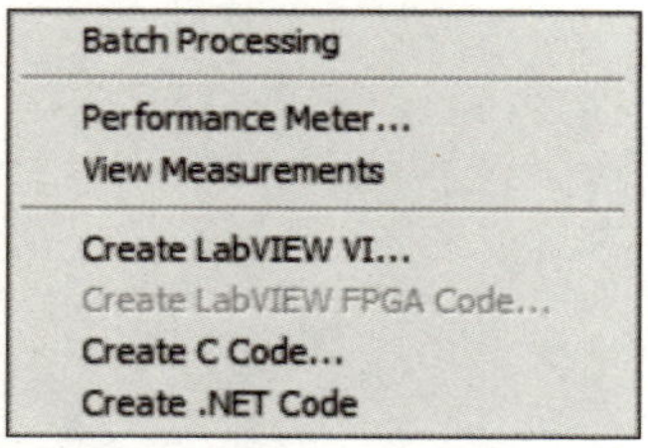　　　附图 11　Tools（工具）菜单

工具菜单主要是一些工具，如批量处理，性能测量，生成代码，激活视觉助手等。

（1）Batch Processing（批量处理）：批量处理主要是对当前的脚本，验证批量文件时进行批量的处理，查看是否可行。

（2）Performance Meter（性能测量）：单击性能测量时，会弹出一个正在进行测量的对话框，完成后则出现性能处理结果界面。

（3）View Measurements（查看测量）：单击查看测量，则弹出测量结果界面。

（4）Create LabVIEW VI（创建 LabVIEW VI 代码）：单击此选项，可以创建 LabVIEW 的 VI 代码。

（5）Create C Code（创建 C 代码）：单击此选项，可以创建 C 代码。

（6）Create. NET Code（创建 . NET 代码）：单击此选项，可以创建 . NET 代码。

（7）Activate Vision Assistant（激活视觉助手）：视觉助手是通过视觉开发包（NI Vision Development Module）安装后生成的。因此其也是需要激活的，其许可文件是包含在 VDM 许可文件中的。因此只要激活了 VDM，视觉助手也就激活了。

11. Help（帮助）菜单

Help（帮助）菜单如附图 12 所示。

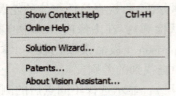

附图12　Help（帮助）菜单

（1）Show Context Help（显示上下文帮助）：显示即时帮助。

（2）Online Help（在线帮助）：单击后打开 NI Vision Assistant Help 视觉助手帮助文档。这里并不是真正的在线帮助，仅只是一个帮助文档。

（3）Solution Wizard（解决问题向导）：查看 NI 视觉助手自带的例子。

（4）Patents（专利）：单击此菜单后，显示 NI 视觉助手相关的专利号等信息。

（5）About Vision Assistant（关于视觉助手）：单击此菜单后，显示视觉助手的关于信息。